# LE BEAU LIVRE DE L'UNIVERS

# LE BEAU LIVRE DE L'UNIVERS

Jacques Paul
Jean-Luc Robert-Esil

DUNOD

Toutes les marques citées dans cet ouvrage sont des marques déposées par leurs propriétaires respectifs.

Édition : Anne Bourguignon, Benjamin Peylet, Marie Leclerc
Recherche iconographique : Maroussia Henriet
Maquette intérieure : Raphaël Tardif
Fabrication : Gaëlle Cannavo, Martine Pierron
Mise en page : Arclemax
Impression : Pollina - L58981


ISBN 978-2-10-056720-1

# SOMMAIRE

## 7,76 MILLIARDS D'ANNÉES APRÈS LE DÉBUT DE NOTRE ÈRE

# avant-propos

Nous, pauvres humains, sommes comme un nourrisson perdu dans un berceau beaucoup trop grand, et qui s'endormirait recroquevillé dans un coin du lit où le contact des frontières de son petit monde le rassurerait. Tout comme cet enfant, nous n'avons de cesse que d'effleurer les limites de l'Univers ! C'est bien pourquoi l'astronomie est beaucoup plus qu'une science : c'est notre lien génétique avec l'Univers, cet Univers d'où provient toutes choses, jusqu'à notre substance même. Un jour, nous devrons y replonger, lorsqu'un Soleil trop brûlant aura rendu inhabitable notre petite planète.

Depuis que nous avons conscience de nous-mêmes et du monde, nos regards sont tournés vers le ciel. Et voici qu'il y a cinquante ans, le vieux rêve d'Icare est devenu réalité quand un jeune pilote de l'armée de l'air soviétique atteignit l'espace à bord d'un vaisseau spatial rudimentaire. Mais pour approcher le ciel d'encore plus près, c'est à l'astronomie qu'il faut s'en remettre. À son service, des yeux électroniques scrutent le ciel avec un formidable pouvoir de perception, si bien que l'Univers est devenu, comme le disait Fontenelle : « un grand spectacle qui ressemble à celui de l'opéra ».

Ainsi, c'est cette joie de faire connaître ce patrimoine incomparable qui nous a incités à rédiger Le Beau Livre de l'Univers. Notre ouvrage aurait pu tout aussi bien s'appeler Le Livre du bel Univers, tant les observations astronomiques nous fournissent désormais des images à couper le souffle, au point qu'on se demande parfois quel artiste contemporain pourrait en être l'auteur ! Mais au-delà de la beauté des images, il s'agissait aussi de rendre hommage à toutes ces femmes et tous ces hommes habités par la même passion et la même fascination pour ce spectacle incomparable que nous offre le ciel. C'est grâce à tous ces visionnaires, savants comme artistes, que nous discernons maintenant les Deus ex machina qui œuvrent en coulisse...

Nous proposons de balayer l'Univers au fil de deux cents entrées classées suivant un ordre chronologique, de son début attesté (le Big Bang), jusqu'à ses fins possibles. Le lecteur pourra ainsi découvrir des images captées par les observatoires astronomiques qui scrutent désormais tout l'Univers, des portraits de savants qui ont tenté d'en démêler les nœuds, ou encore des œuvres d'artistes qui l'ont rêvé... Notre ambition est de brosser un tableau pointilliste, de juxtaposer des points qui apportent chacun leur touche, que l'ensemble se fonde aux yeux du lecteur et que lui apparaisse une vitrine de l'Univers.

Précisons un petit détail : en posant que la lumière se déplace toujours à la même vitesse universelle, Einstein a fait perdre au temps le caractère absolu que lui assignaient les savants du XIX$^{e}$ siècle et limite la simultanéité aux événements vus à partir d'un seul référentiel. La chronologie que nous avons adoptée ne convient donc qu'aux seuls terriens, et ne doit pas être considérée comme accréditant l'idée d'un temps absolu. Si d'aventure notre ouvrage était édité dans une autre galaxie, il nous faudrait adopter une chronologie différente...

Certains des événements que nous relatons ont été sélectionnés en raison de leur caractère universel, tels ceux se déroulant au tout début de l'Univers ou au cours de ses fins possibles. D'autres tiennent plus à notre situation particulière au sein du système solaire, de la formation de notre étoile à sa fin programmée. Enfin, beaucoup s'inscrivent dans un laps infiniment plus bref, celui des temps historiques, où depuis moins de quatre siècles, les événements s'enchaînent à une vitesse vertigineuse.

Ainsi, ce n'est qu'à la fin du XVII$^{e}$ siècle que nos sociétés européennes, sûres d'elles et dominatrices, établissaient (à grand peine) la différence entre astrologie et astronomie et commençaient à admettre que l'Univers pourrait bien être infini, voire peuplé d'une infinité de mondes semblables au nôtre. Plus incroyable encore, pour la majorité des savants du XIX$^{e}$ siècle, l'Univers tout entier se résume à notre galaxie, la Voie lactée. Enfin, voici vingt ans seulement, nous ne savions rien de l'accélération de l'Univers et de l'énergie sombre qui en serait la cause. Aujourd'hui pourtant, tous les spécialistes sont persuadés que cette entité (encore mystérieuse) constitue les trois quarts de l'Univers...

Un mot sur nos choix scientifiques ou historiques. Dans certains cas, ils reflètent ce qu'il est convenu d'appeler un « consensus général » ; dans d'autres, nous avons été amenés à prendre parti entre plusieurs interprétations ou hypothèses, parfois aussi bien étayées l'une que l'autre. Les références bibliographiques que nous fournissons en fin de volume apporteront les justifications scientifiques de certains de ces choix.

# remerciements

Nous tenons à remercier tout particulièrement Anne Bourguignon et Benjamin Peylet pour leur soutien sans faille et leurs suggestions toujours judicieuses. Nous remercions Maroussia Henriet pour son opiniâtreté et son efficacité dans l'art difficile de la recherche iconographique.

# MULTIVERS

Ensemble hypothétique de tous les univers possibles, chacun doté de ses propres lois de la physique. Le nôtre est l'un de ceux qui, par hasard, se seraient développés munis d'un jeu de constantes fondamentales favorable à l'apparition de la vie.

Lancé en 1895 par le philosophe américain William James, pionnier de la psychologie, le terme de multivers fait les beaux jours de la science-fiction du XX$^{e}$ siècle, avant son entrée remarquée dans le champ scientifique, aux frontières de la physique théorique.

En effet, pour peu que l'espace soit infini, d'innombrables entités pourraient se situer au-delà de l'Univers observable et donc inaccessibles à nos yeux comme à nos instruments. Le concept de multivers se fonde sur une théorie physique éprouvée (la relativité générale) mais une autre théorie, tout aussi orthodoxe, peut amener à la même hypothèse : la mécanique quantique, et la possibilité qu'elle offre d'univers distincts où tous les états d'un objet quantique seraient effectivement réalisés.

Selon l'une des propositions les plus fascinantes de la physique théorique, le multivers serait une sorte de mousse quantique où chaque bulle constituerait un univers en devenir. Sous l'emprise de fluctuations d'énergie, une bulle connaîtrait une phase d'expansion qui déboucherait sur un univers, armé de ses propres lois physiques. Une telle spéculation échappe à toute vérification, elle se situe donc en dehors de la méthode scientifique proprement dite, mais elle permettrait de régler, avec élégance, une des questions les plus lancinantes de la physique : pourquoi les constantes fondamentales, telles que la constante de la gravitation ou la masse de l'électron, sont-elles ajustées de telle manière à ce que l'évolution de notre Univers aboutisse à la vie intelligente ? De fait, si la formation d'un univers était un événement banal du multivers, il n'y aurait guère de surprise à considérer que celui dans lequel nous nous trouvons soit doté des constantes de la physique permettant l'émergence des êtres pensants...

***Voir aussi*** Inflation p. 26, Constantes fondamentales p. 66.

Nuit étoilée, *paysage idyllique et menaçant que Vincent van Gogh peint en 1889 alors qu'il se trouve de son plein gré à l'asile d'aliénés de Saint-Rémy-de-Provence (Museum of Modern Art, New York).*

# Création

Renouant avec les mythes cosmogoniques de nombreuses cultures ancestrales, tels ceux de la Bible des Hébreux, les astrophysiciens s'accordent sur l'idée que l'Univers a surgi d'un événement prodigieux, sans qu'ils parviennent pour autant à en décrire les premiers instants.

La démarche scientifique ne laisse aucune place au surnaturel. Quand il s'agit d'expliquer sa formation, les astrophysiciens qui étudient l'Univers en tant que système physique – les cosmologistes –refusent donc de considérer l'intervention d'une quelconque entité divine.

Des observations incontestables montrent que l'Univers s'est développé depuis un état extrêmement dense et chaud. Les cosmologistes essayent de comprendre cet état initial, l'instant de la création, au moyen de la meilleure théorie à leur disposition pour décrire l'espace : la relativité générale. Mais reconstruire à rebours l'évolution de l'Univers avec de tels outils conduit à une densité et une température infinie au bout d'un temps fini dans le passé. La théorie de la relativité générale aboutit ainsi à une situation intenable ; les spécialistes parlent de *singularité*. Pour éviter ce qui peut apparaître comme un enlisement de la physique, beaucoup comptent sur la théorie de la gravitation quantique que s'échinent à formuler les instituts de physique théorique.



Toutefois, la relativité générale, agrémentée de quelques ajouts théoriques de circonstance (comme l'inflation), permet de bâtir une théorie globale de l'Univers qui talonne l'instant zéro, s'en approchant à $10^{-43}$ seconde près. Sous le nom (impropre) de Big Bang, ce cadre théorique fait l'unanimité de presque tout le monde scientifique. Si la gravitation quantique permettait à la théorie du Big Bang de passer de l'autre côté de l'ultime mur de la connaissance, au-delà de cet infime intervalle de temps, il resterait à comprendre pourquoi l'Univers est aussi bien adapté à l'émergence de la conscience. De cette dernière question naît l'engouement pour l'hypothèse du multivers qui banalise la création en la multipliant à l'infini.

***Voir aussi*** Œuf primordial p. 16, Big Bang p. 18.

Dieu séparant la lumière des ténèbres, *la première des neuf scènes centrales de la fresque du plafond de la chapelle Sixtine peinte par Michel-Ange entre 1508 et 1512.*

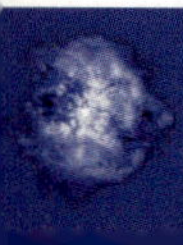

# ŒUF PRIMORDIAL

Au cours des âges, de nombreuses civilisations partagent l'idée que le monde fut créé à partir d'un œuf. Cet œuf primordial se retrouve dans les travaux du prêtre belge Georges Lemaître, chef de file de l'étude de l'Univers en tant que système physique.

Au tournant des années 1920, Albert Einstein bâtit un modèle cosmologique dans le cadre de sa théorie de la relativité générale qu'il vient de formuler. Comme il estime que les distances entre les galaxies sont fixées à jamais, son modèle d'Univers est fixe lui aussi, en « équilibre statique ».

Dès 1924 pourtant, Alexander Friedman propose une solution des équations de la relativité générale qui implique l'expansion de l'Univers. En 1927, l'abbé Lemaître, après avoir trouvé indépendamment la même solution, prédit que la récession des nébuleuses spiralées est le résultat de l'expansion de l'Univers. Or, qu'il y ait expansion implique qu'il y ait aussi un début à cette expansion. Pour l'interpréter, l'abbé lance dans les années 1930 l'hypothèse de l'atome primitif, qui annonce la théorie du Big Bang à venir.

Précurseur de la cosmologie moderne, Georges Lemaître, profondément marqué par les horreurs du premier conflit mondial, est ordonné prêtre en 1923, après sa thèse de doctorat. Sa vocation ne tarit pas sa curiosité scientifique. Après avoir étudié l'astrophysique en Angleterre et s'être initié aux dernières avancées en matière d'observation du ciel profond aux États-Unis, l'abbé Lemaître devient professeur à l'Université catholique de Louvain. Il développe alors un modèle où la matière, l'espace et le temps naissent de la désintégration d'un unique « atome » primordial. Profondément croyant, il s'attache à maintenir la distinction la plus nette entre les deux chemins qu'il s'efforce de suivre, la science et la Révélation. En 1952, il intervient auprès du Pape Pie XII pour que le Vatican, dans ses discours officiels, renonce à l'amalgame entre la notion théologique de création et son hypothèse de l'atome primordial.

***Voir aussi*** Big Bang p.18.

*Pour bien des peuples, l'œuf est lié à la genèse du monde et à sa différenciation progressive.*

# Big Bang

En dépit de sa traduction littérale de « grand boum », le Big Bang n'est pas une explosion ! C'est l'astrophysicien Fred Hoyle qui lance ce terme pour tourner en dérision une théorie qu'il conteste…

Fred Hoyle invente le Big Bang le 29 mars 1949, au cours de l'émission radiodiffusée de la BBC, *The Nature of Things* (la nature des choses). Il se défend par la suite d'avoir intentionnellement manié l'ironie pour forger cette expression qui rapidement devient une « vedette » du vocabulaire astronomique. Elle est pourtant impropre : le Big Bang ne projette pas la matière tous azimuts pour emplir un espace vide au préalable. C'est l'espace lui-même qui se dilate avec le temps et qui accroît du même coup les distances entre les objets qu'il entraîne dans son expansion.

Dans les années qui suivent, l'expression perd sa connotation péjorative. Le Big Bang finit par désigner une théorie acceptée par l'ensemble de la communauté scientifique car elle explique trois séries d'observations indépendantes, toutes incontestables :

- Les galaxies distantes semblent s'éloigner d'autant plus rapidement de l'observateur qu'elles sont lointaines, ce qui montre que dans son lointain passé, l'Univers était beaucoup plus dense et donc bien plus chaud.
- Partout dans l'Univers se retrouve la même proportion d'hélium. L'Univers est donc passé par une période durant laquelle sa densité et sa température étaient assez élevées pour permettre la synthèse d'un tel élément.
- Les mesures dans la bande des micro-ondes d'un rayonnement provenant de manière quasi-uniforme de toutes les directions du ciel témoignent de l'époque dense et chaude que l'Univers a connue au cours de ses premiers âges.

La théorie du Big Bang s'est peu à peu bâtie sur ces trois piliers. Mais il convient de rappeler qu'elle dépend aussi de deux hypothèses : le principe cosmologique (à très grande échelle, l'Univers est isotrope et homogène, semblable à lui-même dans toutes les directions) et l'universalité des lois de la physique.

***Voir aussi*** Œuf primordial p. 16.

*Contrairement à ce que suggère cette image, le Big Bang n'est pas une explosion…*

# Paradoxe d'Olbers

La théorie du Big Bang impose de revisiter le célèbre paradoxe qu'Olbers formule en ces termes en 1826 : dans un univers homogène et infini dans l'espace et dans le temps, chaque ligne de visée devrait rencontrer une étoile, alors pourquoi le ciel est-il noir la nuit ?

Lorsqu'ils démantèlent le modèle aristotélicien en supposant que les étoiles ne sont pas solidaires de la sphère des « fixes » mais réparties dans un espace infini, les astronomes de la Renaissance enfantent un problème qui les hantera des siècles durant. En effet, en admettant qu'il existe un nombre infini d'étoiles, alors, même la nuit, toute la voûte céleste devrait briller d'un vif éclat...



Johannes Kepler est l'un des premiers à souligner cette contradiction. Il en tire argument pour critiquer la notion d'un univers infini qui finit tout de même par s'imposer. Au XVIII$^{e}$ siècle, alors que le monde savant jongle avec les infinis, le mathématicien suisse Jean-Philippe Loys de Chéseaux mène la première analyse sérieuse d'un univers où brilleraient une infinité d'étoiles. Un médecin allemand, Heinrich Olbers, reformule le problème en 1826 d'une manière plus accessible en s'appuyant sur la notion de ligne de visée avec, toujours, la même conclusion en forme de paradoxe : pourquoi le ciel est-il noir la nuit ?

Le fait, attesté depuis 1676, que la lumière se propage à une vitesse finie, reste très curieusement absent du débat. Il faut attendre 1848 et un écrivain et poète, Edgar Allan Poe : celui-ci déduit de cette vitesse limitée que, si l'Univers a un âge fini, seule une petite partie est accessible à l'observation, ce qui résout le problème.

En fixant un début à l'univers, la théorie du Big Bang permet-elle de contourner le paradoxe d'Olbers ? Ce serait le cas dans un univers statique. Mais l'Univers est en expansion à partir d'un état très chaud : à l'époque de la recombinaison, le fond du ciel est bel et bien d'un éclat comparable à celui de notre Soleil ! Au cours de 13,7 milliards d'années d'expansion, il subit une perte d'éclat d'un facteur mille milliards et laisse ainsi place à l'obscurité nocturne familière.

***Voir aussi*** Big Bang p. 18, Cri primal p. 38.

*Dans un univers infini où les étoiles sont éternelles, une quelconque ligne de visée, matérialisée ici par un rayon laser tiré à partir du VLT au Chili, devrait nécessairement rencontrer une étoile.*

# Gravitation quantique

Aux densités les plus extrêmes, celles des premiers instants de l'Univers, la physique implique que soient unifiées les descriptions de la relativité générale d'une part, qui décrit à grande échelle l'Univers dans son ensemble, et de la mécanique quantique d'autre part, qui règne aux échelles microscopiques.

Tous les phénomènes de l'Univers s'expliquent au moyen de quatre forces (ou interactions) fondamentales. Les plus familières, à longue portée, agissent dans la vie courante. Il s'agit de la force de gravité et de la force électromagnétique. Cette dernière exerce aussi son action dans le monde des particules, tout comme les deux interactions à très courte portée : la force « forte », qui assure la cohésion des noyaux atomique, la force « faible », qui gouverne de nombreuses désintégrations radioactives.



De son côté, la force de gravité est si faible qu'elle n'intervient pas au niveau des particules : il lui faut des masses bien plus colossales pour s'exprimer. La théorie de la gravitation la plus aboutie, la relativité générale, décrit donc bien le monde de l'infiniment grand, celui des planètes, étoiles et galaxies. Pour l'infiniment petit, il est nécessaire de s'en remettre à la mécanique quantique, qui corsette les trois forces fondamentales agissant aux échelles atomiques et subatomiques.

Les physiciens sont pour l'instant démunis quand il s'agit de pénétrer un monde où se rejoignent les deux infinis, et, avec eux, gravitation et mécanique quantique. Il y règne en effet des densités d'énergie difficiles à imaginer, qui pourtant existent au tout début de l'Univers. Mais, telles deux sœurs ennemies, relativité générale et mécanique quantique sont très difficiles à concilier. Ce n'est pourtant pas faute d'essayer ! En témoigne ce bouquet de théories qui se lancent dans l'aventure de cette grande réunification : supergravité, théorie des cordes, gravitation quantique à boucles... Cependant, pour aboutir à une théorie quantique de la gravitation acceptée par la communauté scientifique, les échelles d'énergie et de distance à mettre en œuvre dans les expériences sont si peu compatibles avec tout arsenal expérimental, qu'une telle théorie pourrait être impossible à vérifier.

***Voir aussi*** Ère de Planck p. 24.

*Le physicien Lee Smolin, l'un des meilleurs spécialistes en théorie des cordes et en gravitation quantique, récuse ce qui ne peut être expliqué simplement et juge la pertinence des théories physiques à ce critère.*

Lee Smolin

Quai des SCIENCES

# RIEN NE VA PLUS EN PHYSIQUE !

## L'échec de la théorie des cordes

Préface d'Alain Connes

DUNOD

# ÈRE DE PLANCK

Densité et température sont tellement élevées durant cette très brève époque initiale de l'Univers que la théorie de la relativité générale cesse d'être valide au profit de la théorie de la gravitation quantique encore en devenir.

En 1899, Max Planck propose à l'Académie des sciences de Prusse un système d'unités naturelles, basé sur les constantes fondamentales de la physique. Le temps de Planck ($t_P = 5{,}4 \times 10^{-44}$ s) est l'unité de temps de ce système. Il se détermine uniquement en fonction de la vitesse de la lumière (la constante fondamentale de la relativité), de la constante de Planck (la constante fondamentale de la mécanique quantique) et de la constante de gravitation. C'est la plus petite mesure temporelle dotée d'un sens physique.

Nommée en hommage au physicien allemand, l'ère de Planck désigne la période très brève (durée de l'ordre du temps de Planck) qui survient juste après la création de l'Univers. Il est impossible de la décrire, faute d'une théorie aboutie de la gravitation quantique. Tout juste pourrait-on évoquer l'image d'une « écume quantique », où les notions de temps et d'espace perdent leur sens. Dans ce flou initial, les quatre forces de la nature seraient unifiées en une seule interaction fondamentale.

Même si le mur de Planck se dresse pour rendre inaccessible cette époque primordiale, un éventuel témoignage en aurait filtré, sous forme d'un brouhaha d'ondes gravitationnelles. Les astrophysiciens comptent en trouver l'empreinte dans le fond cosmologique avant de pouvoir détecter ces ondes directement et obtenir ainsi des informations sur une époque inabordable autrement. À l'issue de l'ère de Planck, la gravité s'affranchit du flou quantique et les cosmologistes disposent donc des outils théoriques nécessaires à la physique pour décrire la manière dont l'Univers prend son élan originel.

***Voir aussi*** Gravitation quantique p. 22, Fond cosmologique p. 40.

*Le terme d'écume (ou mousse) quantique a été proposé en 1955 par John Wheeler pour décrire qualitativement le comportement d'un milieu à l'échelle de Planck.*

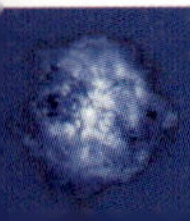

$5 \times 10^{-44}$ SECONDE APRÈS LE BIG BANG

13,7 MILLIARDS D'ANNÉES AVANT NOTRE ÈRE

# Inflation

En 1980, Alan Guth, cosmologiste américain, développe l'idée selon laquelle une expansion très violente aurait permis à l'Univers de se dilater dans des proportions considérables, expliquant ainsi la remarquable homogénéité de l'Univers observable, son isotropie et sa platitude.

Dès les années 1960, les cosmologistes constatent trois propriétés de l'Univers observable. Il est homogène (à très grande échelle, la densité de matière est partout la même), il est isotrope (aucune différence quelle que soit la direction visée), et il est plat (la somme des trois angles d'un triangle y vaut 180°, ce qui n'est pas le cas dans un univers courbe, comme l'est la surface d'une sphère).

Pour qu'il en soit ainsi dans le cadre de la théorie du Big Bang, il faut postuler que juste après l'ère de Planck, toutes les distances augmentent en une infime fraction de seconde d'un facteur énorme (typiquement $10^{50}$). Sous l'effet d'une telle inflation, une région minuscule (donc homogène) de l'Univers primordial prend des dimensions considérables, bien plus grandes que l'univers observable qui, du coup, se retrouve lui aussi homogène. Étirant démesurément toute courbure de l'espace, ce formidable gonflement en gommerait également toutes les anisotropies. En prime, les infimes fluctuations quantiques de la microscopique région inflationniste prennent lors de cette inflation des dimensions cosmiques, qui marquent à tout jamais le fond cosmologique de leurs empreintes et portent ainsi en germe les futures grandes structures de l'Univers.

Pour en arriver là, il est nécessaire que l'Univers primordial soit à ce moment dominé par une entité accélératrice semblable à l'énergie sombre, laquelle serait aussi responsable de l'expansion accélérée de l'Univers constatée au XX$^{e}$ siècle. L'entité accélératrice de l'Univers primordial, dont la densité d'énergie est considérable, se serait désintégrée ensuite en particules, marquant ainsi la fin de l'inflation et la naissance de la matière.

***Voir aussi*** Fond cosmologique p. 40, Énergie sombre p. 78.

*L'inflation cosmique provoque la « platitude » de l'Univers à l'instar d'une baudruche qui au départ présente une très nette courbure mais qui, si on la gonfle jusqu'à lui donner la taille de la Terre, verra sa courbure tendre vers zéro, tout comme la Terre paraît plate depuis sa surface.*



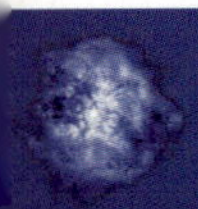

$10^{-35}$ SECONDE APRÈS LE BIG BANG

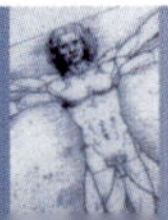

13,7 MILLIARDS D'ANNÉES AVANT NOTRE ÈRE

# Particules noires

Du vide quantique surgissent des particules massives de matière noire qui pourraient à nouveau être produites au LHC, à Genève, où le temps d'une collision entre un proton et un antiproton sont recréées les densités d'énergie atteintes dans l'Univers primordial.

Jusqu'à la fin de l'inflation, l'espace est vide, au sens quantique du terme, animé de seules particules virtuelles surgissant du néant pour y retourner aussitôt. C'est alors que l'inflation insuffle une très grande quantité d'énergie dans l'Univers. Les particules virtuelles du vide quantique et leurs antiparticules en profitent pour faire leur entrée dans le monde. Elles sont aussitôt entraînées dans une folle sarabande d'annihilation et de matérialisation.

Parmi les particules surgissant ainsi du vide, on trouve bien sûr celles du modèle standard qui décrit si bien les constituants élémentaires de la matière dont les étoiles et les hommes sont pétris. Mais on trouve également des particules de cette matière dite « noire » – invisible aurait été plus judicieux –, la plus abondante à l'échelle de l'Univers où elle sert de liant indispensable à la formation des grandes structures. Pour jouer ce rôle, la matière noire doit être faite de particules massives, insensibles à la force électromagnétique (sinon elle ne serait pas invisible) et à la force forte (sinon elle surchargerait les noyaux d'atomes).

Aucune particule du modèle standard ne remplit ces conditions. Il faut donc s'en remettre à des spéculations théoriques. L'une des plus prometteuses est la supersymétrie, selon laquelle à chaque particule du modèle standard serait associé un partenaire bien plus massif. L'un d'eux, le neutralino, neutre, massif et stable, serait le plus apte à jouer le rôle de particule noire. Les physiciens des particules, dont le métier consiste à créer de la matière à partir d'une brève concentration d'énergie, pourraient bien détecter des neutralinos au LHC (*Large Hadron Collider*), le collisionneur le plus performant au monde.

***Voir aussi*** Inflation p. 26, Matière baryonique p. 32.



*Dans cet immense détecteur du LHC – un physicien au premier plan en donne l'échelle –, des collisions entre protons et antiprotons accélérés à des vitesses relativistes recréent les densités d'énergie de l'Univers primordial juste après la phase d'inflation.*

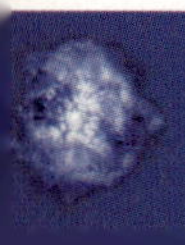

$10^{-12}$ SECONDE APRÈS LE BIG BANG

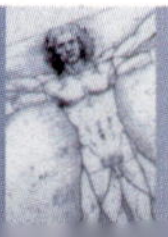

13,7 MILLIARDS D'ANNÉES AVANT NOTRE ÈRE

# Soupe primordiale

La matière baryonique, portée à une température supérieure à mille milliards de degrés, est à l'état d'une soupe où quarks, antiquarks et gluons s'agitent avec frénésie dans un bouillonnement incessant d'annihilation et de matérialisation.

Après la phase d'inflation, l'Univers connaît un taux d'expansion beaucoup plus modeste, assez semblable à celui qui prévaut dans les milliards d'années suivants. Le milieu se refroidit donc, mais tant que sa température dépasse les mille milliards de degrés, la matière est dans un état que les physiciens dénomment « plasma de quarks et de gluons ».

Cette matière dite baryonique (par opposition à la matière noire) est faite des particules élémentaires du modèle standard (quarks et antiquarks) soumises à la force forte, dont les gluons sont les vecteurs. En général, les quarks sont à jamais « englués » dans des particules stables (comme les protons ou les neutrons) ou instables (comme les pions). Mais la soupe primordiale est portée à une telle température que l'agitation thermique prend le pas sur le carcan de la force forte : quarks, antiquarks et gluons ne sont plus confinés et peuvent se déplacer librement.



Qualifiée de plasma par analogie avec les plasmas électriques rencontrés dans des milieux plus familiers (flammes, éclairs) où des électrons sont arrachés aux atomes, la soupe primordiale de quarks et de gluons est l'objet de l'attention des physiciens des particules. Produire des plasmas de quarks et de gluons est en effet envisageable le temps d'une collision entre deux noyaux atomiques massifs (de plomb par exemple). C'est l'objectif d'ALICE, l'une des expériences du LHC, qui collecte les données sur les collisions entre des noyaux massifs accélérés à des vitesses relativistes (très proches de celle de la lumière). En étudiant les sous-produits de l'éphémère plasma de quarks et de gluons créé au centre de la collision, les physiciens comprennent mieux la formation de la matière baryonique.

***Voir aussi*** Matière baryonique p. 32.

*Collision simulée par ordinateur de deux noyaux de plomb dans l'expérience ALICE, avec, en bleu gris, les débris des noyaux de plomb et, en jaune, les particules produites lors de la collision.*

# Matière baryonique

L'Univers s'est assez refroidi pour que quarks, antiquarks et gluons se lient pour former les protons, les neutrons et leurs antiparticules. Un tout petit excès de particules permet à ces briques élémentaires de la matière de constituer notre environnement familier.

Un millionième de seconde après le Big Bang, la température de l'Univers n'est plus assez élevée pour que la matière baryonique se maintienne à l'état de plasma de quarks et de gluons. Reprenant le dessus, la force forte lie les quarks entre eux pour former des particules composites, les mésons et les baryons, ces derniers ayant la particularité d'associer trois quarks. Les plus connus des baryons sont les protons et les neutrons, les constituants de tout ce qui est perceptible dans l'Univers (au contraire de la matière noire).

Comme il se forme également force antibaryons, s'ensuit une période d'intense annihilation. La rencontre d'une particule (un proton par exemple) avec son double antagoniste (un antiproton) conduit à leur mutuelle disparition et à la production de deux photons ultra énergétiques. La réaction inverse, où un photon matérialise une paire proton-antiproton, équilibre les pertes tant que les photons sont assez énergétiques pour la produire. Mais comme l'expansion à pour effet de diminuer l'énergie moyenne des photons, il ne se produit plus assez de paires alors que l'annihilation, elle, continue à un rythme effréné. La disparition des baryons serait totale si une asymétrie des lois de la physique encore inexpliquée n'avait pas rompu l'égalité au sein de la soupe primordiale : un milliard et un quarks d'un côté, et « seulement » un milliard d'antiquarks de l'autre.

Cet infime déséquilibre se retrouve à l'issue de la phase d'annihilation : les antibaryons ont tous disparu et il ne subsiste qu'un milliardième des baryons initiaux. La défaite de l'antimatière est consommée un peu plus tard au cours d'un épisode similaire. Une seconde après le Big Bang, l'énergie des photons passe sous le seuil de production de paires électron-positon, causant la disparition totale des antiélectrons et ne laissant après elle qu'une pincée d'électrons.

***Voir aussi*** Soupe primordiale p. 30, Antimatière p. 166.

*Un aperçu de l'Univers observable :* Menu de gras et ustensiles de cuisine, *nature morte peinte vers 1730 par Jean Siméon Chardin (Musée du Louvre, Paris).*

# Hélium

Le physicien George Gamov envisage en 1948 un univers assez dense et chaud pour que débute la nucléosynthèse primordiale durant laquelle des protons fusionnent pour former des noyaux d'hélium.

Les trois premières minutes de l'Univers ont légué un milieu dense et chaud où, parmi les baryons, seuls subsistent des protons et des neutrons (autrement dit, des nucléons) que la force forte, à laquelle ils sont soumis, collent l'un à l'autre pour former des noyaux atomiques simples, comme le deutérium. Tout ce petit monde évolue dans un univers que dominent des photons très énergétiques issus pour l'essentiel des annihilations massives précédentes. À peine créés, ces premiers noyaux sont aussitôt dissociés par les photons. Puis, l'expansion aidant, l'énergie moyenne des photons devient inférieure à l'énergie de liaison du deutérium, si bien que les noyaux nouvellement formés résistent enfin. L'Univers se transforme alors en un immense réacteur de fusion nucléaire, et tous les neutrons libres se retrouvent liés au sein de noyaux d'hélium.

Pour l'essentiel, un noyau d'hélium associe deux protons et deux neutrons, pour former un isotope stable dénommé « hélium-4 ». Auparavant, le milieu comptait environ un neutron pour sept protons, la masse plus faible de ces derniers ayant favorisé leur production. Comme elle agglomère tous les neutrons disponibles, la nucléosynthèse primordiale laisse un univers où la proportion d'hélium-4 s'établit autour de 8 % (en nombre de noyaux). La force forte s'évertue certes à adjoindre un neutron sur chaque hélium-4, voire à coller deux hélium-4 l'un à l'autre, mais en vain. La nature est ainsi faite que des noyaux à 5 ou 8 nucléons sont instables !

À la fin des années 1940, sur la base du concept de l'atome primordial de Lemaître, George Gamov, physicien russe émigré aux États-Unis, est le premier à envisager que des réactions nucléaires se sont déroulées dans l'Univers primordial. En 1948, avec son élève Ralph Alpher, il publie *The Origin of Chemical Elements*, l'article fondateur de la nucléosynthèse primordiale.

***Voir aussi*** Matière baryonique p. 32, Deutérium p. 36.

*Vue en fausse couleur du nuage interstellaire associé à la nébuleuse de la Rosette. Enregistrée par le télescope spatial Herschel dans l'infrarouge lointain, l'image révèle des poussières traçant les contours d'une vaste concentration de matière baryonique contenant 8 % d'atomes d'hélium aux noyaux forgés lors de la nucléosynthèse primordiale.*

# Deutérium

La nucléosynthèse primordiale achevée, l'Univers des noyaux atomiques s'établit à 92 % d'hydrogène, 8 % d'hélium et quelques autres noyaux légers, dont le deutérium. Au début des années 1940, ce dernier devient la clé de l'eau lourde, enjeu majeur du deuxième conflit mondial sur Terre.

En un peu moins de vingt minutes, la nucléosynthèse primordiale a changé le monde des baryons. Il n'y avait au départ que des protons (des noyaux d'hydrogène) et des neutrons libres. À l'arrivée, l'hydrogène est encore ultra majoritaire (92 % en nombre de noyaux), mais il doit ménager une place à l'hélium dans sa variété à quatre nucléons (8 % en nombre de noyaux, 25 % en masse). Cette proportion d'hélium, mesurée un peu partout dans l'Univers observable, serait inexplicable par la seule production d'hélium dans les étoiles. C'est donc bien la preuve que l'Univers est passé par une phase primordiale très dense et très chaude...

La nucléosynthèse primordiale lègue aussi une pincée de deutérium. Cet élément stable, composé d'un proton et d'un neutron, affiche une masse double de celle de l'hydrogène, mais du fait de son unique proton, ses propriétés chimiques sont les mêmes. Il adore ainsi se combiner à l'oxygène pour former de « l'eau lourde », qualifiée ainsi en raison de la masse ajoutée par la substitution du deutérium à l'hydrogène. Utilisée comme modérateur de neutrons dans les piles atomiques, l'eau lourde est activement convoitée au début des années 1940 par l'Allemagne nazie pour ses vaines recherches nucléaires.

L'abondance du deutérium à la fin de la nucléosynthèse primordiale dépend au premier chef de la densité totale de baryons (donc de matière usuelle) dans l'Univers. Mais le deutérium est un élément délicat. Sa fragilité même a retardé la synthèse primordiale de l'hélium. Sa destruction au sein des étoiles rend difficile la mesure de son abondance.

***Voir aussi*** Hélium p. 34, Énergie nucléaire p. 82.

*Vue enregistrée par le télescope spatial Hubble d'une vaste bulle d'hydrogène au cœur de la nébuleuse M17 située à plus de cinq mille années-lumière dans la constellation du Sagittaire. Illuminé par des flots de rayonnement ultraviolet produit par des étoiles massives proches, le gaz interstellaire renferme une certaine proportion de deutérium produit quelques minutes après le Big Bang.*

# Cri primal

S'étant combinés pour former les atomes, noyaux et électrons du plasma primordial laissent filtrer un rayonnement qui se propage désormais librement dans tout l'espace. C'est le rayonnement qu'émettrait un corps chauffé à trois mille kelvins.

Après la nucléosynthèse primordiale, l'Univers est assez chaud pour rester à l'état de plasma mêlant électrons libres et noyaux atomiques. Le milieu abonde aussi en neutrinos, aux capacités d'interaction des plus réduites, et en particules noires qui n'interagissent que par les liens ténus de la gravité. L'Univers regorge surtout de photons (un milliard pour un baryon). En bons vecteurs de la force électromagnétique, ces particules de lumière multiplient les interactions avec les électrons libres. Ainsi, l'Univers est opaque, à l'instar d'un épais brouillard où la lumière serait sans cesse diffusée. De plus, ces photons sont encore assez énergétiques pour briser les liaisons que tentent d'établir électrons et noyaux lors de leurs brèves rencontres.

Cette situation se prolonge durant des centaines de milliers d'années. Mais plus le temps passe, plus l'Univers se refroidit et plus les photons perdent de leur virulence. Lorsqu'il atteint trois mille kelvins (la même température en degrés Celsius s'obtient en retranchant 273,15 à la valeur en kelvin), le milieu est assez froid pour que les photons ambiants, trop peu énergétiques, ne soient plus en mesure d'empêcher les électrons de s'associer durablement avec les noyaux. Les premiers atomes sont nés. Brusquement dépourvu d'électrons libres, l'Univers cesse d'être opaque à son propre rayonnement.

Cette soudaine transition laisse filtrer un rayonnement typique d'un milieu opaque porté à la température que l'Univers affiche alors (3 000 K). Comme une étoile géante rouge produit le même type de rayonnement, il est donc difficile de gloser sur la noirceur du ciel en ces temps ! Pâle écho du Big Bang pour l'abbé Lemaître, fond cosmologique pour les modernes astronomes, ce cri primal de l'Univers devient la preuve catégorique de son passé surchauffé.

***Voir aussi*** Fond cosmologique p. 40, Parasites cosmologiques p. 340.

*Une vue du rayonnement de fond cosmologique baignant toute la voûte céleste enregistrée par le satellite WMAP. En bleu, les zones les plus froides (un dix millième au-dessous de la température moyenne), en rouge, les plus chaudes (un dix millième au-dessus).*

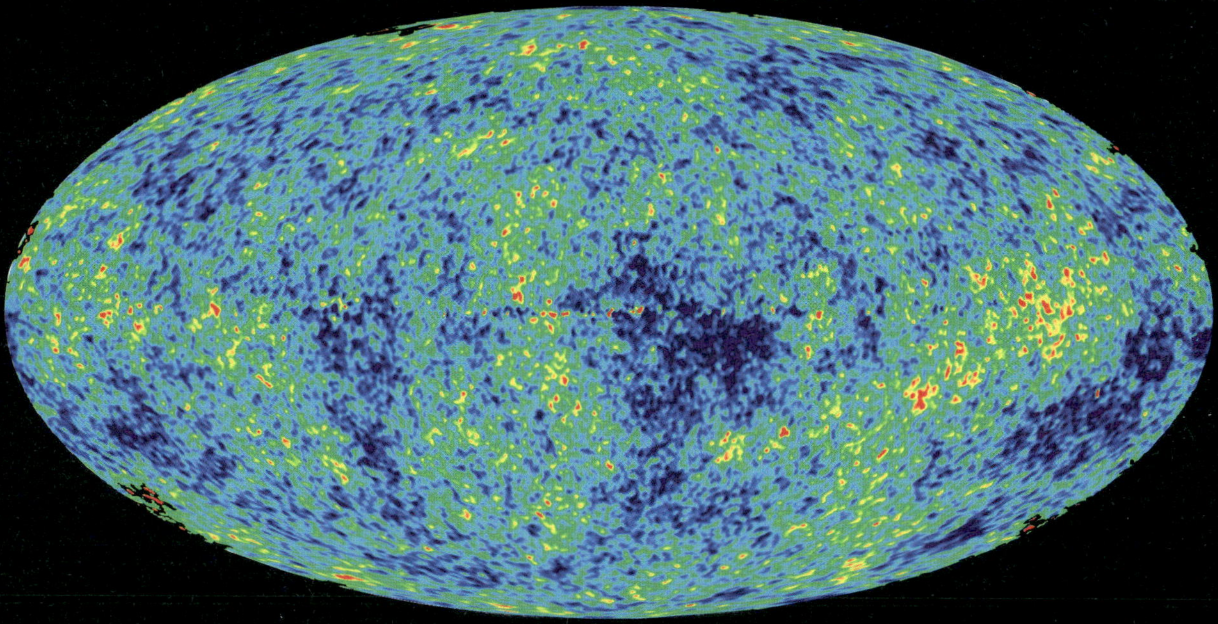

# Fond cosmologique

Le rayonnement qui se libère de la matière est disséqué au début du XXIe siècle au moyen de la sonde spatiale Planck, qui mesure les plus infimes fluctuations de cette relique du Big Bang, avec un pouvoir de résolution et une sensibilité inégalés.

Quand pour la première fois électrons et noyaux se combinent et constituent les atomes (une brève période affublée à tort du nom de « recombinaison »), le rayonnement qui baigne tout l'Univers s'affranchit des contraintes de diffusion que la matière lui imposait jusque-là. Il conserve alors les stigmates de tout rayonnement produit dans un milieu riche en interactions avec une matière portée à une température de trois mille kelvins. Sa longueur d'onde préférentielle se situe vers mille nanomètres.

Solidaire du tissu de l'Univers, ce rayonnement voit sa longueur d'onde s'allonger au fur et à mesure que l'espace s'étire sous l'effet de l'expansion. Il est ainsi perçu par les astronomes du XXIe siècle dans les bandes des ondes radio millimétriques comme le serait le rayonnement d'un corps opaque porté à moins de trois kelvins (2,725 K précisément). Baignant tout l'espace, ce rayonnement, relique du Big Bang, est détecté avec la même intensité dans toutes les directions.

L'analyse de ce rayonnement de fond cosmologique fournit l'image de l'Univers au moment de la recombinaison, voire bien avant. Il s'avère en effet que des ondes acoustiques se propageaient dans l'espace primordial, à l'instar des ondes sonores dans l'air. Ces oscillations cessent à la recombinaison, mais le fond cosmologique porte leur empreinte sous la forme d'infimes irrégularités dont l'examen fournit des données précieuses sur le milieu primordial avant la recombinaison et sur ses fluctuations de densité qui portent en germe la structure à grande échelle de l'Univers.

***Voir aussi*** Cri primal p. 38, Âges sombres p. 42, Parasites cosmologiques p. 340.

*Observatoire de l'Agence Spatiale Européenne en service depuis en juillet 2009 au point de Lagrange L2 du système Terre-Soleil, la sonde spatiale Planck emporte un télescope à grand champ où le rayonnement est focalisé sur des détecteurs refroidis à très basse température.*

# ÂGES SOMBRES

**Les infimes fluctuations de température du rayonnement de fond cosmologique dénotent des surdensités qui évoluent au cours des âges sombres pour former de grandes concentrations de matière portant en germes les grandes structures de l'Univers.**

À l'époque de la recombinaison, l'Univers est d'une remarquable homogénéité. Situation très différente quelque treize milliards d'années plus tard : les relevés astronomiques révèlent de grandes structures bordées de vides profonds. La transition d'un état à l'autre est des plus brèves et prend fin après deux cents millions d'années, dès que la matière baryonique se condense au point de former les premières étoiles. Aucun astre ne brille auparavant, d'où ce nom d'âges sombres qui par ailleurs sied bien à une période qui voit se dérouler des processus encore obscurs.



Pour passer d'un état primordial aussi simple à l'incroyable complexité observée de nos jours, une matière d'une nature encore inconnue, la matière noire, doit emplir tout l'Univers. La présence de cette matière noire en bien plus grande proportion que la matière baryonique fait que les fluctuations initiales de densité se concentrent rapidement sous l'effet de leur propre gravité. En se densifiant, la matière noire entraîne la matière baryonique dans son effondrement. Au bout de cent millions d'années à peine, des agencements de la taille d'une galaxie naine commencent à prendre forme.

Prise ainsi dans le creuset de la matière noire, la matière baryonique se concentre et se fragmente jusqu'à créer des étoiles. Dès qu'elles commencent à briller, ces dernières produisent des flots de rayonnements ultraviolets propres à éplucher les atomes restés neutres depuis la recombinaison, une véritable ré-ionisation du milieu qui se propage de proche en proche. C'est la fin des âges sombres. L'Univers entre dans l'état que nous connaissons, nanti d'une grande diversité d'astres.

***Voir aussi*** Particules noires p. 28, Fond cosmologique p. 40, Grandes structures p. 44, Premières étoiles p. 46.

*Revers des volets du triptyque de Jérôme Bosch peint en 1504 évoquant le troisième jour de la Genèse : « Qu'il y ait des luminaires dans l'étendue du ciel... » (Musée du Prado).*

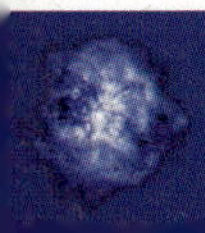

# Grandes structures

**Des simulations numériques permettent de comprendre comment les fluctuations primordiales de densité, déduites de l'analyse du fond cosmologique, se développent pour former dans l'Univers des structures qui correspondent de très près aux observations.**

Pour la plupart des cosmologistes, l'évolution de l'Univers, de la phase de recombinaison à la formation des grandes structures et au-delà, jusqu'à notre époque, s'interprète au mieux dans le cadre d'un scénario où la matière noire, qui domine la matière baryonique, est constituée de particules massives dont les vitesses sont faibles en regard de celle de la lumière.

Des simulations numériques de plus en plus poussées produisent des arguments de poids en faveur de ce modèle, dit de la « matière noire froide » (en raison de la faible vitesse des particules noires qu'il suppose). Quand il s'agit de mettre en équation l'évolution d'un système physique, il est nécessaire d'en connaître l'état initial et l'état final. C'est justement le cas de l'Univers, de la recombinaison à nos jours. Pour l'état initial, il suffit en effet de s'en remettre aux observations du fond cosmologique ; quant à l'état final, les grands relevés du ciel nous le fournissent.



À grand coup de simulations numériques sur les ordinateurs les plus performants de la planète, comme celles menées par le consortium Virgo, les cosmologistes peuvent désormais décrire l'évolution rapide de l'Univers à partir des infimes fluctuations de densité qui le rident lors de la recombinaison, jusque vers l'état qui prévaut plus de treize milliards d'années plus tard, où la matière est condensée en galaxies arrangées en amas aux nœuds d'un réseau cosmique creusé d'immenses cavités. En faisant la meilleure place à la matière noire froide, ces simulations montrent qu'en cent millions d'années les premières structures à se former sont des entités d'une masse de l'ordre d'un million de masses solaires. Ces dernières sont ensuite l'objet d'une série de fusions successives aboutissant à la formation de galaxies dont la masse typique est de cent milliards de masses solaires.

***Voir aussi*** Particules noires p. 28, Fond cosmologique p. 40, Âges sombres p. 42.

*État final simulé par le Consortium Virgo de l'évolution d'un cube d'univers de plus de deux milliards d'années lumière de côté. En mobilisant un supercalculateur pendant plus d'un mois, les cosmologistes de Virgo ont reconstruit l'évolution de vingt millions de galaxies disséminées dans cet immense volume.*

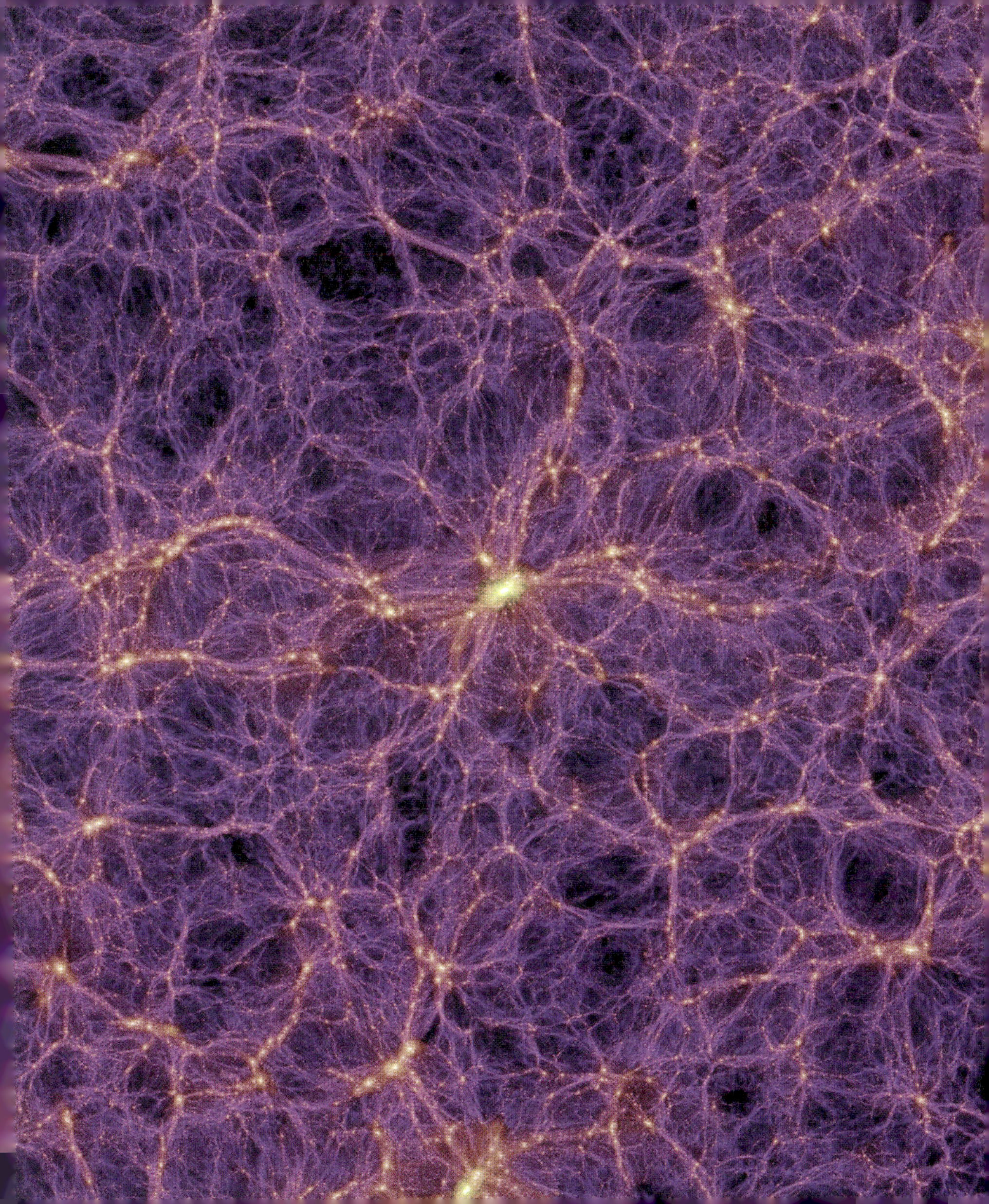

# Premières étoiles

À la fin des années 2010, une fusée Ariane 5 libère au point de Lagrange L2 un nouveau télescope spatial réalisé par les États-Unis, l'Europe et le Canada pour observer dans l'infrarouge l'Univers tel qu'il existe à l'issue des âges sombres.

Voir la première génération d'étoiles illuminer les âges sombres, tel est le rêve des astronomes depuis qu'ils ont conscience que l'Univers a une histoire. L'apparition des premières étoiles marque en effet une étape décisive de l'évolution, car c'est dans leurs cœurs que reprend la synthèse des éléments qui, faute de temps, n'avait pas dépassé le stade de l'hélium à l'époque de la nucléosynthèse primordiale.

Après avoir trié les étoiles de la Voie lactée en fonction de leur ancienneté en deux populations (I et II), les astronomes ne tardent pas à envisager une hypothétique population III d'étoiles datant d'avant la formation de la Galaxie. Ne parvenant pas à les détecter, ils en concluent que la durée de vie de ces étoiles est bien plus courte que celle des générations ultérieures. Elles seraient aussi d'une masse bien plus grande : à partir d'un milieu privé d'éléments plus lourds que l'hélium, on peut en effet envisager la formation d'étoiles de plusieurs centaines de masses solaires. Il s'agit donc d'astres très lumineux à l'évolution très rapide. Selon les modèles d'univers les plus courants, ces étoiles apparaissent à peine deux cents millions d'années après le Big Bang.



Au fil des temps cosmiques, la lumière des premières étoiles se décale de plus en plus vers le rouge. Pour collecter l'intense rayonnement qu'elles produisent au cours de leur brève existence, les astronomes du XXI$^{e}$ siècle s'en remettent donc à des télescopes opérant dans l'infrarouge, comme le JWST (*James Webb Space Telescope*, télescope spatial James Webb). À la fin des années 2010, une fusée Ariane V tirée de Kourou l'emmène au point de Lagrange L2 du système Terre-Soleil où son très grand miroir (6,5 m de diamètre) fait merveille pour scruter l'Univers profond.

***Voir aussi*** Hélium p. 34, Âges sombres p. 42, Étoile fossile p. 50, Télescope spatial p. 60.

*Découvert par William Herschel en 1784 peu après Noël, et donc baptisé « L'arbre de Noël », cet amas stellaire, dont les étoiles dessinent un sapin, commémore la naissance des premières étoiles.*

**200** MILLIONS D'ANNÉES APRÈS LE BIG BANG

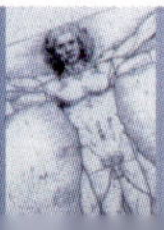

**13,5** MILLIARDS D'ANNÉES AVANT NOTRE ÈRE

# Lointaine galaxie

Scrutant le fond du ciel dans l'infrarouge, le télescope spatial Hubble perçoit en 2011 une très faible lueur extrêmement lointaine : une galaxie dans l'éclat de sa prime jeunesse, au sortir des âges sombres.

Lors de la recombinaison, les électrons, porteurs d'une charge électrique négative, s'associent durablement aux noyaux d'hydrogène et d'hélium, tous chargés positivement, pour former les premiers atomes. L'Univers devient un milieu de particules électriquement neutres. Situation fort différente moins d'un milliard d'années plus tard : les atomes d'hydrogène ont tous perdu leur électron, ils sont à nouveau ionisés.

Vers quelle époque se produit cette « ré-ionisation » ? Quelles sources rayonnent alors des photons ultraviolets en nombre suffisant pour ioniser l'Univers ? Dans le but d'identifier les premiers luminaires à avoir éclairé les âges sombres d'une lumière ultraviolette, les astronomes partent à la recherche des astres les plus lointains. Pour en estimer les distances, ils se basent sur le fait que l'expansion universelle, en étirant le tissu même de l'espace et du temps, accroît d'autant plus la longueur d'onde du rayonnement d'une source de lumière qu'elle est éloignée dans l'espace (et donc dans le temps). Ce glissement vers les grandes longueurs d'onde porte le nom de décalage vers le rouge (*redshift* en anglais), par référence à la lumière visible, où le rouge se situe du côté des plus grandes longueurs d'onde.

Au milieu de 2011, le record de l'objet céleste le plus distant est détenu par une galaxie compacte dotée d'un décalage vers le rouge $z = 10$. C'est la preuve que la formation d'étoiles est déjà active quelques centaines de millions d'années seulement après le Big Bang. Cette découverte suggère que les premières étoiles de l'Univers seraient les principaux acteurs de sa ré-ionisation.

***Voir aussi*** Âges sombres p. 42, Grandes structures p. 44, Premières étoiles p. 46.



*La galaxie matricule UDFj-39546284, l'objet céleste le plus distant jamais observé en 2011, se trouve dans le petit carré tracé sur cette image enregistrée dans l'infrarouge par le télescope spatial Hubble. Son éclat est si faible qu'elle n'est perceptible que dans la vue agrandie de ce petit champ.*

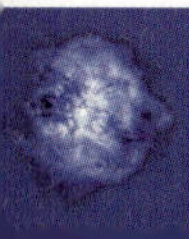

480 MILLIONS D'ANNÉES APRÈS LE BIG BANG

13,2 MILLIARDS D'ANNÉES AVANT NOTRE ÈRE

# Étoile fossile

Une étoile de deuxième génération s'allume. Elle est observée dans la constellation de la Balance et affublée du nom de code HE 1523-0901. Elle est aussi identifiée comme la plus vieille étoile jamais découverte dans la Galaxie, âgée de 13,2 milliards d'années.

Dans un halo de matière noire qui fusionnera plus tard avec d'autres pour édifier à la longue notre galaxie, la Voie lactée, une première génération d'étoiles se forme au sein d'un gaz d'hydrogène et d'hélium, les seuls éléments légués par le Big Bang. Les plus massives de ces étoiles, dont la durée de vie est la plus courte, ont déjà enrichi ce milieu des premiers « métaux » forgés dans leurs cœurs. Il faut savoir que les astronomes appellent « métal » tout élément autre que l'hydrogène et l'hélium (comme le carbone, l'azote et l'oxygène, qui ne sont pourtant pas des métaux au sens chimique du terme), et baptisent « métallicité » la proportion relative de ces éléments.

De nouvelles générations d'étoiles apparaissent par la suite dans ce milieu de très faible métallicité. Les moins massives, aux durées de vie les plus longues, brillent encore au XXI$^{e}$ siècle. Les astronomes les scrutent alors avec une attention toute particulière car, pour eux, ces spécimens de très faible métallicité sont de véritables fossiles vivants, les témoins des débuts de la formation stellaire dans l'Univers. C'est ainsi qu'une équipe internationale d'astronome débusque dans la constellation de la Balance l'étoile HE 1523-0901, un astre très pauvre en métaux, parvenu à un stade d'évolution (géante rouge) qui le rend plus lumineux, donc plus facile à observer.

Grâce au spectre de HE 1523-0901 enregistré au VLT (*Very Large Telescope*), les astronomes mesurent les abondances relatives d'éléments radioactifs à très longues périodes (thorium, uranium) pour estimer avec une bonne précision l'âge de cette étoile archaïque. La valeur trouvée (13,2 milliards d'années) atteste que HE 1523-0901 s'est bel et bien formée à l'aube de l'histoire de l'Univers.

***Voir aussi*** Premières étoiles p. 46.

*La constellation de la Balance représentée dans* Atlas Coelestis *de John Flamsteed, l'atlas du ciel élaboré par le premier Astronome Royal d'Angleterre et publié en 1729, dix ans après sa mort.*

SERPENS
VIRGO
OPHIUCHUS
SCORPIO
HYDRA
LUPUS
CENTAURUS

# Sursaut gamma

Une étoile massive, peut-être issue de la première génération, parvient à la fin de son évolution en suscitant un sursaut gamma, une formidable bouffée de rayonnements et l'une des plus titanesques explosions de lumière dans tout l'Univers.

Les premières étoiles de l'Univers, la mythique population III, sont sans doute bien trop massives pour subsister longtemps. Les astronomes ne peuvent donc pas observer de spécimen encore en activité. En revanche, ils peuvent capter les colossales bouffées de rayonnement gamma que certaines d'entre elles relâchent à la fin de leur très brève évolution.

Quelques millions d'années après la formation d'étoiles très massives, leur cœur s'effondre en un trou noir. Encore nimbé de débris stellaire, ce dernier éjecte parfois deux jets de matière accélérée à des vitesses relativistes. Il s'ensuit deux phénomènes successifs, comptant parmi les plus lumineux de l'Univers. L'émission prompte, rayonnée pour l'essentiel dans le domaine des rayons gamma, signe la dissipation de chocs formidables qui surviennent au sein des jets : c'est le sursaut gamma proprement dit. Par ailleurs, quand ces mêmes jets percutent le milieu alentour, il se produit à toutes longueurs d'onde une émission rémanente, dont l'éclat décroît rapidement.



L'extrême luminosité des sursauts gamma les rend observables jusqu'aux confins de l'Univers observable. Avec un décalage vers le rouge $z = 8{,}2$, GRB 090423, le sursaut le plus distant détecté en 2009, s'est produit juste à la fin de la période de ré-ionisation, à l'issue des âges sombres. À bord du satellite américain Swift, deux télescopes, l'un opérant dans le domaine des rayons gamma et l'autre dans celui des rayons X, enregistrent l'émission prompte de ce sursaut lointain et en mesurent la direction d'origine. C'est la condition nécessaire pour que le VLT étudie l'émission rémanente de GRB 090423 dans le proche infrarouge afin d'en estimer le décalage vers le rouge. Durant quelques mois, il détient le record de l'objet céleste le plus distant.

***Voir aussi*** Âges sombres p. 42, Étoile fossile p. 50, Sursaut à l'œil nu p. 74, Trou noir p. 344.

*Reconstitution de l'évolution ultime d'une étoile massive dont le cœur s'effondre en un trou noir, projetant sous la forme d'un jet bipolaire de la matière à des vitesses relativistes.*

# Premiers amas de galaxies

Dans l'Univers âgé d'un milliard d'années à peine, les grands amas de galaxies bourgeonnent. En regardant très loin dans l'espace, donc très loin dans le temps, les astronomes observent la gestation de ces structures colossales.

Si l'on en croit les simulations cosmologiques fondées sur le modèle de la matière noire froide, les amas de galaxies les plus massifs sont les descendants de « proto-amas », des concentrations de galaxies primordiales se condensant d'une manière hiérarchique, d'abord les plus menues, les plus massives ensuite. Il est donc tout à fait envisageable que ces proto-amas contiennent des galaxies très massives et très actives, au point de se manifester comme des quasars.



C'est précisément ce qui se produit dans un coin reculé du ciel où un amoncellement de matière noire et baryonique, d'une masse totale d'au moins quatre cents milliards de masses solaires, s'est condensé en un proto-amas de galaxies qui s'étend sur plus de quarante millions d'années-lumière. La densité élevée de cette grande structure entraîne de très nombreuses fusions entre galaxies. Il s'ensuit que ce proto-amas recèle nombre de galaxies où la formation d'étoiles jeunes et massives s'emballe. Au cœur de quelques-unes, les conditions peuvent s'avérer propices à la formation de trous noirs ultra massifs, et donc à l'allumage de quasars.

C'est en repérant quelque part dans la direction de la constellation du Sextant une accumulation de galaxies actives avec le même grand décalage vers le rouge de $z = 5{,}3$ que Peter Capak et son équipe découvrent en 2011 ce proto-amas de galaxies. L'entreprise n'est pas des plus simples. Les astronomes fouillent d'abord la zone incriminée avec un télescope spatial opérant dans la bande des rayons X pour traquer les trous noirs ultra massifs, puis avec un grand télescope terrestre pour repérer les galaxies où flambe la formation d'étoiles. Ensuite, armés d'une batterie d'appareils, dont le télescope spatial Hubble, ils examinent un par un tous les spécimens ainsi recueillis pour en estimer les décalages vers le rouge.

***Voir aussi*** Grandes structures p. 44, Amas de galaxies p. 108.

*Image du proto-amas COSMOS-AzTEC3 dans la direction de la constellation du Sextant. Il est composé des galaxies à grand décalage vers le rouge autour desquelles ont été tracés des petits cercles blancs.*

# Formation de Messier 13

Les fusions de protogalaxies lors de phases embryonnaires de notre future Voie lactée suscitent des flambées de formation stellaire d'où émergent des amas riches de centaines de milliers d'étoiles, dont l'un est connu sous le nom de Messier 13.

Notre galaxie, la Voie lactée, n'échappe pas à la règle : comme les autres entités d'une taille comparable, sa formation est rapide et tumultueuse, faite de fusions successives de protogalaxies de plus en plus massives. Chaque fois que deux d'entre elles entrent en coalescence, il s'ensuit une flambée de formation stellaire produisant un énorme amas riche de centaines de milliers d'étoiles. Si les plus grosses quittent rapidement la scène, les plus nombreuses, moins massives que le Soleil, aux durées de vie supérieures à l'âge de l'Univers, pourraient briller des dizaines de milliards d'années durant. Pour peu que l'amas stellaire résiste à la dispersion, il est perçu au XXIe siècle sous la forme d'un amas globulaire.



L'un des amas globulaires les plus célèbres, dont l'observation fait la joie des astronomes amateurs, est visible à l'œil nu dans la constellation d'Hercule. Dans la seconde partie du XVIIIe siècle, Charles Messier l'inclut dans son catalogue où il compile, en grand chasseur de comètes, tous les corps célestes fixes d'aspects diffus pouvant passer à tort pour un authentique astre chevelu. Connu depuis de tous les astronomes – professionnels comme amateurs – sous le nom de Messier 13, l'amas globulaire d'Hercule se situe en 2011 à vingt-sept mille années-lumière du Soleil. Rassemblant près d'un million d'étoiles dans une sphère de moins de cent cinquante années-lumière de rayon, Messier 13 affiche en son centre une densité stellaire des centaines de fois plus élevée que dans l'actuel voisinage solaire.

Une telle accumulation d'étoiles accroît d'autant l'éventualité que cet endroit précis de l'Univers proche abrite une forme de vie intelligente. Il n'en faut pas plus pour que Messier 13 attire l'intérêt des auteurs de science-fiction et suscite même en 1974 l'envoi d'un message radio dans sa direction…

***Voir aussi*** Grandes structures p. 44, Message livré p. 378.

*Cette image du cœur de Messier 13 a été produite en combinant les résultats de quatre observations de l'amas globulaire menées par le télescope spatial Hubble de 1999 à 2006.*

# Univers de galaxies

Âgé de deux milliards d'années à peine, l'Univers est dans un état proche de celui qu'on lui connaît au XXI^e siècle, comme l'atteste cette image du ciel profond enregistrée par le télescope spatial Hubble et qui comporte des milliers de galaxies déjà formées.

Bien qu'il ait à peine dépassé le dixième de son âge actuel, l'Univers en a déjà fini avec les phases principales de son évolution. Le décor de l'Univers observable est bien en place : un réseau filamenteux aux fortes nodosités, composé de centaines de milliards de galaxies. Désormais, l'évolution se fait plutôt au niveau des individus qui, à l'instar de notre Voie lactée, se métamorphosent peu à peu.

Contrairement aux archéologues, qui n'ont à se mettre sous la dent que quelques rares débris des temps passés, les astronomes peuvent véritablement « voir » à quoi ressemble l'Univers à une époque donnée de son évolution. Pour cela, il suffit de choisir dans un champ de la voûte céleste tous les astres situés à une distance donnée. En effet, comme la lumière se propage à une vitesse finie, loin dans l'espace, c'est aussi loin dans le temps. Encore faut-il s'en tenir à un coin de ciel dépourvu d'étoiles brillantes de notre propre galaxie, car celles-ci masquent les objets de plus faible éclat qui se pressent à l'arrière-plan.

C'est dans ce but que l'Institut du Télescope Spatial délimite dans la constellation du Fourneau le « Champ Ultra Profond de Hubble », observé sans désemparer des centaines d'heures durant. On parvient ainsi à tirer le portait de l'Univers le plus détaillé jamais obtenu. L'utilisation de caméras opérant dans l'infrarouge proche révèle même des galaxies dont le rayonnement, trop décalé vers le rouge, n'aurait pas été détecté par des instruments ne fonctionnant que dans le domaine visible. Résultat : une image contenant environ dix mille galaxies, déjà bien en place dans l'Univers, mais pour la plupart encore dans leur enfance.

***Voir aussi*** Télescope spatial p. 60.

*Image du Champ Ultra Profond de Hubble combinant huit cents poses enregistrées par le télescope spatial Hubble de septembre 2003 à janvier 2004. Le champ de cette image est des plus réduits, celui que couvrirait une pièce d'un euro à vingt mètres !*

# Télescope spatial

Il évolue depuis 1990 à près de six cents kilomètres d'altitude où il s'affranchit ainsi de la turbulence atmosphérique, ce qui lui permet de tirer le meilleur profit de son miroir de 2,4 m de diamètre avec lequel il scrute le ciel profond.

Les grands télescopes, qui règnent en maître dans tous les observatoires de la planète, se sont aussi répandus dans l'espace pour s'affranchir de l'atmosphère. Notre mince biosphère est en effet un écran opaque pour de nombreux messagers des étoiles : elle bloque les ondes radio de grande longueur d'onde, une partie des rayons infrarouges, la quasi-totalité des ultraviolets, la totalité des rayons X et gamma. Même dans le domaine visible où l'atmosphère est réputée transparente, la turbulence de l'air handicape les meilleurs télescopes.

De tous les moyens d'observation astronomique opérant désormais dans l'espace, le plus célèbre est sans conteste le télescope spatial Hubble. Son portrait de l'Univers enfant justifie sa réputation de véritable machine à remonter le temps. Mais sa popularité tient aussi aux prouesses des astronautes qui se succèdent à son service. Mis en orbite en avril 1990 par l'équipage de la navette spatiale *Discovery*, le télescope spatial Hubble s'avère à sa mise en service affligé d'une grave myopie due à un défaut de son optique, corrigée en décembre 1993 lors de la première mission d'entretien. Il est ainsi visité à cinq reprises par des équipes d'astronautes embarquées à bord de navettes spatiales pour procéder au remplacement d'équipements défectueux et installer de nouveaux détecteurs de plus en plus performants. À chaque passage, les astronautes remontent le télescope sur son orbite initiale, car le peu d'atmosphère qui subsiste à l'altitude où il évolue le précipite peu à peu vers la Terre.

L'ultime mission de service date de mai 2009 et le télescope spatial Hubble est en mesure de poursuivre ses opérations jusque vers 2020. Il reste toutefois sans successeur désigné, les progrès rapides des optiques adaptatives permettant d'échapper à moindre coût aux affres de la turbulence atmosphérique.

***Voir aussi*** Univers de galaxies p. 58.



*Le télescope spatial Hubble dérivant au-dessus de la Terre après avoir été relâché par l'équipage de la navette spatiale Atlantis à l'issue de l'ultime mission de service, le 19 mai 2009.*

# Température de l'Univers

La lumière d'un quasar excite les molécules de monoxyde de carbone qui parsèment un nuage de gaz flottant dans une galaxie lointaine. S'imprime ainsi la trace d'un univers bien plus chaud.

Trois milliards d'années ont passé depuis le Big Bang. L'Univers est alors assez semblable à celui que nous contemplons. Les galaxies qui le composent baignent bien sûr dans le rayonnement de fond cosmologique et elles confinent comme aujourd'hui des nuages de gaz interstellaire. L'activité passée des étoiles les a enrichies d'éléments, comme le carbone et l'oxygène, dont les atomes ne demandent qu'à se combiner pour former des molécules de monoxyde de carbone (CO).



Comme les atomes, les molécules peuvent passer d'un état fondamental à un état d'énergie supérieure. La molécule CO n'échappe pas à la règle, et même le rayonnement cosmologique parvient à l'exciter. Portées à un niveau d'énergie plus élevé, ces molécules, qui parsèment les nuages interstellaires, sont en mesure d'absorber à une longueur d'onde bien précise toute lumière qui traverserait un tel milieu. En étudiant la lumière que rayonne un astre très brillant, un quasar par exemple, situé le long d'une ligne de visée interceptant une galaxie, on détecte donc, sous la forme d'une raie d'absorption à une longueur d'onde donnée, l'empreinte des molécules CO excitées par le rayonnement de fond cosmologique dans lequel baigne la galaxie en question.

Sous l'effet de l'expansion, la longueur d'onde à laquelle apparaît la raie d'absorption se décale vers le rouge. Les astronomes estiment ainsi à quelle époque la lumière a été absorbée, dans quel état d'excitation se trouvaient les molécules CO et, partant, quelle était alors la température de l'Univers. On démontre ainsi que trois milliards d'années après le début de l'expansion, la température de l'Univers était trois fois plus élevée qu'aujourd'hui... Confirmation éclatante de la théorie du Big Bang !

***Voir aussi*** Cri primal p. 38.

*Représentation d'un quasar du jeune Univers, une source de lumière très brillante dont la source d'énergie serait la capture de gaz interstellaire par un trou noir ultra massif.*

# Pic de formation d'étoiles

Le taux de formation d'étoiles est à son plus haut ; les plus massives, dont l'évolution est la plus rapide, relâchent des flots de gaz enrichi en noyaux de presque tous les éléments naturels, du carbone à l'uranium.

Si l'aspect de l'Univers dans son ensemble n'a pas trop changé en trois milliards d'années, il en va tout autrement des galaxies qui le composent. Produites dans le chaos des fusions successives de protogalaxies, embrasées de violents épisodes de formation stellaire, les galaxies n'ont pas encore atteint l'état d'équilibre, souvent précaire, qui ne les caractérise que plus tard.



Attisée par des collisions entre galaxies encore très fréquentes, la formation d'étoiles bat son plein. L'énigmatique population III d'étoiles constituées d'hydrogène et d'hélium a vite cédé la place à des individus pauvres en « métaux » (comme les astronomes se plaisent à le dire), mais dont le parcours évolutif s'apparente à celui des étoiles plus modernes de population I. Avec des durées de vie bien inférieures à un milliard d'années, les étoiles de masse supérieure à quelques masses solaires arrivent rapidement en fin d'évolution et relâchent dans le milieu interstellaire de très grandes quantités d'un gaz riche en noyaux récemment synthétisés au sein de ces creusets stellaires. S'y ajoute la farandole des noyaux produits lors des explosions de supernova qui marquent le terme des étoiles les plus massives ainsi que de certaines étoiles en système binaire.

Au sein des galaxies, il s'établit peu à peu un équilibre entre le gaz gavé de métaux qui s'échappe des fourneaux stellaires et celui, encore dépourvu de ces mêmes métaux, qui provient des milieux intergalactiques. La formation stellaire diminuant, les proportions relatives des éléments (en masse) finissent par se figer autour des valeurs mesurées au XXIe siècle : 74 % d'hydrogène, 24 % d'hélium et 2 % de tous les autres éléments, l'oxygène en tête, puis le carbone, le néon et le fer.

***Voir aussi*** Premières étoiles p. 46, Étoile fossile p. 50, Supernova p. 176.

*Tout l'Univers dans un verre d'eau ! L'eau associe en effet deux atomes d'hydrogène, dont les noyaux sont produits lorsque la soupe de quarks et de gluons se refroidit, un millionième de seconde après le Big Bang, et un atome d'oxygène, le plus abondant des éléments synthétisés par les étoiles.*

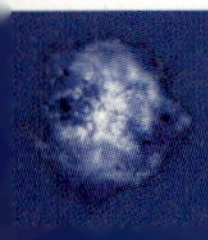

3,7 MILLIARDS D'ANNÉES APRÈS LE BIG BANG

10 MILLIARDS D'ANNÉES AVANT NOTRE ÈRE

# Constantes fondamentales

En marquant la lumière qu'ils absorbent d'une empreinte liée à la constante de structure fine, les éléments répandus loin dans le passé de l'Univers convainquent les physiciens que, depuis dix milliards d'années, la constante fondamentale α n'a pas varié.

Pour un physicien, une constante désigne une quantité mesurable supposée être la même partout dans l'Univers et ne pas varier dans le temps, comme par exemple la vitesse de la lumière dans le vide (notée c). Petit détail, la valeur de c (une vitesse, donc une distance divisée par un temps) dépend du système d'unités choisi. Toutefois, en combinant plusieurs constantes, on peut en obtenir une nouvelle dont la valeur est indépendante de tout système d'unités. C'est le cas de la constante de structure fine (notée α) qui intervient dans la force électromagnétique.



Les constantes fondamentales de la nature sont-elles vraiment invariables dans le temps ? Certains modèles théoriques en doutent, à l'instar de la théorie des cordes. La constante α s'immisce dans la définition des niveaux d'énergie des électrons dans les atomes : elle intervient donc dès que des éléments absorbent de la lumière. Or, quatre milliards d'années après le Big Bang, la formation stellaire bat son plein. Des noyaux de la plupart des éléments naturels, nés au cœur des étoiles, se déversent dans l'Univers. Il s'en trouve toujours assez sur la ligne de visée des quasars pour que leur lumière porte à jamais l'empreinte d'une interaction où la constante α a mis son grain de sel.

Les astronomes collectent cette lumière avec le grand miroir de Kueyen (de 8,2 m de diamètre), l'un des quatre télescopes du VLT (*Very large Telescope*) installés au sommet du mont Paranal, au Chili. Puis ils la décomposent avec UVES, un spectrographe ultra performant. Ils analysent alors les traces d'absorption laissées par les atomes avec une telle précision qu'ils peuvent en déduire que la valeur de la constante α est restée la même au cours des dix derniers milliards d'années (à mieux qu'un millionième près). La théorie des cordes devra attendre d'autres arguments.

***Voir aussi*** Multivers p. 12, Réacteur nucléaire naturel p. 110.

*Vue du vestige de supernova E0102 où la constante de structure fine joue les premiers rôles. Cette vue combine une image enregistrée dans le visible par le télescope spatial Hubble et dans le domaine des rayons X par le télescope spatial Chandra.*

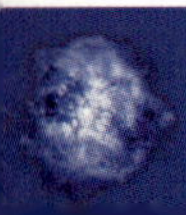

# Disque galactique

Le halo de matière noire qui enserre la Voie lactée concentre la matière baryonique, la fait tourner de plus en plus vite et finit par former un disque mince en rotation rapide parcouru d'ondes qui l'ornent d'une structure en spirale gansée d'étoiles jeunes.

Comme toutes les galaxies comparables, notre Voie lactée a pour origine la coalescence successive de protogalaxies : des grumeaux de matière noire issus des surdensités de l'Univers primordial et renfermant aussi de la matière baryonique sous la forme d'un gaz d'hydrogène et d'hélium.

Au fur et à mesure du processus de fusion, la matière noire stagne plutôt à la périphérie. Elle finit ainsi par constituer un halo sphérique d'un rayon de deux cent mille années-lumière environ et d'une masse de l'ordre de mille milliards de masses solaires. Entraîné vers l'intérieur, le gaz baryonique s'est contracté en un disque très mince, animé d'une grande vitesse de rotation. C'est aussi dans ce disque de cinquante mille années-lumière de rayon que flottent les nuages de gaz interstellaire et que se fixe désormais la formation d'étoiles. Des milliards d'étoiles peuplent le disque galactique. Le fait que la vitesse de rotation autour du centre des étoiles ne diminue pas à la périphérie du disque atteste que le disque est bel et bien enclavé dans un halo de matière noire.

Une asymétrie dans les régions centrales du disque (comme la barre que les astronomes identifient au centre de la Voie lactée) excite des ondes de densité dont l'effet le plus spectaculaire est la structure en bras spiraux de la galaxie. Ce phénomène s'apparente aux bouchons qui se propagent le long d'une autoroute quand la circulation est assez dense. À l'instar des automobiles dont le nombre s'accroît au niveau d'un bouchon, le gaz interstellaire se concentre au passage d'une onde de densité. Le surcroît de formation d'étoiles qui s'ensuit souligne la trace de l'onde de densité en laissant derrière elle une guirlande de belles étoiles bleues, à l'éclat aussi intense que fugitif.

***Voir aussi*** Voie lactée p. 70.



*Représentation de la Voie lactée bâtie à partir des données collectées dans l'infrarouge par le télescope spatial Spitzer qui confirment que notre galaxie est du type SBc (spirale barrée aux bras assez détachés).*

# Voie lactée

Natif de Hanovre, réfugié en Angleterre en 1757, William Herschel, musicien devenu astronome, mène avec des télescopes de sa fabrication les premiers sondages du ciel profond et atteste que la Voie lactée est un disque d'étoiles.

William Herschel, musicien d'un régiment de la principauté de Hanovre, alors rattaché à la couronne de Grande-Bretagne, trouve refuge en Angleterre fin 1757, en pleine guerre de Sept Ans. Sa solide formation musicale lui permet de monnayer ses talents. Il compose de nombreuses œuvres symphoniques ou concertantes d'excellente facture. Mais l'astronomie est sa véritable passion et, à partir des années 1770, il se consacre à l'observation du ciel avec l'aide de sa sœur Caroline, tout aussi fanatique d'astronomie que lui.



Totalement autodidacte, il fabrique lui-même plus de 400 télescopes ! En 1781, il découvre la planète Uranus, ce qui lui permet d'être élu membre de la Royal Society et d'attirer l'attention du Roi George III. Ce dernier, féru d'astronomie, lui attribue une pension. Herschel peut alors ne se consacrer qu'à sa passion et construit des instruments de plus en plus puissants, comme celui qu'il installe à Slough à la fin des années 1780.

Outre Uranus, dont il identifie deux satellites, Herschel fait nombre de découvertes majeures, comme celle du rayonnement infrarouge. Dès 1780, il entreprend une série de recensements systématiques d'étoiles. Pour estimer leurs distances, Herschel suppose que les étoiles ont toutes la même luminosité intrinsèque. Une hypothèse certes simpliste mais qui lui permet de suggérer que le Soleil se trouve au sein d'un disque d'étoiles dont le plan s'aligne avec la Voie lactée. Fasciné par les nébuleuses, il en catalogue des milliers, pavant ainsi la voie aux astronomes qui, plus d'un siècle plus tard, arpentent tout l'Univers observable.

***Voir aussi*** Disque galactique p. 68,
Le Grand Débat p. 326.

*De 1785 à 1789, William Herschel, ayant reçu du roi George III une dotation de 4 000 livres, construit, avec l'aide de sa sœur Caroline, le plus grand télescope au monde à son époque. Cet énorme appareil de 12 m de long comporte un miroir de 120 cm constitué d'un alliage de cuivre et d'étain.*

SIR WILLIAM HERSCHEL'S GREAT FORTY FEET TELESCOPE.

Engraved for the Edinburgh Encyclopaedia by J. Moffat Edin[r].

# Univers-îles

Dans son *Histoire générale de la nature et Théorie du ciel*, Emmanuel Kant introduit, sans le nommer, le concept d'univers-îles pour désigner les nébuleuses qu'il suppose être des systèmes d'étoiles aplatis, analogues à la Voie lactée.

La formation d'un disque paré d'une éventuelle structure spiralée n'est pas propre à la seule Voie lactée. À la même époque, ou peut s'en faut, beaucoup de galaxies passent par des évolutions similaires. Dans tout l'Univers, le nombre de spécimens à disque serait même supérieur à celui prophétisé par le modèle de la matière noire froide. Ce dernier prédit en effet un grand nombre de fusions entre galaxies, un processus propre à disloquer bien des disques déjà formés.



À l'oculaire des lunettes et télescopes qui fleurissent au XVIII<sup>e</sup> siècle, les plus brillantes des galaxies à disque apparaissent sous la forme d'aires blanchâtres, plus ou moins aplaties. On les classe comme nébuleuses, appellation fourre-tout où se retrouvent tous les astres d'apparence laiteuse (à l'exclusion des planètes et des comètes). Les esprits les plus éclairés du Siècle des Lumières disposent de quelques circonstances atténuantes à ne pas se rendre compte que certaines sont autant de Voie lactée. Ils n'ont en effet ni les instruments pour les résoudre en étoiles, ni les moyens d'en apprécier les distances.

Pourtant, un philosophe n'hésite pas à évoquer d'autres voies lactées. Dans l'une de ses œuvres de jeunesse, parue en 1755, Emmanuel Kant décrit en effet l'Univers comme constitué d'un ensemble d'amas d'étoiles dérivant dans l'immensité de l'espace. Inspiré par le *Discours sur les différentes figures des astres* de Pierre Louis Moreau de Maupertuis, fervent adepte, tout comme lui, des idées d'Isaac Newton, le philosophe de Königsberg envisage un univers où les nébuleuses sont des agrégats d'étoiles analogues à celui dans lequel le Soleil est plongé. Il précise que de tels systèmes apparaissent circulaires vus de face et elliptiques vus de côté. La postérité retient la théorie de Kant comme étant celle des univers-îles, terme qu'Alexander von Humboldt introduit près d'un siècle plus tard.

***Voir aussi*** Disque galactique p. 68, Voie lactée p. 70, Le Grand Débat p. 326.

*Vue enregistrée au VLT de NGC 1232, un univers-île dont la morphologie est assez similaire à celui de notre Voie lactée, avec un système de bras spiraux soulignés d'étoiles bleues.*

# Sursaut à l'œil nu

Chaque jour dans l'Univers observable, les cœurs d'un million d'étoiles massives s'effondrent. Un sur mille produit une formidable bouffée de rayonnement. On peut même en voir certains types à l'œil nu pour peu que l'on regarde au bon endroit et au bon moment.

Quand deux jets de matière sont expulsés par le cœur effondré d'une étoile massive et que ces jets parviennent à en percer l'enveloppe (un cas sur mille environ), il se produit un sursaut gamma. Ce nom lui vient des deux faisceaux de rayonnement créés au sein même de la matière ainsi éjectée, très riches en photons gamma. Ils incluent également des rayons X et de la lumière visible.

Ces deux faisceaux, très étroits mais très intenses, balayent l'Univers. En raison de leur faible ouverture (quelques degrés), ils n'ont qu'une chance sur mille d'atteindre un jour la Terre. Le compte est alors vite mené : un million d'étoiles massives s'effondre chaque jour dans tout l'Univers produisant un millier de bouffées gamma dont une seule aborde la Terre. Même en observant toute la voûte céleste, les astronomes ne détectent donc qu'un à deux sursauts gamma par jour. S'ils se trouvent en plus juste dans l'axe du faisceau, là où le jet est le plus actif, le sursaut sera beaucoup plus intense. Un tel alignement est bien sûr plus rare : moins d'un par an !

Dans une très lointaine galaxie, le cœur d'une étoile massive s'effondre et suscite l'émission de deux faisceaux de rayonnement dont l'un se dirige là où se trouve la Terre sept milliards et demi d'années plus tard. En 2008, sous le matricule GRB 080319B, il est classé comme un sursaut gamma intense. Les astronomes ont même la chance de l'étudier dans le domaine visible avec un instrument à grand champ. Il est alors tellement brillant qu'on aurait pu le repérer à l'œil nu… Et pourtant, GRB 080319B survient alors que l'âge de l'Univers est d'à peine six milliards d'années. Preuve de la luminosité inouïe des sursauts gamma !

***Voir aussi*** Sursaut gamma p. 52.

*Éblouissement que susciterait un sursaut gamma observé dans l'axe de l'un des deux jets de matière où des chocs formidables relâchent des torrents d'énergie vite dissipés sous forme de rayonnement.*



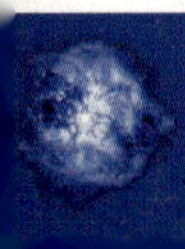

6,17 MILLIARDS D'ANNÉES APRÈS LE BIG BANG

7,53 MILLIARDS D'ANNÉES AVANT NOTRE ÈRE

# Collision dans le Groupe local

Une collision est en cours entre deux galaxies du Groupe local. Avant d'aboutir à la formation de M31 (la Grande Nébuleuse d'Andromède), leur fusion libère une longue traîne d'étoiles dont certaines se regroupent en deux galaxies naines en route vers notre Voie lactée.

Fort d'une trentaine d'individus à peine, le Groupe local – l'agrégat de galaxies où se trouve la Voie lactée – n'est qu'un amas très modeste. Son évolution serait toutefois aussi tumultueuse que celle des plus gros essaims, du moins à en croire les simulations numériques qui tentent de reconstituer son passé à partir des stigmates relevés sur M31, la seule galaxie du Groupe local dont les dimensions dépassent celles de la Voie lactée.



Cinq milliards d'années après le Big Bang, le Groupe local compte deux galaxies d'assez belle facture (en plus de la future Voie lactée), l'une trois fois plus massive que l'autre. Assez proches pour se trouver prises dans les filets de leur mutuelle attraction gravitationnelle, elles entament alors un pas de deux qui les conduit quatre milliards d'années plus tard à entrer en collision. Bien que largement utilisé, ce terme de collision est assez impropre. Dans chacune des deux galaxies, les distances entre les étoiles sont si grandes que des chocs frontaux sont exclus. Il serait donc plus juste de parler d'interpénétration, voire de fusion. Une simulation prédit en effet qu'au terme du processus, les deux galaxies n'en feront qu'une. Elle est connue de nos jours sous le nom de Messier 31, la Grande Nébuleuse d'Andromède.

L'étape cruciale de cette fusion annoncée se déroule plus de huit milliards d'années après le Big Bang. Sous l'effet des forces de marée, il se forme une gigantesque traîne d'étoiles. Certaines retournent vers la grande galaxie qui résulte de la fusion en cours. D'autres, échappant à l'emprise de cette dernière, s'assemblent en deux galaxies naines, les Nuages de Magellan, animés d'une vitesse telle qu'ils se retrouvent bientôt au voisinage de la Voie lactée.

***Voir aussi*** La plongée de M32 p. 122.

*Vue enregistrée par le télescope spatial Hubble des galaxies des Antennes, un couple de deux spirales dont la collision évoque celle des deux galaxies dont la fusion forme la Grande Nébuleuse d'Andromède.*

8,5 MILLIARDS D'ANNÉES APRÈS LE BIG BANG

5,2 MILLIARDS D'ANNÉES AVANT NOTRE ÈRE

# ÉNERGIE SOMBRE

L'expansion de l'Univers, qui ralentit depuis la fin de l'inflation, s'accélère à nouveau sous l'effet grandissant de l'énergie sombre, une entité énigmatique mise en évidence par l'étude d'un certain type de supernovas lointaines.

Mesurer l'éloignement des objets célestes est pour les astronomes un défi permanent. L'éclat d'un astre étant inversement proportionnel au carré de sa distance, on peut estimer cette dernière à condition toutefois de connaître son éclat absolu (la quantité d'énergie qu'il rayonne). C'est la méthode dite des « chandelles standard ». Pour les astres situés très loin dans l'Univers, on s'en remet plutôt à leur décalage vers le rouge qui permet de déterminer leur distance dans le cadre d'un modèle d'univers donné.



La combinaison des deux approches offre la possibilité de contraindre les modèles d'Univers. Encore faut-il mettre en œuvre des chandelles standard assez lumineuses pour rester visibles même aux plus grandes distances. C'est le cas des supernovas thermonucléaires : produites par la conflagration nucléaire d'étoiles ayant toutes la même masse, ces explosions stellaires sont censées relâcher des flux comparables de lumière. D'après l'examen approfondi de supernovas thermonucléaires parmi les plus lointaines, les astrophysiciens constatent qu'elles sont toutes plus éloignées que prévu, attestant que l'expansion de l'Univers s'accélère ! Découverte majeure, corroborée au tournant du XXI^e^ siècle par David Spergel et tous les cosmologistes attachés à l'étude du rayonnement de fond cosmologique.

L'Univers serait donc dominé par une force agissante, « l'énergie sombre », capable d'inverser le ralentissement de l'expansion qui serait inéluctable sous l'effet de la seule gravité de la matière qu'il renferme (noire et baryonique). Reste que, en raison de l'expansion, la densité de la matière décroît avec le temps. La densité de l'énergie sombre, au contraire, demeurerait inchangée. Et c'est ainsi que neuf milliards d'années après le Big Bang, l'énergie sombre devient le constituant principal de l'Univers et que l'expansion s'accélère de nouveau.

***Voir aussi*** Inflation p. 26.

*Image de la galaxie NGC 4526 enregistrée en 1994 par le télescope spatial Hubble où apparaît la supernova thermonucléaire SN 1994D survenue à la périphérie de cette galaxie lenticulaire.*

9,0 MILLIARDS D'ANNÉES APRÈS LE BIG BANG

4,7 MILLIARDS D'ANNÉES AVANT NOTRE ÈRE

# Soleil en gestation

Dans un environnement riche en étoiles, certaines très massives, un fragment de nébuleuse s'effondre sur lui-même. L'essentiel de cette matière devient Soleil, le reste s'aplatit en un disque où se forment tous les autres corps du système solaire.

Plus de neuf milliards d'années se sont écoulées depuis le Big Bang. L'Univers a franchi depuis quelque temps déjà le dernier jalon de son évolution : l'énergie sombre est devenue son constituant principal. Enchâssé à l'un des nœuds du grand réseau cosmique, le Superamas de la Vierge retient plus de dix mille individus. À sa périphérie, un modeste groupe, le Groupe local, fort d'une trentaine de galaxies dont la Voie lactée est l'une des plus remarquables. Voilà plus de quatre milliards d'années que son halo massif de matière noire l'a dotée d'un disque mince d'étoiles et de gaz.

En général très dilué (moins d'un atome par centimètre cube), le gaz se concentre çà et là en volutes beaucoup plus denses. Molécules et grains de poussière contribuent à opacifier ces nuages interstellaires dont l'un flotte à vingt-cinq mille années-lumière du centre de la Voie lactée. Soudain, peut-être sous l'effet d'une explosion de supernova proche, un fragment de cette nébuleuse s'effondre sur lui-même. En se contractant sous son propre poids, ce globule devient protoétoile et transforme son énergie gravitationnelle en rayonnement. Sa contraction s'arrête quand la température au centre s'élève au point que s'amorcent les réactions thermonucléaires entraînant la fusion de l'hydrogène. Une étoile est née...

Épisode certes anodin dans la chronologie de l'Univers où il s'en forme des milliers par seconde, mais tournant crucial pour l'humanité puisque cette étoile sera un jour connue sous le nom de Soleil. Avant sa contraction finale, notre future étoile s'est nimbée d'un disque de gaz et de poussières, qui se fragmente ensuite en myriade de petits corps. Ceux-ci s'agglomèrent parfois en plus grosses structures. Ainsi de notre Terre...

***Voir aussi*** Énergie nucléaire p. 82.



*Image de la Nébuleuse de la Trompe d'Éléphant enregistrée dans l'infrarouge par le télescope spatial Spitzer où l'on distingue une demi-douzaine de protoétoiles (points rouges brillants)*

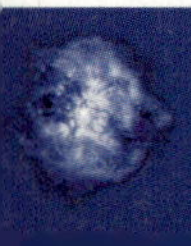

9,13 MILLIARDS D'ANNÉES APRÈS LE BIG BANG

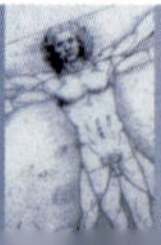

4,57 MILLIARDS D'ANNÉES AVANT NOTRE ÈRE

# Énergie nucléaire

Au cœur du jeune Soleil, les conditions sont réunies pour entretenir un cycle de réactions nucléaires qui mettent en jeu la force forte et la force faible. L'énergie qu'elles dégagent assure l'éclat de l'astre pendant des milliards d'années.

En se contractant, le jeune Soleil est devenu une boule de gaz porté à une telle température que ses atomes (de l'hydrogène, pour l'essentiel) sont dépouillés de leur cortège électronique. Le milieu devient un plasma de noyaux atomiques (surtout des protons) et d'électrons libres.

C'est au centre qu'il fait le plus chaud : quinze millions de kelvins. Le cœur est aussi la zone la plus dense : plus de cent grammes par centimètre cube. Température et densité sont telles que se déclenche un cycle de réactions nucléaires, le cycle proton-proton.

- Premier temps : deux protons se précipitent l'un contre l'autre. Bien que de même charge électrique, ils surmontent leur répulsion en tirant parti de l'effet tunnel (particularité du monde subatomique que George Gamov découvre en 1928). Ils sont alors suffisamment proches pour que la force forte, à très courte portée, les colle l'un à l'autre. Le noyau ainsi formé se briserait aussitôt sans la force faible qui transforme l'un des deux protons en un neutron et permet que se constitue un noyau stable, le deutérium.

- Deuxième temps : rencontre d'un deutérium et d'un nouveau proton, formation d'un noyau d'hélium-3 (deux protons et un neutron).

- Troisième temps : deux hélium-3 fusionnent en un hélium-4 (deux protons et deux neutrons), tout en relâchant deux protons.

Bilan du cycle : fabrication d'un noyau d'hélium-4 avec quatre noyaux d'hydrogène. La masse de l'hélium-4 est inférieure à celle des quatre noyaux. En vertu de l'équivalence masse-énergie, ce très faible écart (0,7 %) représente beaucoup d'énergie ! Pour subvenir à ses besoins énergétiques, il suffit au Soleil de convertir à chaque seconde cinq cents millions de tonnes d'hydrogène en hélium. Avec tout l'hydrogène qu'il recèle en son cœur, il peut briller pendant plus de dix milliards d'années !

***Voir aussi*** Deutérium p. 36, Soleil en gestation p. 80.

*Vue composite en fausses couleurs du Soleil enregistrée en mai 1998 par la sonde SOHO de l'Agence Spatiale Européenne dans trois bandes de l'ultraviolet lointain.*

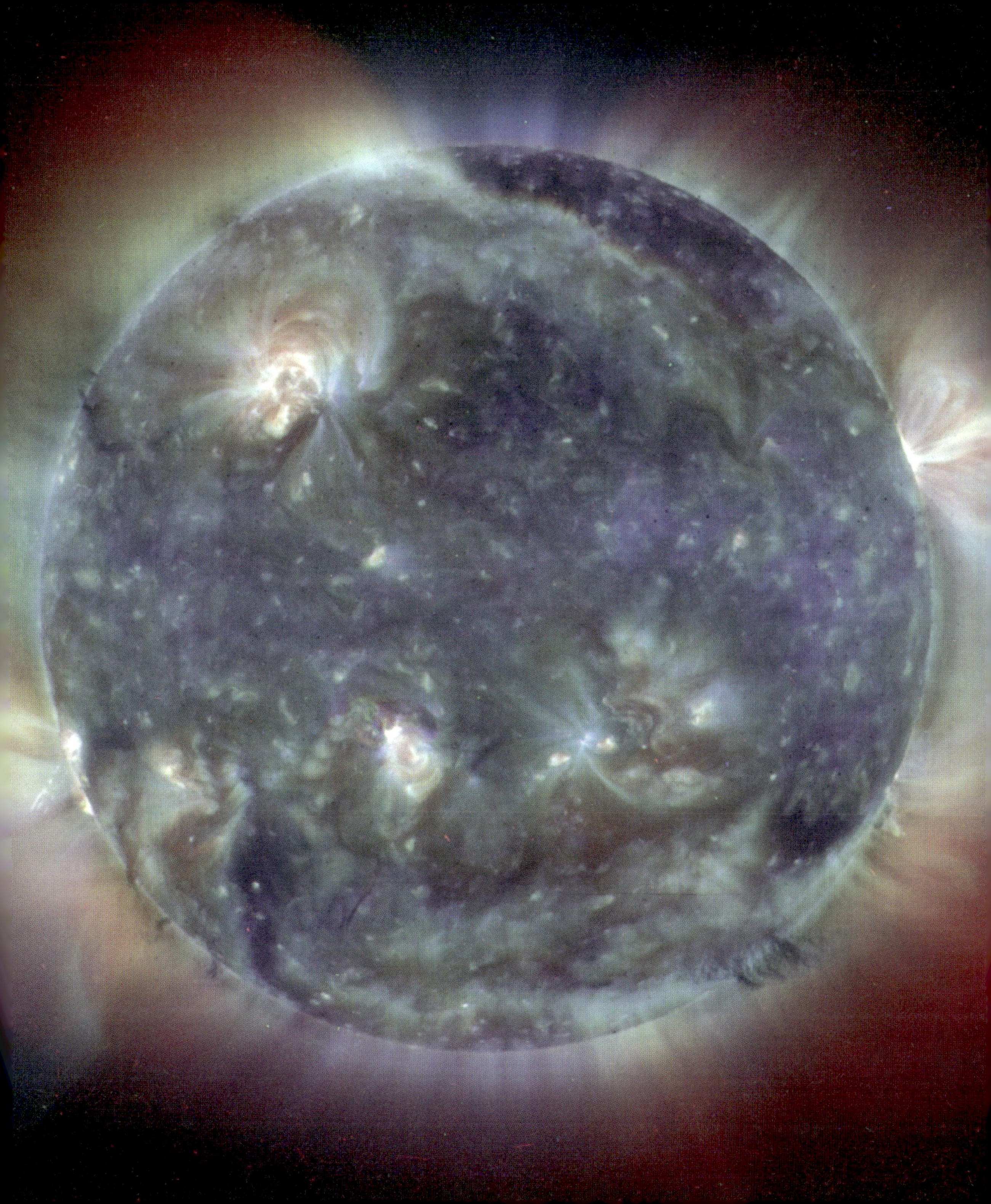

# Formation des planètes

Les grains de poussière qui parsèment le disque ceinturant le jeune Soleil s'agglomèrent en planétésimaux de quelques kilomètres de diamètre, qui grossissent ensuite par collision et accrétion jusqu'à ce que le Soleil souffle au loin gaz et grains résiduels.

Les matériaux qui tournent trop vite pour rejoindre le Soleil en cours de formation s'étalent en un disque aminci au centre, fait d'un gaz (hydrogène et hélium pour l'essentiel) parsemé de grains de poussière, agrégats minuscules de substances à l'état solide. Au-delà de la ligne de glace, distante du Soleil de cinq unités astronomiques – symbole UA, avec 1 UA = 149,6 millions de kilomètres –, le disque est assez froid pour que l'eau se trouve aussi à l'état solide.



Un peu comme la poussière forme des moutons sous les lits, les grains se collent peu à peu les uns aux autres. Dès qu'ils s'agglomèrent en blocs d'un mètre et plus, la gravité entre en jeu pour constituer des corps d'une taille supérieure au kilomètre. Les plus massifs de ces planétésimaux finissent par absorber tout ce qui se trouve dans leur zone d'influence. Un tel processus aboutit à des embryons planétaires dont la masse s'accroît au fur et à mesure que l'on s'éloigne du Soleil. À l'extérieur de la ligne de glace, les embryons sont assez massifs (plusieurs masses terrestres) pour attirer le gaz du disque et s'entourer d'hydrogène et d'hélium. Quand la masse de cette enveloppe dépasse cent fois celle de la Terre, elle s'effondre en une planète géante gazeuse comme Jupiter et Saturne. Sinon, elle se disperse, ne laissant qu'un gros cœur de roches et de glaces d'une quinzaine de masses terrestres entouré d'un peu d'hydrogène et d'hélium, à l'instar d'Uranus et de Neptune.

À l'intérieur de la ligne de glace, dans un milieu peu à peu vidé de son gaz, les embryons planétaires qui se perturbent les uns les autres évoluent sur des orbites qui s'allongent au point de pouvoir se croiser. Les violentes collisions qui s'ensuivent ne laissent subsister que les quatre individus qualifiés de nos jours de planètes telluriques.

***Voir aussi*** Lune p. 88.

*Image du disque ceinturant l'étoile Fomalhaut enregistrée par le télescope spatial Hubble dans un mode de coronographie stellaire qui masque l'étoile pour mieux faire apparaître le disque.*

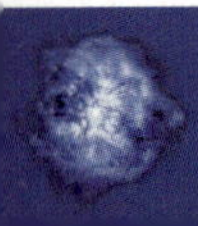

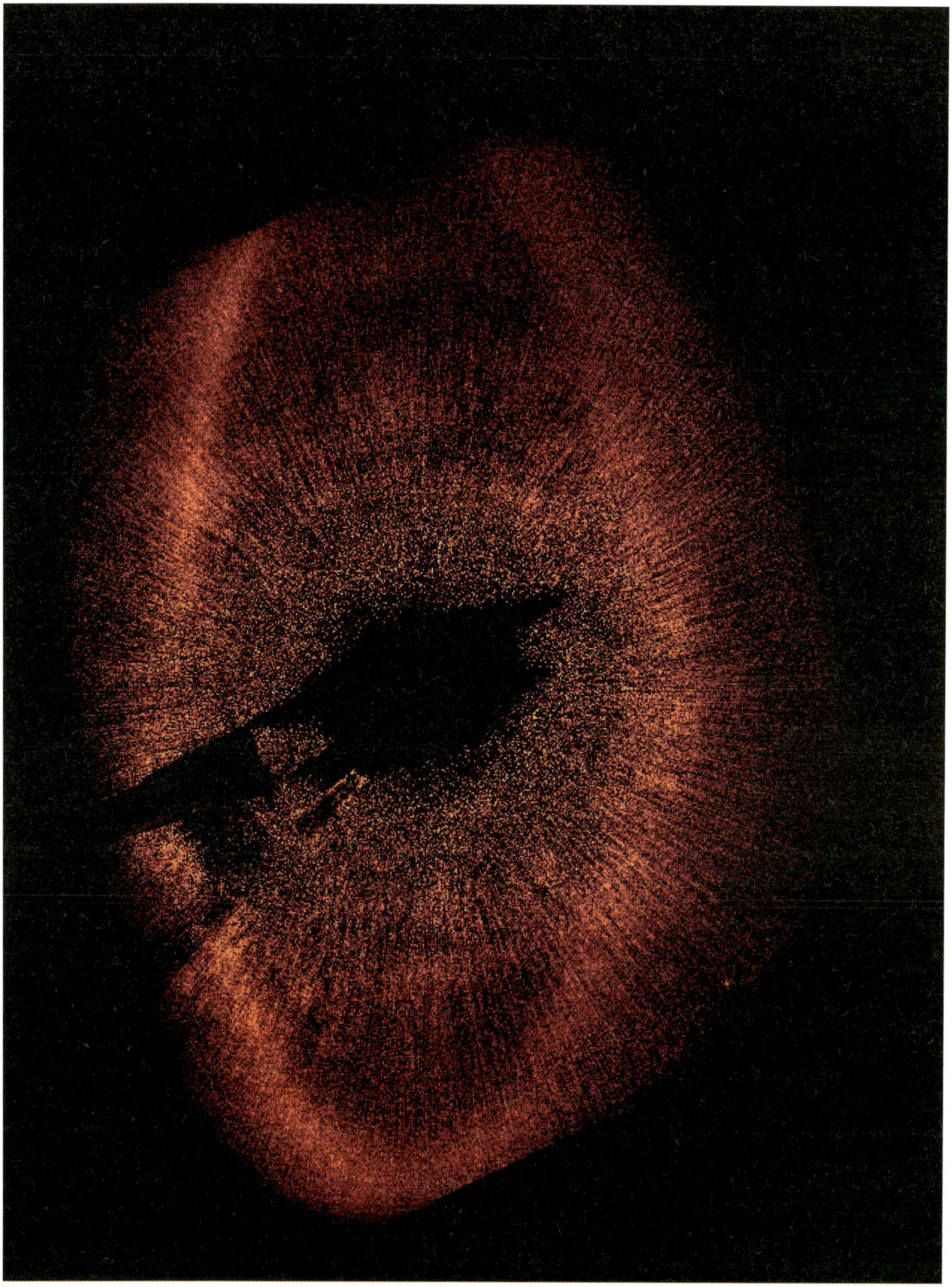

# Ceinture d'astéroïdes

Sous l'effet de Jupiter, les planétésimaux situés entre Mars et la planète géante sont trop agités pour former une planète. Ils continuent à évoluer autour du Soleil en composant une ceinture d'astéroïdes, véritable relique du système solaire primitif.

Au sein du disque ceinturant le Soleil, le site le plus favorable à la formation planétaire se situe au-delà de la ligne de glace. C'est justement là que Jupiter s'est épaissie pour atteindre trois cents masses terrestres, soit plus que toutes les autres planètes du système solaire réunies.

Au cours de sa formation, par interaction avec des résidus de gaz, Jupiter migre peu à peu vers l'intérieur du disque. On voit alors se multiplier les situations de résonance orbitale entre la planète géante et les objets qui évoluent entre les orbites de Mars et Jupiter. Il en résulte un accroissement des vitesses relatives des planétésimaux qui s'y trouvent, aboutissant à leur complète dislocation en cas de collision. La formation d'embryons planétaires par rencontre de planétésimaux, qui continue à se produire dans les régions plus centrales du disque, est donc compromise entre Mars et Jupiter. Aucune planète ne peut plus s'y former ! Cela contredit l'hypothèse, avancée au XIX^e^ siècle, d'un astre nommé Phaéton dont la destruction aurait engendré tous ces petits corps. Ces planétésimaux qui composent aujourd'hui ce que l'on appelle la ceinture d'astéroïdes, portent à jamais témoignage du système solaire primitif.

Les progrès de l'astronautique aidant, les planétologues caressent vite l'idée de poser un vaisseau spatial sur un astéroïde afin d'étudier de près le matériau primitif du système solaire, voire d'en rapporter un échantillon. Il faut cependant attendre l'an 2000 pour voir la sonde américaine NEAR Shoemaker se poser sur l'astéroïde Éros. En 2005, la sonde japonaise Hayabusa parviendra quant à elle à prendre contact avec le petit astéroïde Itokawa dont elle ramène quelques particules sur Terre en juin 2010.

***Voir aussi*** Formation des planètes p. 84, Loi de Titius-Bode p. 292.

*Vue de Lutetia, un grand membre de la ceinture principale d'astéroïdes, enregistrée lors du passage de la sonde européenne Rosetta en route vers la comète Churyumov-Gerasimenko.*



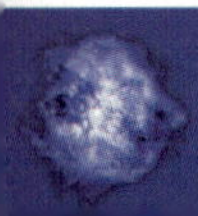

9,15 MILLIARDS D'ANNÉES APRÈS LE BIG BANG

4,55 MILLIARDS D'ANNÉES AVANT NOTRE ÈRE

# Lune

À peine ébauchée, la future Terre entre en collision avec Théia, un embryon planétaire de la taille de Mars. Ce gigantesque impact éjecte dans l'espace quantité de matériaux qui s'agglomèrent rapidement pour former la Lune.

En bonne planète, la Terre a déjà nettoyé sa zone orbitale. Seuls font exception les deux points de Lagrange L4 et L5 du système Terre-Soleil, là où l'équilibre des forces offre un refuge aux planétésimaux dont s'est nourrie la jeune planète en formation. Le point L4 aurait ainsi permis à un embryon planétaire de se développer jusqu'à atteindre la taille de l'actuelle planète Mars. On lui a même depuis trouvé un nom : Théia... Devenue trop massive, Théia aurait échappé à la stabilité que lui offrait le point d'équilibre L4 avec le concours gravitationnel d'autres planètes. Elle aurait alors suivi autour du Soleil une orbite quelque peu chaotique l'amenant à entrer en collision avec la Terre.

Éventrée sous l'impact, Théia se disperse alentour. Son noyau, du fer pour l'essentiel, plonge au cœur d'une Terre entrée en fusion sous la violence du choc initial. Un jour après l'impact, notre future planète est enveloppée d'un tourbillon de roches plus légères provenant des deux manteaux planétaires. En quelques années, ce matériau s'agglutinera pour former à vingt mille kilomètres de la Terre un corps céleste qui s'éloigne peu à peu pour devenir notre Lune.

L'histoire improbable de la planète Théia, qui doit son nom à une titanide, mère de Séléné, déesse de la Lune, n'a pas été écrite pour un film catastrophe façon *Choc des mondes*. C'est un scénario élaboré au moyen de simulations numériques pour étayer une hypothèse sur l'origine de la Lune proposée dès 1975 à la suite des explorations lunaires et de l'analyse des roches rapportées par les missions spatiales. En dotant la Terre d'un si gros satellite, à même de stabiliser son axe de rotation, ce formidable impact est paradoxalement un acteur essentiel de l'évolution future de la vie.

***Voir aussi*** Formation des planètes p. 84, Points d'équilibre p. 294, Dernière éclipse totale p. 390.

*Vue d'artiste de la collision entre une planète d'une taille similaire à celle de la Terre et un embryon planétaire de la taille de Mars.*

# Anneaux de Saturne

Disloqué par les forces de marée, le manteau de glace d'un gros satellite de Saturne en migration vers la planète se disperse en une multitude de blocs dont certains forment les anneaux. Quant à son cœur rocheux, il finit englouti par la géante gazeuse.

Les planètes du système solaire se sont formées à partir d'un disque de gaz et de poussières ceinturant le jeune Soleil pendant quelques millions d'années. À la même époque, les planètes géantes sont elles aussi auréolées d'un disque de même nature, au sein duquel leurs satellites se constituent. Tant qu'il reste du gaz dans ce milieu, il entraîne les satellites par un processus d'interaction gravitationnelle dans une lente migration vers la planète.



C'est le cas d'un gros satellite de Saturne, d'un diamètre d'environ cinq mille kilomètres. Assez semblable à Titan (la plus grande lune de Saturne), ce corps céleste est constitué d'un noyau de roches recouvert d'un épais manteau de glace d'eau. Quelques dizaines de millions d'années après sa formation, en raison de sa migration vers sa planète, il franchit la limite de Roche. C'est la distance en dessous de laquelle la cohésion interne du satellite ne résiste pas aux forces de marée causées par la planète géante. Cette frontière, dont la distance au centre de Saturne vaut environ deux fois et demie le rayon de la planète, tire son nom de l'astronome français Édouard Roche qui en bâtit la théorie au milieu du XIX$^{e}$ siècle. Étiré par les forces de marée, le manteau de glace est pulvérisé. Le noyau de roches, plus résistant, poursuit sa migration jusqu'à son engloutissement par la géante gazeuse.

Ne subsiste alors qu'une multitude de blocs de glace s'étalant en un disque aplati autour de Saturne. Beaucoup d'entre eux sont finalement capturés par la planète. Certains blocs, amenés au-delà de la limite de Roche, forment les petites lunes glacées de Saturne. D'autres sont à l'origine des divers systèmes d'anneaux que l'on observe et qui procurent à tous les observateurs débutants leurs premières émotions d'astronomes.

***Voir aussi*** Forces de marée p. 383.

*En octobre 2004, croisant à six millions de kilomètres de Saturne, la sonde spatiale Cassini enregistre une série d'images qui permettent de composer cette vue globale de la planète et de ses anneaux.*

# Nuage d'Oort

Sous l'influence gravitationnelle des planètes géantes et d'étoiles proches qui abondent alentour, des petits corps du système solaire se répandent jusqu'à cinquante mille unités astronomiques du Soleil où ils forment le nuage d'Oort.

Les planètes géantes se sont déjà formées et leur nuage placentaire de gaz et de poussières s'est peu à peu dissipé. Outre le Soleil et son cortège de planètes, le système solaire comprend aussi un disque de planétésimaux sétendant jusqu'à une distance héliocentrique de quarante unités astronomiques et fait de petits corps qui n'ont pas été accrétés lors de la phase de formation planétaire.

Par interaction gravitationnelle avec les planètes géantes, beaucoup parmi les planétésimaux sont rejetés à la périphérie du système solaire, parfois sur des orbites tellement allongées qu'elles les amènent très loin de l'étoile centrale. L'amas d'étoiles où le Soleil s'est formé ne s'est pas encore dispersé et l'environnement galactique proche contient plus d'une étoile par année-lumière cube. Des étoiles fréquentent ainsi à l'occasion la grande banlieue du système solaire. Sous leur influence gravitationnelle, les planétésimaux de la périphérie voient leurs orbites se circulariser autour du Soleil, jusqu'à constituer un ensemble quasi sphérique de petits corps.

Cette entité, dont le rayon est de l'ordre de cinquante mille unités astronomiques, est connue de nos jours sous le nom de nuage d'Oort. C'est en effet l'astronome néerlandais Jan Oort, qui, en 1950, postule que les comètes à longue période proviennent d'une zone sphérique qui s'étend aux confins du système solaire, une hypothèse que l'astronome estonien Ernst Öpik formule indépendamment dès 1932. Les astrophysiciens confirment aujourd'hui que le nuage d'Oort, dont la masse totale est de l'ordre de quelques masses terrestres (des dizaines de fois moins qu'à sa formation), constitue un véritable réservoir de comètes, fort de plus de mille milliards de noyaux cométaires.

***Voir aussi*** Ceinture de Kuiper p. 100.

*Image de la nébuleuse de l'Hélice enregistrée dans l'infrarouge par le télescope Spitzer. Au centre, une naine blanche, une étoile comme le Soleil qui à la fin de son évolution relâche une partie de son enveloppe (zone centrale en rouge) ce qui perturbe le nuage cométaire (en vert) entourant l'étoile.*

# Grand Bombardement

La migration des planètes géantes depuis leurs lieux de formation déstabilise le système solaire. En conséquence, les collisions de très nombreux petits corps avec les planètes telluriques se multiplient. Mercure en porte encore l'énorme cicatrice.

À en croire le modèle de Nice – le scénario développé à l'Observatoire de la Côte d'Azur pour décrire l'évolution du système solaire –, les quatre planètes géantes, à l'époque de leur formation, auraient été bien plus proches les unes des autres. Uranus aurait alors été la plus éloignée du Soleil, à proximité du bord interne d'un disque très fourni de planétésimaux.

Au cours des cent millions d'années qui suivent, en raison d'interactions gravitationnelles avec les petits corps du bord interne du disque, les quatre géantes gazeuses auraient entamé une migration, assez marquée vers l'extérieur, pour Saturne, Neptune et Uranus ; plus modérée, vers l'intérieur, pour Jupiter. Quelque cinq cents millions d'années plus tard, la période de rotation de Jupiter autour du Soleil vaut exactement la moitié de celle de Saturne.



Pour le système solaire, une telle résonance entre ses deux planètes les plus massives est le début d'un chaos aussi brutal que profond. Repoussée par Jupiter sur son orbite définitive, Saturne entre en interaction gravitationnelle avec Neptune et Uranus. Ces dernières sont alors propulsées sur des orbites bien plus allongées qu'auparavant. Elles plongent au sein du disque de planétésimaux dont elles éjectent des milliers d'individus hors de leurs orbites initiales. La grande majorité de ces petits corps est chassée loin à l'extérieur du système solaire tandis que quelques-uns sont rabattus vers l'intérieur. Il en résulte pour les quatre planètes telluriques ainsi que pour la Lune un afflux soudain d'impacts. C'est l'époque du Grand Bombardement, dont la Lune et Mercure portent encore les stigmates, et qui apporte à la Terre un fort surcroît d'eau peut être agrémenté de matériaux pré-biotiques.

***Voir aussi*** Triton p. 96, Ceinture de Kuiper p. 100.

*Caloris Planitia, le grand bassin d'impact à la surface de Mercure. Dans cette image en fausse couleur enregistrée par la sonde Messenger, la grande zone jaunâtre signale le bassin d'impact, les taches en orange brillant, les matériaux volcaniques ; les structures bleuâtres, les cratères d'impact récents.*

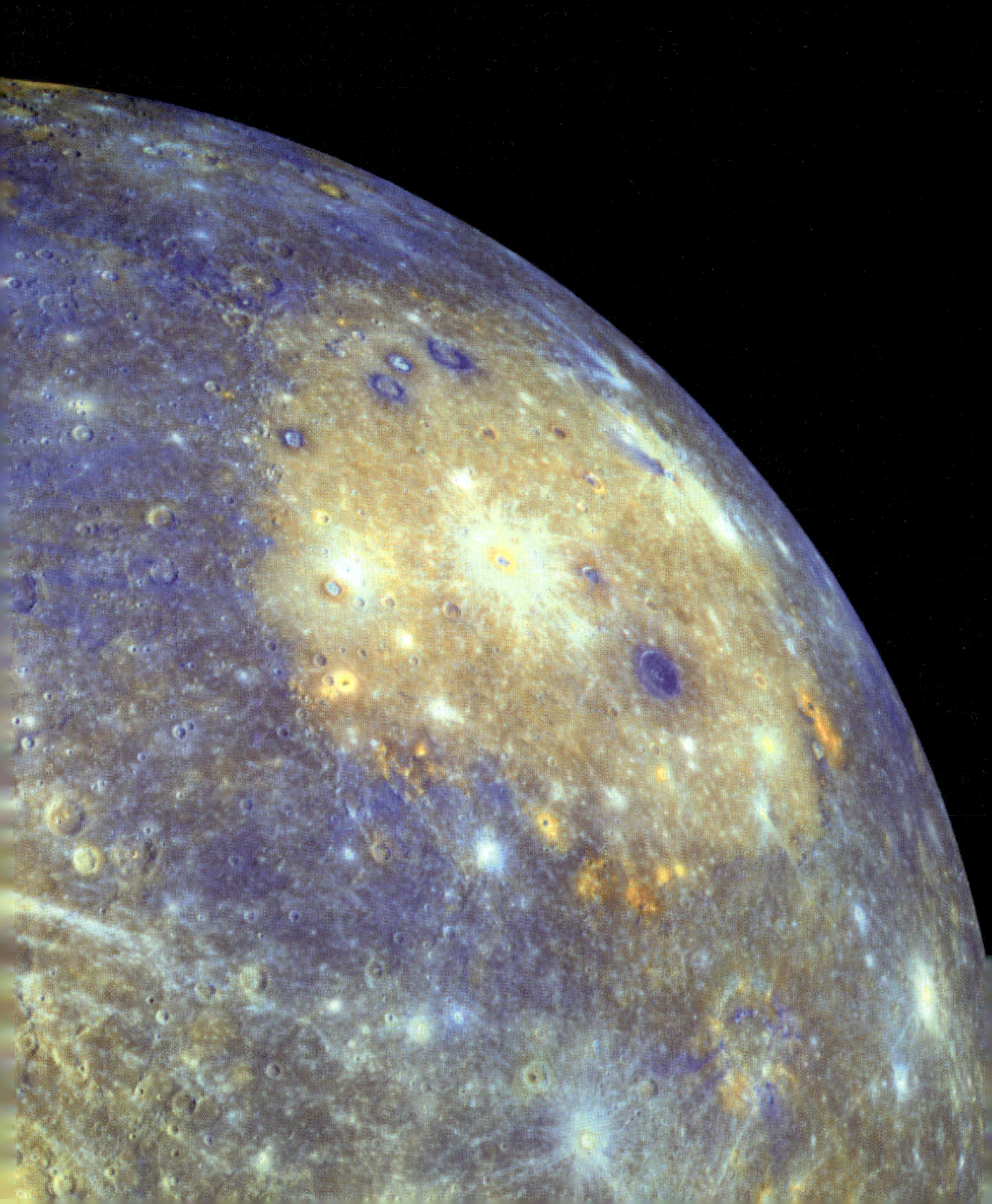

# Triton

En migrant depuis son lieu de formation vers l'extérieur du système solaire, Neptune s'est rapprochée d'un couple de deux planètes naines au point d'en capturer une, devenue depuis le satellite Triton dont on explique ainsi le mouvement rétrograde.

Avant la période d'instabilité du système solaire déclenchée par la résonance entre Jupiter et Saturne, Neptune se déplace autour du Soleil en suivant une trajectoire quasi circulaire. Peu après, elle se voit propulsée sur une orbite beaucoup plus allongée qui l'amène à évoluer au plus profond du disque de planétésimaux, résidus de la formation planétaire.



Neptune serait-elle alors en mesure de retenir dans les filets que tisse sa gravitation un de ces planétésimaux qui passent désormais plus nombreux à sa portée ? Même pour une planète aussi massive que Neptune, la capture d'un corps céleste n'est pas chose aisée. La situation la plus favorable serait, semble-t-il, celle où la géante serait amenée à croiser un système de deux planétésimaux en orbite l'un autour de l'autre. Un tel couple pourrait en effet permettre plus facilement la capture de l'un de ses membres en transférant l'énergie excédentaire du système vers l'autre membre, alors expulsé avec une énergie accrue. Trouve-t-on de tels systèmes doubles dans le disque de planétésimaux où Neptune évolue ? Oui, assurément. À l'instar du couple Pluton–Charon, les plutoïdes, planètes naines qui évoluent aujourd'hui au-delà de Neptune, se présentent assez souvent en système double.

L'un de ces couples passe donc à faible vitesse dans la zone d'influence gravitationnelle de Neptune. La planète géante capture alors l'individu le plus massif du système. Il est connu de nos jours sous le nom de Triton, la plus grosse des lunes de Neptune (2 700 km de diamètre). C'est aussi le seul gros satellite du système solaire qui parcourt son orbite dans le sens rétrograde (à l'inverse du sens de rotation de sa planète). Cette particularité atteste qu'il s'agit bien d'un objet capturé par Neptune.

***Voir aussi*** Ceinture de Kuiper p. 100.

*Vue de Triton enregistrée en août 1989 durant le passage de la sonde spatiale américaine Voyager 2 à proximité de Neptune. La petite taille angulaire de la source impose un grandissement maximum, ce qui explique la mauvaise qualité de l'image*

# Olympus Mons

Le plus grand volcan de Mars, appelé à devenir le plus haut sommet du système solaire, surgit à la surface de la planète rouge. Son nom provient de Nix Olympica, une zone plus claire de la planète identifiée au XIX$^{e}$ siècle par Giovanni Schiaparelli.

Dix fois moins massive que la Terre, Mars n'a pas enclenché de processus de tectonique des plaques comparable à celui qui modèle notre planète. De ce fait, le volcanisme se manifeste très différemment à la surface de la planète rouge. En se déplaçant au-dessus des points de remontée du magma, les plaques qui constituent la croûte terrestre limitent la durée d'activité des volcans à quelques millions d'années. L'épanchement du magma en un même point de la surface martienne peut au contraire se poursuivre des milliards d'années durant. En l'absence de mécanismes d'érosion aussi mordants que ceux qui sculptent les montagnes terrestres, plusieurs volcans croissent et embellissent à la surface de Mars.



L'édification d'Olympus Mons, le volcan le plus remarquable de la planète rouge, débute à la fin du Grand Bombardement. Son nom provient de celui d'une zone à forte réflectivité que Giovanni Schiaparelli identifie sur Mars au XIX$^{e}$ siècle et qu'il dénomme Nix Olympica (les neiges de l'Olympe). Après sa formation, Olympus Mons connaît plusieurs épisodes éruptifs, le plus important survenant après quelques centaines de millions d'années. Ces épisodes sont suivis d'autres phases d'activité, la plus récente intervenant seulement cent cinquante millions d'années avant notre ère.

Au XXI$^{e}$ siècle de notre ère, Olympus Mons affiche une morphologie similaire à celle des volcans terrestres de type bouclier (comme ceux de l'archipel hawaiien). Il s'en distingue toutefois par la taille. La hauteur de son cône vaut plus du double de celle du Mauna Kea. Culminant à plus de vingt et un mille mètres au-dessus du niveau de référence martien, c'est le plus haut sommet du système solaire.

***Voir aussi*** Caldera d'Olympus p. 130.

*Vue 3D d'Olympus Mons bâtie à partir des données recueillies par la sonde américaine Mars Global Surveyor qui a cartographié la planète Mars au tournant du XXI$^{e}$ siècle.*

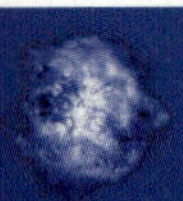

9,9 MILLIARDS D'ANNÉES APRÈS LE BIG BANG

3,8 MILLIARDS D'ANNÉES AVANT NOTRE ÈRE

# Ceinture de Kuiper

En migrant vers l'extérieur du système solaire, Neptune pousse tous les petits corps qui s'étaient formés plus près du Soleil et forme la Ceinture de Kuiper, forte aujourd'hui de milliards de corps de glace, les plus gros ayant un diamètre de plus de mille kilomètres.

Le système solaire primordial est beaucoup plus compact avant la période d'instabilité résultant de la résonance entre Jupiter et Saturne. Un disque de planétésimaux ceinture alors de très près les deux planètes géantes extérieures (Uranus et Neptune, les deux « géantes de glace ») dont les orbites sont alors plus resserrées. Ce disque primitif doit être aussi assez massif (de l'ordre de dix masses terrestres) pour former des planètes naines d'une taille comparable à celle de Pluton.



Provoquée par la résonance Jupiter-Saturne, la migration des deux géantes de glace vers l'extérieur du système solaire envoie Neptune sur une orbite qui l'amène à interagir par gravitation avec le disque primitif qui s'égaille alors dans tous les sens. Beaucoup de planétésimaux, maintenant trop près des géantes, voient leurs orbites fortement perturbées, au point d'être finalement éjectés du système solaire. Quelques-uns se retrouvent dans le nuage d'Oort. D'autres enfin, une petite minorité, sont poussés vers l'extérieur du système solaire où ils rejoignent des zones de plus grande stabilité orbitale une fois les planètes géantes installées à leur emplacement définitif.

Ces derniers survivant du disque primitif se fixent sur des orbites tantôt peu inclinées, tantôt très inclinées, par rapport au plan de l'écliptique (le plan qui contient les orbites des planètes). L'ensemble qu'ils constituent prend le nom de ceinture de Kuiper. À la suite de bien d'autres astronomes, Gerard Kuiper émet en 1951 l'hypothèse qu'un disque de petits corps primitifs a pu se constituer au début du système solaire. Toutefois, il ne croit pas à l'époque à la persistance d'une telle structure dont l'existence n'est attestée que quarante ans plus tard par David Jewitt et Jane Luu.

***Voir aussi*** Déchéance d'une planète p. 360.

*Vue d'artiste du plus petit objet de la Ceinture de Kuiper jamais détecté par le télescope spatial Hubble. On suppose qu'il s'agit d'un débris d'une collision impliquant des individus plus massifs.*

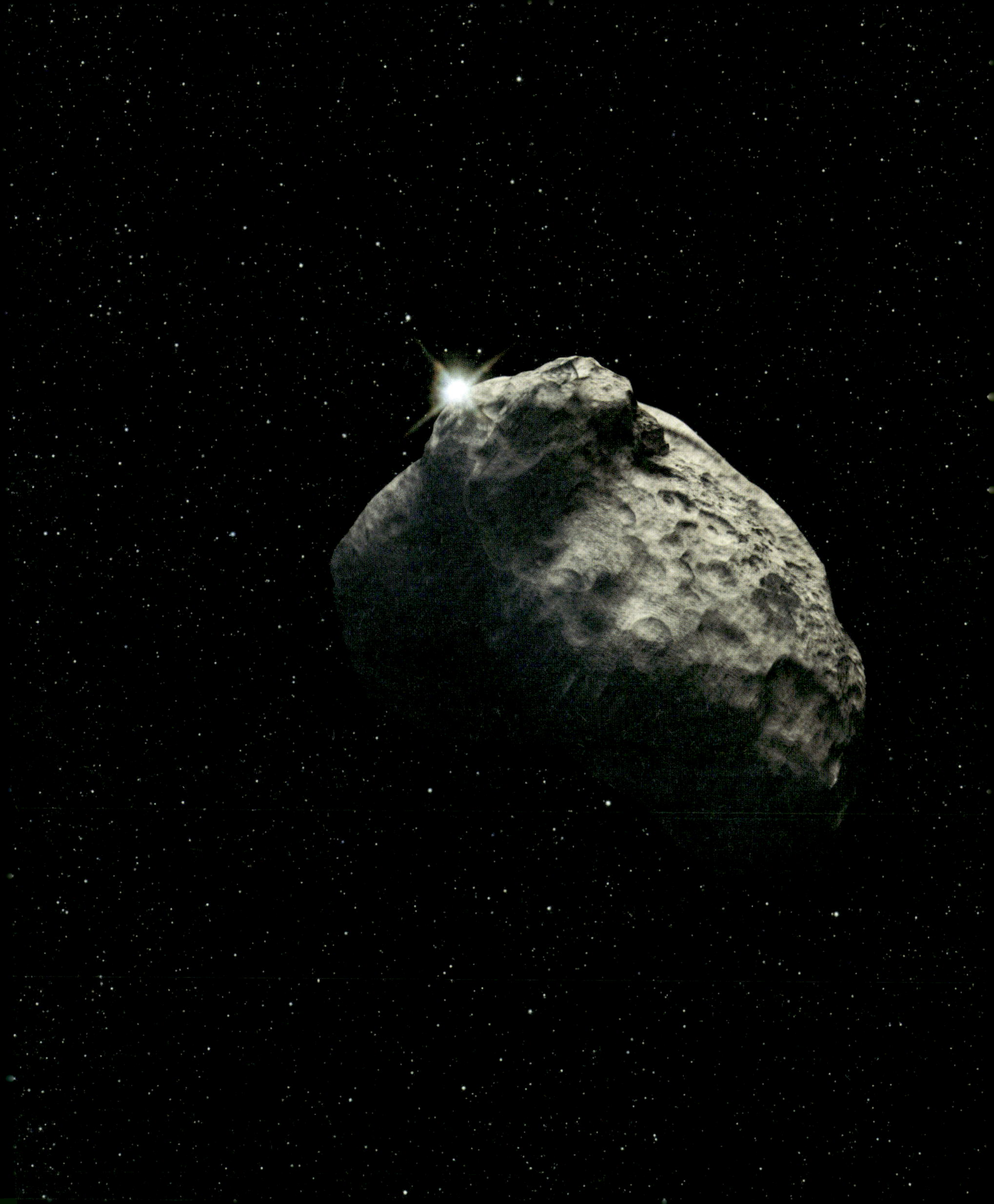

# Apparition de la vie

Construits par des communautés bactériennes, les stromatolithes attestent que la vie est apparue très tôt sur Terre, avant de jouer les premiers rôles dans la séquestration du carbone et l'enrichissement de l'atmosphère en oxygène.

L'apparition de la vie sur Terre s'est déroulée dans des circonstances encore trop mal connues pour qu'il soit possible d'estimer la date de l'événement. Les spécialistes sont toutefois d'accord sur le rôle essentiel de l'eau liquide dans ce processus. C'est en effet le seul milieu où des molécules peuvent se retrouver en concentration suffisante pour édifier des structures plus complexes tout en étant à l'abri des rayonnements nuisibles (ultraviolets solaires, rayons cosmiques).

Plusieurs processus se sont sans doute conjugués pour que la Terre se dote d'une couche océanique. Un volcanisme important, faisant remonter à la surface sous forme de vapeur l'eau contenue dans les couches plus profondes, a contribué à envelopper la planète d'un épais manteau nuageux. Les premiers océans gonflèrent sous l'effet des pluies torrentielles provoquées par la condensation de toute cette vapeur d'eau qui sature l'atmosphère terrestre. Une très grande quantité d'eau provient également de l'espace lors du Grand Bombardement sous la forme d'une multitude de petits corps de glace tombant sur Terre.

Le décor est en place pour qu'apparaissent les premières cellules et que les océans se peuplent de bactéries. Des communautés de cyanobactéries (connues aussi sous le nom d'algues bleues) pullulent dans les zones littorales où elles s'établissent entre les limites extrêmes des marées. Ces colonies bactériennes fixent le dioxyde de carbone ($CO_2$) qui abonde dans l'atmosphère en construisant des stromatolithes. La découverte de fossiles de ces structures marines dans les plus vieilles roches terrestres (dans la province de Pilbara au nord-ouest de l'Australie, par exemple) permet d'attester que la vie sur Terre apparaît voici plus de trois milliards et demi d'années.

***Voir aussi*** Grand Bombardement p. 94, Grande Oxygénation p. 106.

*Vue d'une portion du littoral ouest de l'Australie dans le parc national de Yalgorup où apparaissent à marée basse de nombreux stromatolithes similaires à ceux formés sur Terre voici plus de trois milliards et demi d'années.*



10,2 MILLIARDS D'ANNÉES APRÈS LE BIG BANG

3,5 MILLIARDS D'ANNÉES AVANT NOTRE ÈRE

# Matière invisible

L'amas de galaxies du Boulet, en plus du gaz chaud tracé par les rayons X, contient également une matière invisible dont on peut délimiter le contour en étudiant les déformations qu'elle imprime sur l'image des galaxies en arrière-plan.

Loin dans l'Univers, deux gros amas de galaxies entrent en collision. Les trois quarts de la matière baryonique de chaque amas est sous forme d'un gaz si chaud (plus de dix millions de kelvins) qu'il produit des flots de rayons X. Au cours d'une telle fusion, le gaz chaud d'un amas passe au travers du gaz chaud de l'autre.

Plus de trois milliards d'années plus tard, les rayons X produits par les gaz chauds parviennent au voisinage de la Terre. Ils sont alors collectés par le télescope spatial américain Chandra qui produit une image de cette fusion d'amas de galaxies connu sous le nom d'amas du Boulet. En superposant cette image obtenue dans le domaine des rayons X à celles de ce même amas du Boulet, enregistrées dans le domaine visible par le télescope spatial Hubble d'une part et par les télescopes Magellan d'autre part, les astronomes font en 2006 une importante découverte lors de l'étude des galaxies situées à l'arrière-plan. Ils notent en effet une distorsion des images de celles situées de part et d'autre des concentrations de gaz chauds. Pour expliquer de telles déformations, ils évoquent la déviation des rayons lumineux par de la matière invisible située en avant-plan. Ce phénomène, dit de cisaillement gravitationnel, permet de tracer la répartition de la matière noire et de constater que dans le cas de l'amas du Boulet, celle-ci se sépare clairement de la matière baryonique.

Quand les deux amas s'interpénètrent, le gaz chaud, révélateur de matière baryonique, est freiné par un processus s'apparentant à la résistance de l'air. En revanche, la matière noire n'interagit ni avec elle-même, ni avec la matière baryonique. Elle s'éloigne donc du gaz chaud, d'où la séparation observée. Si la matière noire n'existait pas, comme le proposent des théories alternatives à la gravité, il n'aurait pas été possible d'observer une telle séparation.

***Voir aussi*** Amas de galaxies p. 108, Masse manquante p. 116.

*Image de l'amas du Boulet avec en rose le gaz chaud observé dans le domaine des rayons X et en bleu la distribution de la matière noire que le cisaillement gravitationnel permet de tracer.*

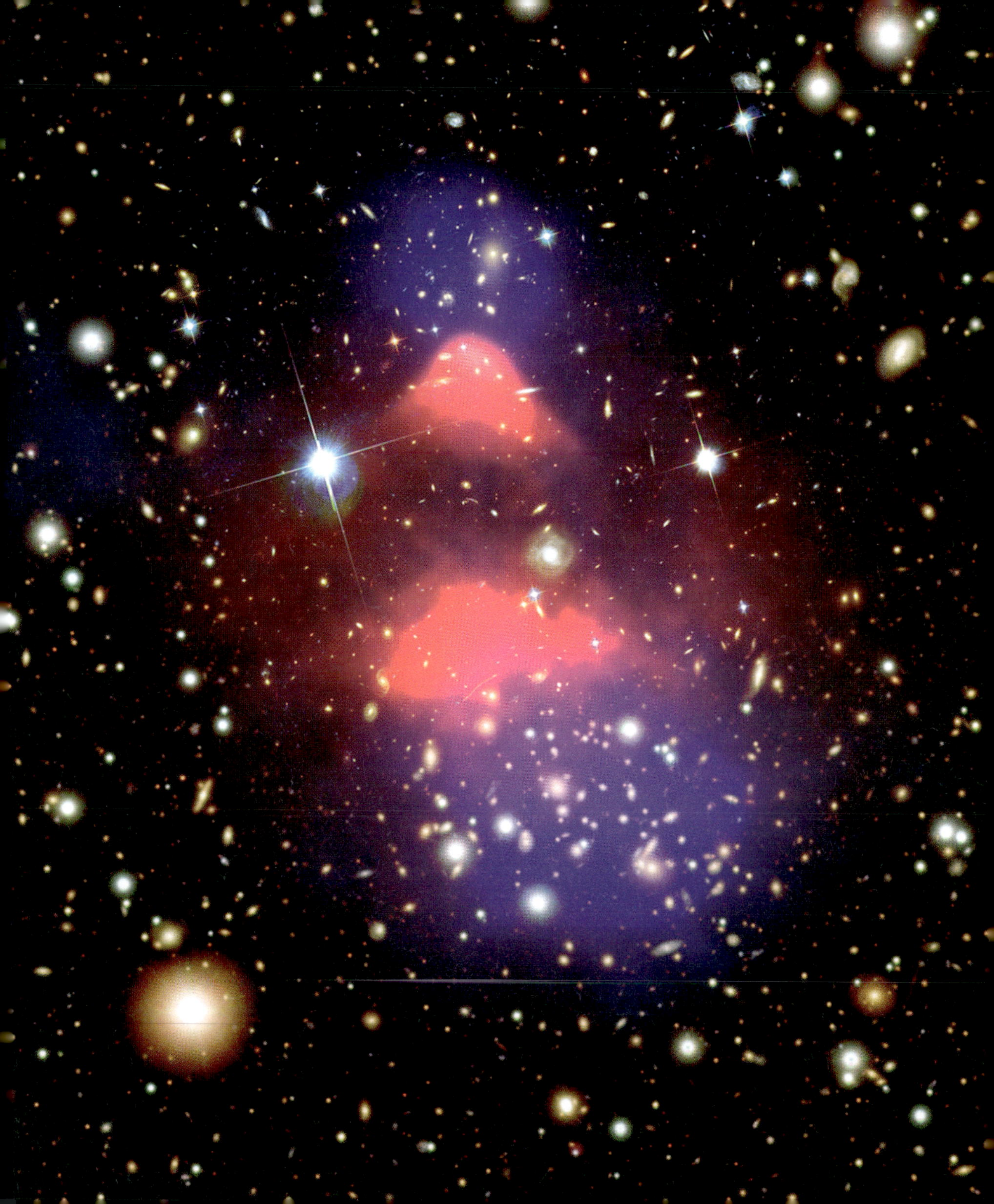

# Grande Oxygénation

Événement majeur de l'histoire de notre planète : les molécules d'oxygène relâchées par les organismes vivants ne peuvent plus s'incorporer aux minéraux déjà saturés et s'accumulent enfin dans l'atmosphère.

Quand la vie apparaît sur Terre, voici plus de trois milliards et demi d'années, l'atmosphère de la planète est composée d'un peu d'azote et de beaucoup de dioxyde de carbone, un composé chimique associant un atome de carbone à deux atomes d'oxygène. En brisant cette molécule $CO_2$ avec le concours de la lumière solaire, les cyanobactéries relâchent des quantités croissantes d'oxygène tout en fixant le carbone. Pourtant, un bon milliard d'années durant, la composition de l'atmosphère reste toujours la même. En raison de sa grande aptitude à former des composés, l'oxygène, à peine produit, se combine en effet à de nombreux minéraux de la croûte terrestre, le fer en particulier.

Cependant, arrive le moment où tous les minéraux sont oxydés : l'oxygène commence alors à se répandre dans l'atmosphère. Cette dernière contient à cette époque assez de méthane pour maintenir, par effet de serre, un climat suffisamment chaud pour que prolifèrent de nombreux organismes capables de vivre sans oxygène. Mais en se dispersant, les molécules d'oxygène attaquent le méthane qui disparaît en cent mille ans à peine, et avec lui l'effet de serre. S'ensuit une chute des températures et avec elle l'apparition d'une épaisse couche de glace à la surface de la Terre. Cet épisode, la glaciation huronienne, dure quelques centaines de millions d'années. Elle est fatale à la plupart des espèces vivantes sur la planète.

Les organismes qui survivent à cette catastrophe se sont adaptés à leur nouvel environnement. La grande disponibilité de l'oxygène augmente considérablement les performances énergétiques de ceux capables de le métaboliser. C'est l'occasion d'une percée dans l'évolution, prélude à de futures explosions de la diversité biologique.

***Voir aussi*** Terre boule de neige p. 112.



*L'atmosphère terrestre au-dessus de l'océan Indien vue de la navette spatiale Discovery ; sa belle couleur bleue est due à la diffusion de la lumière solaire par les molécules d'oxygène et d'azote.*

# Amas de galaxies

Abell 1689 est un amas de galaxies très massif, mais l'estimation de sa masse que fournit l'étude du gaz chaud qu'il renferme contredit celle déduite de la déformation des galaxies situées derrière lui.

Encore un amas de galaxies quelque part dans l'Univers… C'est un spécimen adulte, bien fourni, ce qui lui vaut de figurer avec le matricule 1689 dans le catalogue d'amas de galaxies publié en 1958 par l'astronome californien George Abell. Pour établir sa liste, celui-ci scrute le millier de plaques photographiques exposées au début des années 1950 au foyer de la chambre de Schmidt (télescope à grand champ équipé d'une lame correctrice), installée au Mont Palomar.



Pour être si bien nanti en galaxies, Abell 1689 doit être le résultat de fusions successives d'amas plus modestes, un processus qui semble terminé, comme en témoigne l'apparente homogénéité du gaz chaud qu'il retient. Dernières structures cosmiques formées dans l'histoire de l'Univers, les plus grandes à être maintenues par gravité, les amas de galaxies retiennent en effet un gaz très ténu. Piégé dans le puits de gravité creusé par la très grande masse des amas, ce gaz est porté à une température d'autant plus élevée que l'amas est massif. En étudiant les rayons X émit par ce gaz surchauffé, on estime la quantité totale de matière nécessaire pour retenir un gaz aussi chaud. À en croire les meilleurs télescopes à rayons X, Abell 1689 affiche ainsi une masse totale de l'ordre d'un million de milliards de masses solaires.

Toutefois, il existe une autre façon d'appréhender toute la matière d'un amas. Elle consiste à étudier la manière dont il déforme l'arrière-plan. Abell 1689 est l'un des amas qui se prête le mieux à ce type d'estimation, tant il étire les images des galaxies aux lignes de visée interceptées par sa présence. Résultat : une masse totale double de l'autre estimation ! Un tel désaccord prouve que l'architecture des amas les plus massifs est plus complexe qu'une simple symétrie sphérique. Il faut plutôt envisager des formes plus ovoïdes, à l'image d'un ballon de rugby.

***Voir aussi*** Matière invisible p. 104,
Masse manquante p. 116.

*Vue composite de l'amas de galaxies Abell 1689, avec, en pourpre, l'image du gaz chaud enregistrée par Chandra dans la bande des rayons X, superposée à l'image obtenue dans le visible par le télescope spatial Hubble.*

# RÉACTEUR NUCLÉAIRE NATUREL

À grande profondeur, sous les sédiments du futur Gabon, les conditions sont réunies pour que s'enchaînent des réactions de fissions nucléaires attestant que la constante de structure fine ne varie pas au cours des deux derniers milliards d'années.

Suite à des explosions de supernova dans la nébuleuse solaire, deux éléments radioactifs, l'uranium 235 et l'uranium 238, se retrouvent finalement sur Terre. Le premier se désintégrant six fois plus vite que le second, la teneur en uranium 235 passe de 17 % à l'époque de la Terre primitive à 3,5 % deux milliards d'années avant notre ère. C'est justement la teneur d'uranium requise par un réacteur nucléaire à eau ordinaire.



Des centaines de millions d'années auparavant, l'eau est déjà suffisamment gorgée d'oxygène relâché par les premières bactéries pour oxyder l'uranium et le fixer dans des couches sédimentaires. Certaines zones riches en oxyde d'uranium, des lentilles poreuses remplies d'eau, se trouvent à grande profondeur sous l'actuel Gabon. C'est là que s'amorce la fission de l'uranium 235. Comme dans un réacteur du parc électronucléaire français, l'eau ralentit les neutrons produits par la fission d'un seul noyau afin qu'ils en brisent plus facilement d'autres : c'est le principe même de la réaction en chaîne. Marchant à puissance réduite, ce réacteur naturel reste actif des centaines de milliers d'années. Il en sort assez de produits de fission pour qu'en 1972, Francis Perrin et son équipe du Commissariat à l'énergie atomique identifient leurs éléments fils dans des roches extraites de la mine d'Oklo, au Gabon, et attestent qu'un réacteur nucléaire a bel et bien fonctionné deux milliards d'années plus tôt.

On prouve ainsi que, voici deux milliards d'années, la valeur de la constante de structure fine, paramètre qui intervient dans la théorie du fonctionnement du réacteur naturel, est la même (à cent milliardièmes près) que celle estimée de nos jours. Une pierre de plus dans le jardin de ceux qui prônent la variation des constantes fondamentales !

***Voir aussi*** Constantes fondamentales p. 66.

*Bloc d'uraninite, minerai riche en oxyde d'uranium, du type de celui extrait de la mine d'Oklo au Gabon.*

# Terre boule de neige

Le fractionnement du super-continent qui s'étend de part et d'autre de l'équateur terrestre a pour conséquence inattendue une forte diminution de l'effet de serre provoquant des millions d'années durant une nouvelle glaciation globale.

Les surfaces les plus blanches de la Terre (nuages, calottes polaires) renvoient vers l'espace une fraction du rayonnement solaire incident, dénommée albédo, le reste étant absorbé par les régions plus sombres (océans, continents). Ces étendues émettent alors vers l'atmosphère un rayonnement infrarouge que bloquent des gaz transparents aux rayons solaires mais opaques aux infrarouges. Une part de l'énergie absorbée est ainsi restituée au globe terrestre qui serait beaucoup plus froid sans cet effet de serre.



La Grande Oxygénation, en détruisant le méthane et l'effet de serre qu'il induit, a déjà provoqué une glaciation globale de la planète. La baisse du dioxyde de carbone, autre gaz à effet de serre notoire, est la cause d'un épisode similaire qui se déroule un milliard et demi d'années plus tard. Tout commence avec la dislocation du super-continent formé de part et d'autre de l'équateur au hasard de la tectonique des plaques. Double conséquence : un regain d'activité volcanique propre à répandre des couches de basaltes, et l'ouverture de nouveaux océans qui suscitent un surcroît de précipitations. Le ruissellement intense qui s'ensuit accélère l'érosion des sols et donc des surfaces basaltiques. Ces dernières, en se dégradant sous l'effet de l'humidité, transforment le dioxyde de carbone en carbonates sédimentaires.

La diminution de ce gaz à effet de serre provoque un refroidissement global et l'extension des calottes polaires. L'albédo augmente, l'apport d'énergie solaire décroît et le globe terrestre finit pris dans les glaces. C'est la Terre « boule de neige » et la disparition d'une bonne partie des espèces vivantes. Des dizaines de millions d'années s'écoulent avant qu'un nouvel épisode volcanique relâche assez de gaz carbonique pour une reprise de l'effet de serre et la fin de la glaciation globale.

***Voir aussi*** Grande Oxygénation p. 106.

*Paysage de l'Antarctique que l'on retrouve partout sur Terre au cours de l'épisode « boule de neige ».*

# Grande Ourse

Certaines des étoiles les plus brillantes de la Grande Ourse, grand chariot pour les uns, grande casserole pour les autres, se forment à partir d'une même nébuleuse avant de se disperser peu à peu et dessiner sur la voûte céleste le plus célèbre astérisme du ciel boréal.

Quelque part dans la Voie lactée, à vingt-sept mille années-lumière du Centre galactique, une flambée de formation d'étoiles embrase un nuage interstellaire et laisse une coulée d'astres qui, une fois le nuage dispersé, restent liés par leur mutuelle gravité en formant un amas ouvert. Ce groupe d'étoiles du même âge, qui se déplacent toutes dans la même direction, se retrouve cinq cents millions d'années plus tard à moins de cent années-lumière du Soleil. Perturbé par son environnement galactique, l'amas s'est peu à peu dispersé pour devenir le courant d'étoile de la Grande Ourse, ainsi nommé car les astres les plus brillants de ce vieil amas dessinent sur la voûte céleste un astérisme (une figure remarquable), facile à reconnaître avec sa forme de grande casserole.



Les cultures de l'hémisphère nord ont toutes fourni leur version de l'origine de la Grande Ourse au cours de leur histoire. Ainsi, dans la mythologie grecque, il représente Callisto, une nymphe dont Zeus est tombé amoureux. La vengeance d'Héra, épouse toujours jalouse, ne tarde pas : elle change Callisto en Grande Ourse et son fils Arcas en Petite Ourse et condamne les deux ourses à tourner autour du pôle Nord, sans jamais plus trouver le repos. Les Romains, à l'esprit plus pratique, appellent cette constellation *Septem Triones*, les sept bœufs de labour qui tournent sur une aire à battre le blé autour du pôle Nord, d'où le terme « septentrion ».

Les interprétations graphiques abondent en Europe : la charrue, la grande cuillère, le wagon de Charles, le chariot tordu, voire le chariot du roi Arthur dans la France médiévale. Pour les Hindous, ce sont les sept sages ; pour les Perses, les sept trônes. Un autre thème, celui du cercueil, se retrouve chez les Juifs, les Arabes et chez les premiers chrétiens qui y voyaient le cercueil de Lazare suivi de ses trois sœurs Marie, Marthe et Madeleine…

***Voir aussi*** Population stellaire p. 118, Amas d'étoiles bleues p. 132, Constellations p. 232.

*L'astérisme emblématique de la Grande Ourse, pur produit de l'imagination des hommes, qui n'en contient pas moins des astres d'un même courant d'étoiles, du même âge et situées à la même distance.*

# Masse manquante

La loi de la gravitation, lorsque appliquée à l'amas de galaxies de Coma, implique que la masse des galaxies est différente selon qu'on la déduit de leur vitesse moyenne ou de leur éclat, comme Fritz Zwicky le signale dès les années 1930.

L'amas de galaxies de Coma est l'un des plus scrutés du ciel, en raison de sa proximité : à peine trois cent vingt millions d'années-lumière ! Il tire son nom de la constellation où il se situe de nos jours sur la voûte céleste, la Chevelure de Bérénice ou *Coma Berenices* en latin. Ses galaxies ont un éclat tel que les astronomes des années 1930 les étudient en détail, à l'instar de Fritz Zwicky, génie méconnu de l'astronomie du XXe siècle.



Fils d'un commerçant helvétique, Zwicky, né en Bulgarie, étudie en Suisse avant de rejoindre en 1925 la Californie, la Mecque des astronomes de l'époque. Visionnaire, mais arrogant, sa renommée n'est pas à la hauteur des percées en astrophysique qu'il fait au cours des années 1930. S'intéressant à la masse des galaxies de l'amas de Coma, Zwicky a ainsi l'idée d'utiliser le théorème du viriel, qui permet d'estimer la masse d'un système de plusieurs corps en interaction à partir de leur vitesse moyenne. Résultat surprenant : la masse des galaxies de l'amas s'avère bien plus grande que celle que l'on peut déduire de leur éclat.

Il semble donc que l'Univers renferme de grande quantité de matière qui ne rayonne pas. Cette mystérieuse composante indétectable, d'abord qualifiée de « masse manquante », est plus connue sous le nom de « matière noire » (nom impropre au demeurant, transparente serait préférable). Reste que le constat de Zwicky pourrait aussi signifier que la loi de la gravitation ne s'applique pas à grande échelle, ce que postule MOND (*MOdified Newtonian Dynamics*, dynamique newtonienne modifiée), une théorie que contredisent toutefois les observations de l'amas du Boulet...

***Voir aussi*** Matière invisible p. 104,
Amas de galaxies p. 108.

*Vue enregistrée par le télescope spatial Hubble de la galaxie I Zwicky 18 identifiée par Fritz Zwicky dans les années 1930. À l'instar du portrait de Dorian Gray, cette image montre le visage d'une galaxie d'apparence très jeune, alors qu'elle est très ancienne comme l'atteste l'identification d'étoiles vieilles de plusieurs milliards d'années.*

# Populations stellaires

Les forces de marée dues à la proximité de la Voie lactée allument au sein du Petit Nuage de Magellan une flambée de formation stellaire produisant un très gros amas d'étoiles, laboratoire de choix pour l'étude des populations d'astres.

Un gros nuage interstellaire grandit dans le Petit Nuage de Magellan. Cette petite galaxie est généreusement dotée : elle est trois fois plus riche en gaz que la Voie lactée dont elle s'approche d'ailleurs d'un peu trop près. Ce voisinage massif exerce sur le Petit Nuage des forces de marée qui, à force de pétrir le gaz interstellaire, déclenchent dans le gros nuage une formation stellaire particulièrement active. S'allument alors des myriades d'étoiles que la gravité lie les unes aux autres.



Trois cent seize millions d'années plus tard, l'amas reste toujours bien groupé, sa masse retenant les étoiles tentées de s'égailler. Il est alors répertorié dans le catalogue astronomique NGC (*New General Catalog of Nebulae and Clusters of Stars*, catalogue général de nébuleuses et d'amas d'étoiles), la plus célèbre compilation d'objets diffus après celle de Charles Messier. Ce catalogue monumental, fort de plus de sept mille objets, est bâti à la fin des années 1880 par John Louis Emil Dreyer à partir des observations de William Herschel. Sous le matricule NGC 265, l'amas y retient l'attention de tous les astronomes : les amateurs, pour son évocation d'un filon étincelant de pierres précieuses, les professionnels, en tant que laboratoire d'étude des populations stellaires.

Un bel amas stellaire comme NGC 265 est un véritable vivier d'astres. Les astronomes y trouvent des étoiles de toutes les masses possibles (à l'exception des plus massives, déjà éteintes), donc à différents stades d'évolution. Ils ont de plus la garantie que toutes ont le même âge et la même composition chimique (puisque formées ensemble) et qu'elles sont toutes à la même distance, ce qui permet de comparer leur éclat. Étudier l'évolution des étoiles dans NGC 265 est d'autant plus intéressant que cet amas se situe dans une galaxie dont la composition chimique diffère notablement de celle de la Voie lactée.

***Voir aussi*** Amas d'étoiles bleues p. 132.

*Vue de NGC 265 enregistrée par le télescope spatial Hubble dont l'acuité révèle les milliers d'étoiles de cet amas ouvert qui se trouve pourtant à plus de deux cent mille années-lumière du Soleil.*

# TROUS NOIRS EN COUPLE

En raison de la fusion des deux galaxies dont ils occupaient le centre, deux trous noirs ultra massifs entament un pas de deux jusqu'à leur coalescence finale, événement accompagné d'une débauche d'ondes gravitationnelles.

Au sein d'un amas qui figure dans le catalogue Abell (matricule 400), deux belles galaxies achèvent de fusionner, événement assez banal dans un environnement aussi encombré que celui des amas. Ce qui l'est moins, c'est l'attraction fatale qui saisit les deux trous noirs ultra massifs l'un et l'autre tapis au centre de chacune des galaxies.

Toutes les galaxies dignes de ce nom abritent en effet un astre si massif (des millions, voire des milliards de masses solaires) et si compact qu'il retient tout, y compris la lumière. En général, un tel trou noir passe donc inaperçu. Mais dans certaines conditions, il peut produire un système bipolaire de deux jets de matière propulsée à des vitesses relativistes. Ces éjections se signalent par des émissions de rayonnement, dans les bandes des ondes radio en particulier. C'est le cas des deux trous noirs qui dans Abell 400 se déplacent en spirale l'un autour de l'autre sous l'effet de leur mutuelle gravité. Cette immense chorégraphie – vint cinq mille années-lumière séparent les deux astres compacts – se déroule dans le gaz surchauffé que retient l'amas. La rapide progression des trous noirs dans un tel milieu rejette les deux jets en arrière, à l'instar de l'écharpe d'un motocycliste fonçant dans le vent.

À force d'évoluer ainsi en spirale, les deux trous noirs finissent un jour par être si proches que leur coalescence devient inévitable. En ébranlant le tissu même de l'Univers, la course frénétique des deux objets ultra massifs juste avant leur fusion produit un gigantesque train d'ondes gravitationnelles à très basses fréquences, du type de celles que pourrait détecter un réseau de sondes spatiales évoluant en formation loin de la Terre.

***Voir aussi*** Galaxie à noyau actif p. 142, Coalescence d'étoiles à neutrons p. 388.



*Image composite de l'amas de galaxies Abell 400 avec, en rose, le rayonnement radio que suscitent les jets produits par deux trous noirs ultra massifs évoluant l'un autour de l'autre dans un gaz surchauffé que trace le rayonnement X (en bleu) détecté par le télescope spatial Chandra.*

# La plongée de M32

En s'abîmant dans les régions centrales de M31, une petite galaxie laisse une empreinte qui apparaît de nos jours dans le disque de la Grande Nébuleuse d'Andromède comme un grand anneau externe doublé d'un plus petit en son centre.

Le Groupe local a beau n'être qu'un petit amas, M31, sa galaxie la plus massive, porte les stigmates de bien des collisions. C'est ainsi que tardivement dans l'histoire tourmentée de ce groupe, M31 a vu une de ses compagnes s'avancer vers elle sur une trajectoire parallèle à son axe de rotation. C'est une galaxie assez modeste dont la masse (matière noire comprise) n'est que le dixième de celle de M31. Juste avant l'impact, sa vitesse d'approche atteint presque un millième de la vitesse de la lumière.



La collision frontale survient à quelques milliers d'années-lumière du centre de M31 et produit deux ondes de densité annulaires se propageant vers l'extérieur du disque. Ce dernier, à l'instar du disque de la Voie lactée, s'ornait auparavant de bras spiraux émanant d'une barre centrale. En se propageant vers le bord de M31, l'onde de densité externe chamboule la belle ordonnance de ses bras spiraux, désormais entrelacés d'un anneau excentré qui se trouve aujourd'hui à plus de trente mille années-lumière du théâtre de la collision. Les régions du centre de M31 sont aussi très perturbées. La barre centrale n'est pas complètement détruite, mais elle reste très amoindrie. L'onde de densité interne, se propageant à plus faible vitesse, finit par dessiner une ellipse qui s'étire de nos jours sur plus de quatre mille années-lumière de long et trois mille de large.

Au cours de la collision, la galaxie projectile perd la moitié de ses étoiles et de sa matière noire ainsi que la totalité de son gaz. Après son plongeon cosmique, seul son bulbe survit sous la forme d'une galaxie naine elliptique. Située de nos jours à cent mille années-lumière de la Grande Nébuleuse d'Andromède, elle est inscrite sous le matricule 32 dans le catalogue de Charles Messier.

***Voir aussi*** Collision dans le Groupe local p. 76.

*Image de M31 enregistrée par le télescope spatial européen Herschel dans l'infrarouge lointain, une gamme de rayonnement qui révèle les traces de la récente collision sous la forme d'anneaux riches d'une mixture de gaz et de poussières interstellaires propice à la formation de nouvelles étoiles.*

# PARTICULES EXTRÊMES

Accélérée jusqu'à une énergie extrême, une particule cosmique se dirige en ligne droite vers la Terre où elle déclenche dans l'atmosphère une gerbe de millions de particules secondaires. Les cuves de l'Observatoire Pierre Auger sont conçues pour pister ces particules extrêmes.

L'énergie cinétique que lui confère sa vitesse dépasse de beaucoup celle des protons accélérés au LHC, pourtant l'accélérateur de particules le plus performant de la planète. La particule cosmique est en également si rigide que les faibles zones de magnétisme qu'elle croise dans les espaces intergalactiques ne la dévient pas d'une manière appréciable. En atteignant la Terre, sa direction d'arrivée révèle ainsi la position de sa source sur la voûte céleste. En revanche, une particule aussi énergétique interagit volontiers avec le rayonnement de fond cosmologique qui baigne tout l'Univers. Si elle rejoint la Terre, c'est donc que sa source se situe à moins de deux cents millions d'années lumière.



Quand une particule aussi énergétique entre en collision avec la haute atmosphère terrestre, une gerbe de particules secondaires en découle, qui s'enfle jusqu'à compter des millions de secondaires de tout poil (muons, électrons, positons, photons gamma). Quand elle touche terre, la gerbe laisse une empreinte qui s'étend sur plus d'une centaine de kilomètres carrés. Un réseau d'appareils déployé au sol, même s'il ne détecte qu'une infime partie des secondaires, permet, en principe, de remonter aux propriétés de la particule cosmique primaire. Le flux des particules d'énergie extrême étant de l'ordre d'une par kilomètre carré et par siècle, le réseau de détecteur doit couvrir une très grande surface.

C'est le cas de l'Observatoire Pierre Auger, déployé en Argentine par une vingtaine de laboratoires du monde entier, qui mesure depuis 2004 les paramètres des particules cosmiques ultra énergétiques passant à sa portée. Leurs directions d'arrivée semblent se concentrer dans les régions du ciel les plus denses en galaxies de l'Univers local.

***Voir aussi*** Rayons cosmiques p. 140.

*Un des 1600 détecteurs de surface de l'Observatoire Pierre Auger déployé en Argentine sur plus de 3 000 kilomètres carrés de pampa dans la province de Mendoza, avec la Cordillère des Andes en arrière-plan. Les particules électrisées qui traversent cette cuve remplie d'eau ultra pure sont détectées par les bouffées de lumière bleue qu'elles y produisent.*

# EXPANSION UNIVERSELLE

NGC 7619 produit le peu de lumière qui, collectée par le télescope Hooker, lui vaut d'être la galaxie la plus distante de l'échantillon qu'utilise Edwin Hubble pour établir en 1929 la loi de dépendance entre la vitesse d'éloignement et la distance des galaxies.

C'est une galaxie parmi tant d'autres, une elliptique de bonne facture, mais l'Univers observable n'en manque pas. Deux bonnes raisons toutefois la font sortir de l'anonymat. Elle est d'abord assez proche du Soleil pour que William Herschel la découvre en 1785, ce qui lui vaut de figurer dans le catalogue NGC (matricule 7619). Elle est surtout assez distante pour que sa vitesse d'éloignement attire l'attention d'Edwin Hubble en 1929.



En 1919, alors âgé de tout juste trente ans, Edwin Hubble, lecteur assidu de Jules Verne et passionné d'astronomie, rejoint l'observatoire du Mont Wilson en Californie pour scruter le ciel profond au moyen du tout nouveau télescope Hooker, doté d'un miroir d'un diamètre de cent pouces (2,54 m), un record pour l'époque. À la fin des années 1920, Hubble constate, sur la base d'un échantillon de galaxies dont il connaît la vitesse d'éloignement, que cette vitesse est proportionnelle à leur distance. C'est là qu'intervient NGC 7619 : de toutes les galaxies que Hubble a étudiées avec son assistant Milton Humason, c'est celle dont la vitesse d'éloignement est la plus grande, et de beaucoup ! Le fait que NGC 7619 soit en bon accord avec la relation qu'il pressent convainc Hubble du bien fondé de son hypothèse qu'il publie au début de 1929.

En attestant pour la première fois que l'Univers est en expansion, la découverte de Hubble tombe à pic, à une époque où fleurissent les théories capables de sous-tendre un tel concept. La formulation de la loi de Hubble emporte assez vite l'adhésion du monde scientifique en faveur d'une cosmologie basée sur l'expansion universelle. Le terrain est préparé pour que la théorie du Big Bang s'impose à tous (ou presque).

***Voir aussi*** Œuf primordial p. 16, Big Bang p. 18.

*Après la deuxième guerre mondiale, Hubble reprend son métier d'astronome à l'observatoire du Mont Palomar où il pose ici en 1949 devant le télescope de Schmidt, à l'époque le plus grand du monde.*

# Choc d'astéroïdes

Une collision entre deux gros individus de la ceinture d'astéroïdes produit une volée de fragments, la famille Baptistina, peut-être à l'origine de deux impacts récents, l'un sur la Lune, l'autre sur Terre.

Numéro 1 est un gros corps céleste qui évolue sur le bord interne de la ceinture principale d'astéroïdes, à un peu plus de deux unités astronomiques du Soleil. Avec un diamètre de cent soixante-dix kilomètres, c'est un spécimen de taille très respectable pour une population dont la croissance est limitée par la présence perturbatrice de Jupiter. Hormis quelques individus beaucoup plus gros, comme Cérès, dont la masse et la rotondité lui valent le statut de planète naine, la plupart des astéroïdes de la ceinture principale sont en effet de dimensions beaucoup plus modestes que Numéro 1.



Numéro 2, un autre astéroïde assez gros (soixante kilomètres de diamètre environ), parcourt une orbite assez similaire à celle de Numéro 1. Un beau jour, les deux finissent par se percuter. Le choc frontal, qui survient à une vitesse relative de trois kilomètres par seconde, réduits les deux astéroïdes en une poussière de débris assez massifs pour s'agréger et former à nouveau tout une famille d'objets aux caractéristiques orbitales similaires. En 1890, Auguste Charlois découvre le plus gros d'entre eux, d'un diamètre d'une quarantaine de kilomètres. Le nom qu'il lui attribue alors, Baptistina, désigne aujourd'hui toute la famille, forte de centaines d'individus affichant une taille supérieure à dix kilomètres.

Grâce à des simulations informatiques, William Bottke, David Nesvorny et David Vokrouhlicky parviennent en 2007 à reconstituer le parcours des astéroïdes de la famille Baptistina. Ils attestent ainsi leur point de départ commun et postulent que, sous l'effet perturbateur des planètes, deux membres de la famille sont à l'origine de deux célèbres cratères d'impact, l'un sur la Lune, l'autre sur Terre où il entraîne... la fin des dinosaures !

***Voir aussi*** Ceinture d'astéroïdes p. 86, Impact sur la Lune p. 134, Fin des dinosaures p. 136.

*Le 29 janvier 2010, le télescope spatial Hubble observe ce mystérieux objet en forme de croix et sa traînée de poussière. Elles pourraient être produites par les débris d'une collision survenue récemment entre deux astéroïdes.*

# Calderas d'Olympus

Cent quarante millions d'années avant notre ère, l'activité éruptive connaît un paroxysme au sommet d'Olympus Mons, comme l'attestent les calderas qui s'emboîtent au sommet du plus grand des volcans martiens.

Olympus Mons, le plus colossal des volcans martiens, est bien en place depuis la fin du Grand Bombardement. Contrairement à ses homologues terrestres, ce volcan « bouclier » fait preuve d'une activité qui persiste depuis plus de trois milliards d'années. C'est à son sommet, à plus de vingt-deux mille mètres au-dessus des plaines alentour, que le volcanisme se montre le plus actif.

Ce type de volcan se construit par écoulements successifs de laves fluides (basaltiques), provenant d'une chambre magmatique située à des kilomètres de profondeur. Les couches successives de basalte forment une vaste structure dont la forme évoque un bouclier médiéval, d'où le nom de ce type de volcan. À la suite de chaque épanchement, le plafond de la chambre, qui vient d'être vidée de son magma, ne parvient plus à soutenir le cœur de l'édifice. L'effondrement qui s'ensuit forme au centre du volcan une vaste dépression cylindrique, la caldera (chaudron, en espagnol), du nom d'un ancien cratère volcanique des Canaries dénommé Caldera de Taburiente.

Voici cent quarante millions d'années, un nouvel effondrement au sommet d'Olympus Mons forme une très grande caldera qui s'insère parmi les stigmates de trois autres épisodes éruptifs. Le dernier en date survient seulement cent millions d'années avant notre ère. On doit ces datations aux planétologues qui étudient les vues du sol martien enregistrées par les caméras ultrasensibles montées à bord des sondes spatiales en orbite autour de Mars. En mesurant la densité des tout petits cratères d'impact météoritiques, on estime l'âge d'une portion de sol donné. C'est ainsi qu'a été datée la plus grande des calderas d'Olympus Mons et, partant, l'épisode volcanique majeur qui l'a formée.

***Voir aussi*** Olympus Mons p. 98.



*Vue du système de calderas emboîtées au sommet d'Olympus Mons, enregistrée par la caméra à haute résolution de la sonde européenne Mars Express croisant à deux cent soixante-dix kilomètres d'altitude.*

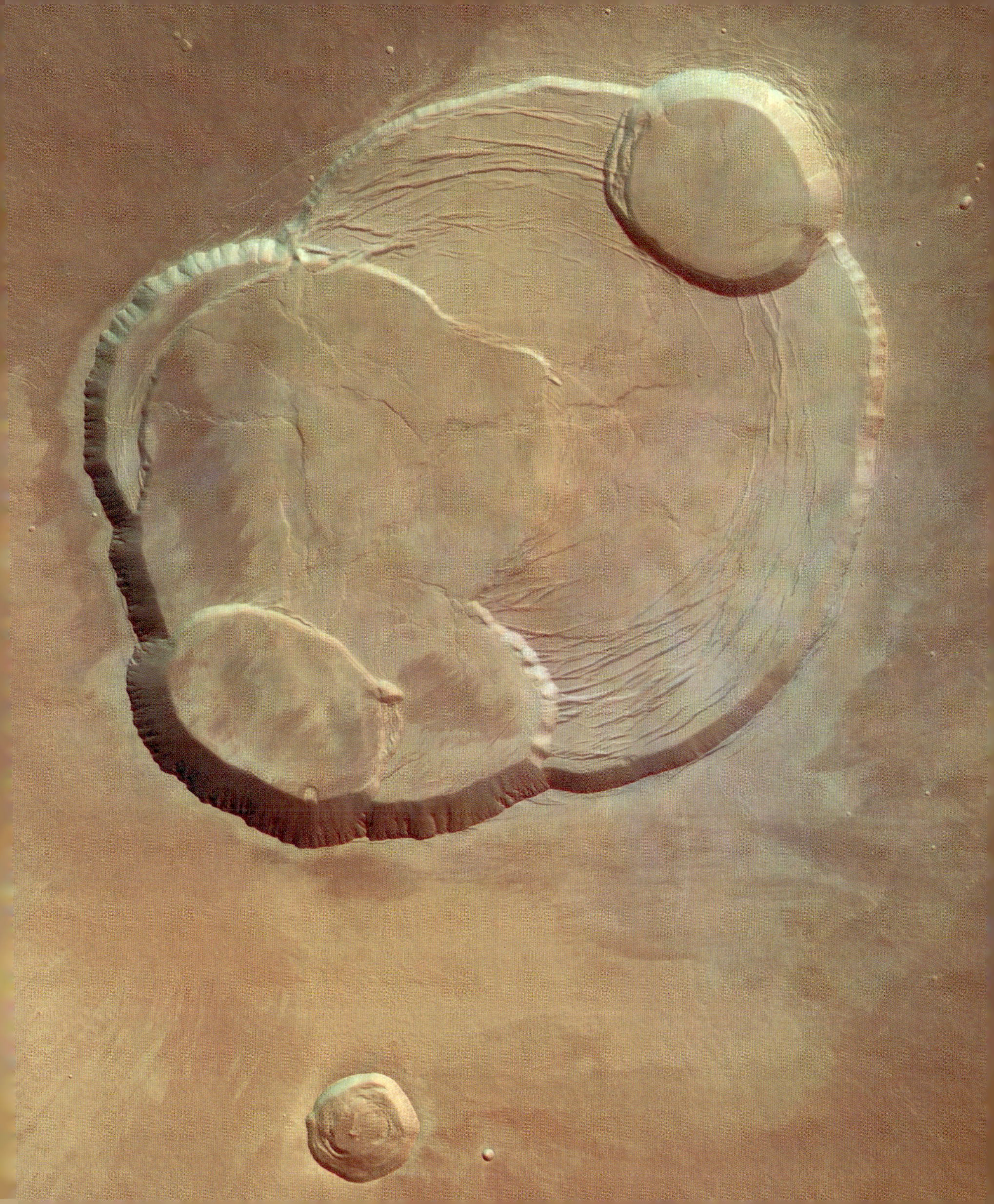

# Amas d'étoiles bleues

Formation d'un amas d'étoiles dont les plus massives – les plus chaudes – forment un astérisme des plus célèbres et illuminent de leur belle lumière bleue une région du milieu interstellaire riche en poussière, où elles se trouvent de nos jours.

Un site de formation d'étoiles s'embrase. L'action se déroule assez près dans le temps et dans l'espace. Pas très loin dans le passé de l'Univers, pour que, cent millions d'années plus tard, l'amas n'ait pas eu le temps de se disperser, que les plus massives de ses étoiles ne soient pas parvenues au terme de leur évolution et qu'elles resplendissent toujours d'une belle lumière bleue, caractéristique de leur température de surface (plus de dix mille kelvins). Pas très loin dans la Voie lactée non plus, afin de constituer un amas ouvert qui se trouve aujourd'hui à quatre cents années-lumière du Soleil.



Étant si proches (en termes astronomiques), les étoiles bleues sont visibles à l'œil nu. Elles dessinent sur la voûte céleste une figure remarquable, un astérisme qui n'est pas sans rappeler celui de la Grande Ourse. Pour les Grecs de l'Antiquité, ce groupe d'étoiles était les Pléiades, sept sœurs, filles du Titan Atlas et de l'Océanide Pléioné. Zeus les aurait transformées en colombes célestes pour échapper à Orion, le chasseur géant à leurs trousses. C'est sous ce nom que les astronomes désignent encore un amas stellaire qui les intéresse au plus haut point en tant que pépinière d'étoiles forte d'individus de tout type, des belles étoiles bleues aux plus modestes naines brunes d'une masse inférieure à un dixième de masse solaire.

Curieusement, on y trouve aussi des naines blanches. Or, ce type d'astre est censé marquer la fin de l'évolution d'étoiles pas trop massives (huit masses solaires au maximum), un processus évolutif dont la durée peut dépasser le milliard d'années, soit dix fois l'âge des Pléiades ! Une explication possible de ce paradoxe : ces étoiles, très massives au départ, auraient perdu tellement de masse que leur cœur se serait effondré en formant une naine blanche.

***Voir aussi*** Population stellaire p. 118.

*Vue de l'amas des Pléiades enregistrée par le télescope spatial Spitzer dans l'infrarouge, domaine de rayonnement propre à révéler le nuage de matière interstellaire où se trouve l'amas.*

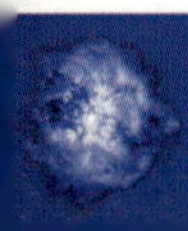

# IMPACT SUR LA LUNE

La collision avec la Lune d'un des astéroïdes de la famille Baptistina forme un grand cratère d'impact qui strie l'hémisphère Sud de notre satellite de ses longues traînées d'éjectas. Il est nommé Tycho, d'après l'astronome danois Tycho Brahé.

Les astéroïdes de la famille Baptistina sont un ensemble de petits corps de toute taille résultant d'une collision survenue sur le bord interne de la ceinture principale. Une fois formés, ils subissent un effet dont l'ingénieur russe Ivan Yarkovsky a l'intuition au tournant du XX^e^ siècle et qui affecte un objet en rotation sur lui-même en présence d'un rayonnement. Éclairée par la source de ce rayonnement, une face de l'objet reçoit de l'énergie. Au bout d'un demi-tour, cette même face, étant alors à l'ombre, rayonne vers l'extérieur l'énergie reçue. Il s'exerce alors sur l'objet une très faible poussée qui dépend de sa forme et de son état de surface.



L'effet Yarkovsky s'applique au cas d'un petit corps illuminé par le Soleil. Dans le cas des astéroïdes de la famille Baptistina, il a pour conséquence de scinder la famille en deux lobes qui s'écartent l'un de l'autre. Nombre d'individus, certains d'une taille de plus d'un kilomètre, sont alors perturbés par Jupiter et les autres planètes. Ils sont à la longue injectés sur des orbites pouvant croiser celles de la Terre et de son gros satellite, la Lune. C'est ainsi que l'un d'eux, d'une taille de dix kilomètres, se présente assez bas à l'horizon ouest de notre satellite, qu'il percute peu après.

L'impact creuse un énorme cratère et projette sur l'hémisphère Sud de la Lune des stries fines d'éjectas qui s'étendent jusqu'à plus de mille kilomètres dans toutes les directions, sauf vers l'ouest, direction d'origine de l'astéroïde. À l'époque de l'impact, les dinosaures qui règnent en maître sur Terre sont témoins de la collision. Peu de temps après, certains sont peut-être victimes des dévastations localisées que provoque la chute sur Terre de gros débris éjectés lors de l'impact. C'est le signe avant-coureur du cataclysme planétaire qui cause la fin des dinosaures quarante millions d'années plus tard...

***Voir aussi*** Choc d'astéroïdes p. 128, Fin des dinosaures p. 136.

*Vue de la Lune où le cratère d'impact de Tycho, ainsi nommé d'après l'astronome danois Tycho Brahé, apparaît au sud de notre satellite, au centre d'un système de stries plus brillantes.*

# Fin des dinosaures

Un des astéroïdes de la famille Baptistina, de dix kilomètres de diamètre, percute la Terre et provoque la disparition des deux tiers des espèces vivantes. Son cratère d'impact est détecté au nord de la péninsule du Yucatán.

Stable sur Terre comme sur la Lune pendant des milliards d'années, le taux de formation de cratères d'impact dus à des corps célestes d'une taille supérieure à un kilomètre a plus que doublé depuis deux cents millions d'années. À l'origine de ce surcroît d'impacts, des astéroïdes de la famille Baptistina produis par la collision de deux gros individus de la ceinture principale.

C'est à cette famille que l'on doit Tycho, le plus grand des cratères lunaires d'impact récents. Un astéroïde Baptistina serait aussi la cause de l'un des quatre grands cratères vénusiens. La Terre porte les stigmates avérés de deux grands impacts produits sans doute par des astéroïdes de cette famille. L'un se trouve au nord de la Sibérie : c'est le cratère Popigai, âgé de trente-cinq millions d'années. Les géologues ont trouvé la trace de l'autre, à peu près du même âge, dans la baie de Chesapeake, aux États-Unis.



Mais l'impact le plus célèbre causé par un membre de la famille Baptistina serait survenu voici soixante-cinq millions d'années. Il a saccagé la Terre et pourtant son identification a nécessité une très longue quête. En 1980, Walter Alvarez mesure dans la couche géologique à la limite Crétacé-Tertiaire (CT) une teneur en iridium très élevée, qui ne se retrouve que dans les astéroïdes. Fort de cet indice, Alvarez a proposé que la limite CT coïncide avec l'impact d'un astéroïde d'une dizaine de kilomètres de diamètre qui aurait donc causé la disparition de plus des deux tiers des espèces vivant à la fin de l'ère secondaire. Le site de l'impact est mis au jour quelques années plus tard : un cratère partiellement immergé, à Chicxulub, au Mexique, dans le nord de la péninsule du Yucatán. C'est le plus grand cratère d'impact connu depuis la fin du Grand Bombardement.

***Voir aussi*** Choc d'astéroïdes p. 128, Impact sur la Lune p. 134, Impact au pléistocène p. 162.

*Carte bâtie par ordinateur des mesures de la gravité dans la région de Chicxulub qui met en évidence une structure de quatre anneaux dont le plus grand est d'un diamètre de trois cents kilomètres.*

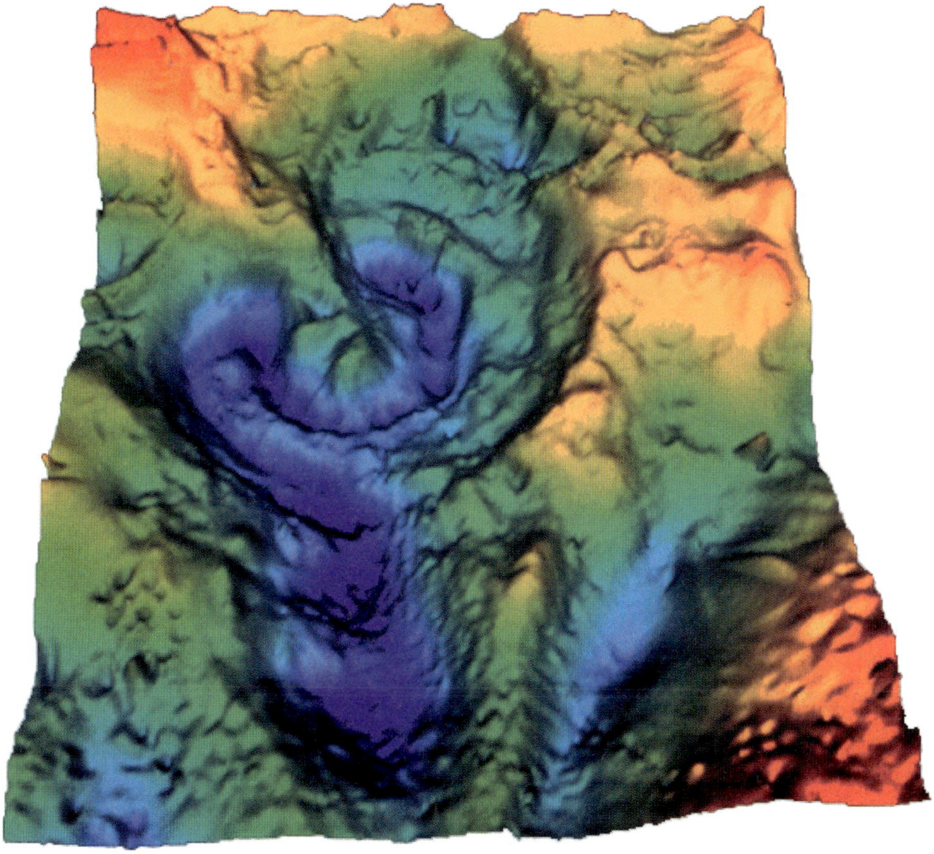

# Une flambée d'étoiles s'éteint

La formation stellaire va bon train dans NGC 2841, comme la présence de nombreuses étoiles bleues l'atteste, mais en raison des vents stellaires violents que ces dernières soufflent, la flambée d'étoiles s'éteint.

NGC 2841 est une grande galaxie spirale. Sa taille est supérieure à celle de la Voie lactée, mais son architecture est très différente : son disque ne s'orne pas de bras spiraux bien dessinés, soulignés de sites de formation stellaire mêlant matière interstellaire et étoiles jeunes et brillantes. Il présente au contraire un contour floconneux, sillonné d'amorces discontinues de bras galactiques qui ne réussissent pas à former des enroulements significatifs.



À l'évidence, NGC 2841 ne parvient pas à exciter les ondes de densité qui sous-tendent les structures en bras spiraux. La formation stellaire n'en est pas pour autant affectée. En témoignent toutes ces étoiles bleues dont son disque est piqueté, signe évident d'une formation stellaire très active à une époque récente. La durée de vie des étoiles les plus massives, très chaudes, donc rayonnant de préférence dans le bleu, est en effet très courte (moins de dix millions d'années). Et pourtant, NGC 2841 est dépourvue de nébuleuses interstellaires qui signaleraient des sites encore actifs de formation d'étoiles en produisant un dégradé de lumière rose.

Ces deux constats ne sont pas contradictoires. Une étoile très massive (plus de vingt masses solaires) produit des vents stellaires intenses. Son cœur rayonne une telle quantité d'énergie que les couches extérieures de l'astre sont soumises à une pression de radiation propre à éjecter à très grande vitesse (plus de mille kilomètres par seconde) des flots de gaz surchauffés (cent mille milliards de tonnes par seconde). En soufflant des vents aussi violents, les étoiles massives de NGC 2841 dispersent le milieu où pourraient naître de nouvelles étoiles. Une grosse flambée de formation d'étoiles contribuerait donc à éteindre toute velléité de nouvel embrasement.

***Voir aussi*** Disque galactique p. 68.

*Vue de NGC 2841 enregistrée dans quatre bandes spectrales (de l'ultraviolet à l'infrarouge) par la caméra à grand champ installée en 2009 à bord du télescope spatial Hubble.*

# Rayons cosmiques

Au sein d'une super-bulle façonnée dans le milieu interstellaire par l'explosion en chaîne de dizaines de supernovas, des particules sont accélérées à des vitesses relativistes. Certaines d'entre elles se retrouvent au voisinage de la Terre…

Ces particules – des protons pour l'essentiel – sont porteuses d'une charge électrique. Leur interaction avec les hautes couches de l'atmosphère induit des effets grâce auxquels Viktor Hess découvre, au début du XX^e siècle, ce flot de particules très énergétiques tombées du ciel. Sous le nom (impropre) de « rayons cosmiques », ces particules défient des décennies durant la sagacité des astrophysiciens soucieux d'identifier les sites célestes capables de leur communiquer de telles quantités d'énergie.



Les sites les plus actifs de formation d'étoiles produisent des amas d'astres massifs connus pour souffler des vents stellaires intenses et achever leur évolution en explosion de super nova. L'action conjuguée de ces deux types de violence cosmique creuse dans le gaz interstellaire des cavités gigantesques, les super-bulles, où des couches de matière propulsées à des milliers de kilomètres par seconde génèrent à foison de puissantes ondes de choc. Or, de l'avis des astrophysiciens, les ondes de choc sont précisément les ingrédients de base des mécanismes propres à accélérer des particules jusqu'aux énergies des rayons cosmiques.

Une fois accéléré, le gros de ces particules cosmiques zigzague dans le milieu interstellaire pendant une vingtaine de millions d'années. Le responsable d'un cheminement aussi erratique : le magnétisme, qui colle à la peau des nuages interstellaires et se charge d'incurver les trajectoires de toute particule électrisée passant à proximité. Cette véritable partie de billard électrique à l'échelle astronomique rend les trajectoires des rayons cosmiques bien trop tortueuses pour qu'elles puissent témoigner du lieu de leurs origines. Le rayonnement cosmique n'en tisse pas moins un véritable lien avec l'espace profond : c'est le seul échantillon de matière provenant d'au-delà du système solaire à tomber sur Terre.

***Voir aussi*** Particules extrêmes p. 124.

*Vue enregistrée par le télescope spatial Hubble de NGC 602, un amas d'étoiles bleues qui façonnent au sein du Petit Nuage de Magellan une cavité où s'amorcent déjà des ondes de chocs susceptibles d'accélérer des particules.*

# Galaxie à noyau actif

La collision survenue voici cent millions d'années entre une spirale et une grosse elliptique accumule du gaz interstellaire auprès du noyau de cette dernière, où il est accrété par un trou noir ultra massif suscitant l'éjection de deux jets de matière.

Un trou noir ultra massif est ce qui se fait de mieux en matière d'astre compact. On pense qu'il s'en trouve un tapi au cœur de toutes les galaxies (spirales comme elliptiques). Retenant tout, y compris la lumière, un trou noir ne produit aucun rayonnement. Mais quand de la matière passe à sa portée, les conditions sont parfois réunies pour que sa présence se manifeste de manière très spectaculaire, comme dans NGC 5128.



Cette galaxie est une grosse elliptique qui, voici cent millions d'années, est entrée en collision avec une spirale de son groupe. Des dizaines de millions d'années plus tard, le gaz interstellaire de la spirale se retrouve auprès du noyau de l'elliptique, là où se tient un trou noir d'une masse colossale (plusieurs centaines de millions de masses solaires). À la manière de l'eau qui s'écoule au fond d'un lavabo, la matière attirée par le trou noir ceinture ce dernier d'un anneau mince : le disque d'accrétion. Ce processus s'accompagne de l'éjection de matière à très haute vitesse (la moitié de celle de la lumière), sous forme de deux jets très fins qui s'étendent sur des milliers d'années-lumière avant de s'épanouir en vastes lobes ; autant de structures sources d'intenses rayonnements dans toutes les bandes spectrales.

Les phénomènes à l'œuvre dans NGC 5128 (accrétion par un trou noir ultra massif, jets de matière propulsés à des vitesses relativistes) se retrouvent dans un petit pourcentage de toutes les galaxies de l'Univers, regroupées sous le nom de « galaxie à noyau actif ». Cette appellation recouvre toute sorte d'objets (galaxies de Seyfert, radio galaxies, quasars, pour ne citer que les plus connus), une diversité tenant surtout aux conditions d'observation (domaine spectral, orientation des jets).

***Voir aussi*** Trou noir cannibale p. 148,
Trou noir p. 344.

*Image de NGC 5128 enregistrée en rayons X par le télescope spatial Chandra, superposée à une image prise dans le visible et à celle produite dans le domaine submillimétrique par le télescope APEX.*

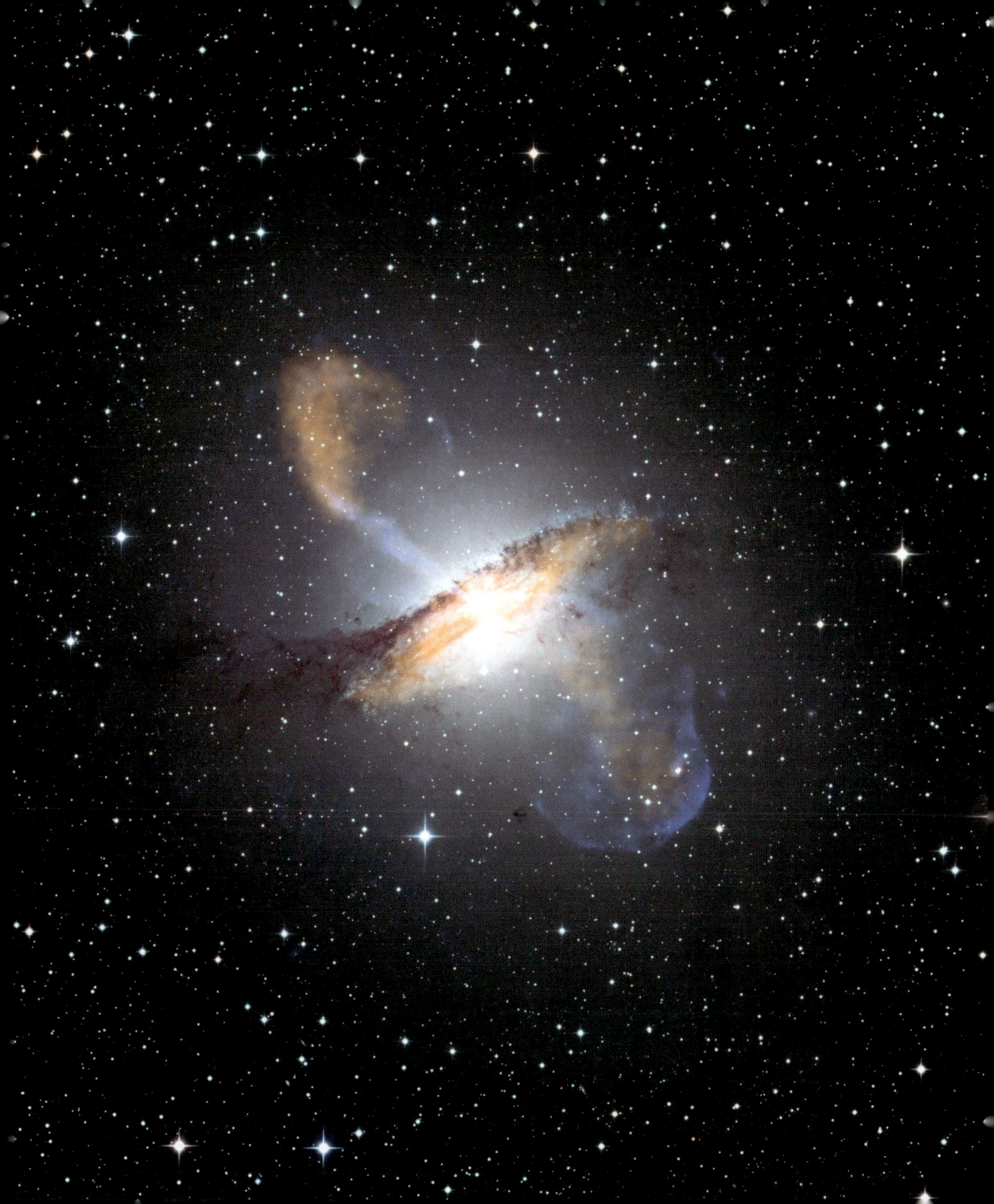

# Comète de Halley

Un petit corps de glace qui orbite au-delà de Neptune se retrouve soudain sur une orbite si allongée qu'il passe près du Soleil. C'est maintenant une comète qui évolue à intervalles réguliers au voisinage de la Terre.

À la formation du système solaire, les comètes se sont condensées à plus de cinq unités astronomiques du Soleil, où la température est assez froide pour que l'eau y subsiste à l'état solide. Pourtant, tous les petits corps ainsi formés au-delà de la ligne de glace ne sont pas des comètes, tant s'en faut. Une pichenette gravitationnelle suffit toutefois à métamorphoser un banal corps de glace en une superbe comète.

Les planètes géantes (voire des étoiles très proches) sont susceptibles de donner ce petit coup de gravité qui décroche un futur noyau cométaire de son orbite et le précipite vers l'intérieur du système solaire. Pour peu qu'il soit injecté sur une orbite dont le périhélie (le point le plus près du Soleil) soit assez proche de notre étoile, le petit corps s'échauffe au point que la glace en surface passe directement à l'état gazeux en libérant des agrégats solides. Il se forme alors une enveloppe de gaz et de poussières, la chevelure. Plus la comète s'approche du Soleil, plus l'action combinée du vent solaire et de la pression de radiation étirent cette chevelure dans une direction opposée à celle du Soleil, l'allongeant de manière spectaculaire.

Voici dix millions d'années, à en croire certaines simulations numériques, un petit corps s'est détaché d'un réservoir encore inobservé d'objets évoluant au-delà de Neptune sur des orbites très inclinées (dont le plan fait un grand angle avec le plan de l'écliptique). Perturbé par les planètes géantes, le petit corps est à la longue injecté sur une orbite très inclinée et très allongée, qui l'amène près du Soleil. Bouclant son orbite en soixante-quinze ans, ce corps de glace devenu comète passe régulièrement près de la Terre et assure la renommée d'Edmund Halley qui, en 1705 prédit son retour pour Noël 1758.

***Voir aussi*** Formation des planètes p. 84, Tapisserie de Bayeux p. 241.

*Hale-Bopp, l'une des comètes les plus brillantes à croiser notre route depuis de nombreuses décennies.*

13,7 MILLIARDS D'ANNÉES APRÈS LE BIG BANG

10 MILLIONS D'ANNÉES AVANT NOTRE ÈRE

# Naine Brune

Dans une région proche de la Voie lactée se forme un système associant une naine brune d'un quarantième de masse solaire à un objet huit fois plus massif que Jupiter. Sous le nom de 2M1207B, ce compagnon aussi énorme qu'insolite divise les astronomes quant à sa nature : planète géante ou sous-naine brune ?

Voici soixante millions d'années, le passage d'une onde de densité dans le petit coin de la Voie lactée où se trouve le Soleil provoque un regain de formation d'étoiles et la constitution d'amas stellaires proches. La dernière en date de ces associations d'étoiles jeunes se trouve à moins de deux cents années-lumière. C'est là que se forme 2M1207, un système de deux astres si menus que, comme étalon de masse, mieux vaut considérer Jupiter plutôt que notre Soleil !



Le plus massif, 2M1207A (vingt-cinq masses joviennes), n'atteint pas la limite requise pour enclencher des réactions de fusion thermonucléaire de l'hydrogène. Il dépasse par contre le seuil de treize masses joviennes au-dessus duquel s'amorce la fusion du deutérium. Dans ces conditions, 2M1207A est cataloguée comme naine brune, étoile avortée dont le pâle éclat se nourrit de son propre effondrement gravitationnel et de l'énergie que relâchent les réactions nucléaires sporadiques amorcées en son sein. Le statut de son compagnon, 2M1207B, est plus problématique. Avec seulement huit masses joviennes, il n'a pas même droit à l'appellation contrôlée de naine brune. Mais comme il est le résultat de la fragmentation du même nuage interstellaire que la naine à laquelle il est lié, ce n'est pas non plus une planète, nom réservé aux objets formés dans le disque de gaz et de poussière ceinturant une étoile au tout début de son évolution.

Pour découvrir deux objets aussi ténus et surtout les distinguer l'un de l'autre, les astronomes ont utilisé un télescope du VLT équipé d'un système d'optique adaptative. En corrigeant en temps réel les déformations de l'image dues à la turbulence atmosphérique, ce dispositif confère à l'appareil un pouvoir séparateur supérieur à celui du télescope spatial Hubble.

***Voir aussi*** Énergie nucléaire p. 82, Formation des planètes p. 84.

*Image enregistrée par le télescope Yepun grâce à un système d'optique adaptative qui permet de séparer la naine 2M1207A (en blanc) de son compagnon (en rouge) distant de quarante unités astronomiques.*

# Trou noir cannibale

Le cœur d'une étoile massive en système double s'effondre en un trou noir. En capturant la matière relâchée par sa compagne, il suscite une source de rayons X considérée sept millions d'années plus tard comme la plus intense du ciel.

Un des bras de la Voie lactée, où s'égrènent de nombreux amas stellaires très bien pourvus d'étoiles jeunes et massives, se déploie sur la voûte céleste, de la constellation d'Orion à celle du Cygne. C'est dans la direction de cette dernière que se trouvent plusieurs associations stellaires dont l'une abrite un couple de deux belles étoiles bleues.

La plus massive des deux, qui dépasse les quarante masses solaires à sa formation, est d'un type connu pour souffler des vents stellaires intenses. La fin de l'évolution d'une étoile ainsi dépouillée de son enveloppe voit le cœur s'effondrer en un trou noir de dix masses solaires avec un minimum d'effets collatéraux. L'événement ne rompt donc pas le couple qui subsiste pendant les sept millions d'années suivantes dans les parages des autres étoiles de l'association.



L'étoile compagne est assez massive (vingt masses solaires) pour perdre elle aussi de la matière qui s'enroule autour du trou noir et forme un disque de gaz. Ne tournant pas d'une manière rigide, le disque est le siège de violents phénomènes de friction qui ont pour effet d'élever sa température, celle du bord interne en particulier, qui se compte en millions de kelvins. Le flot de rayonnement X ainsi émis fait de ce trou noir qui se nourrit de sa compagne la source la plus brillante du ciel d'aujourd'hui dans la bande des rayons X. Elle est mise en évidence en 1964 avec un compteur Geiger monté dans la pointe d'une fusée-sonde. Une fois passé l'écran atmosphérique, ce détecteur n'a pas de mal à repérer la source X dans la constellation du Cygne. Le nom de Cygnus X-1 que lui donne Riccardo Giacconi, l'auteur de cette découverte, reste celui du premier trou noir attesté.

***Voir aussi*** Trou noir p. 344.

*Vue d'artiste d'un trou noir capturant la matière relâchée par son étoile compagne qui tombe en spirale autour de l'astre compact dont le bord interne produit un intense rayonnement dans le domaine X.*

# On marche sur la Terre

Dans le nord de l'actuel Kenya, à proximité d'un lac, des hominiens de l'espèce *Homo erectus* impriment dans l'argile des empreintes de pas qui, une fois fossilisées, s'avèrent semblables à celles que laisserait un homme moderne.

La scène se passe au bord d'un lac, quelque part dans le grand rift africain, le fossé d'effondrement que la tectonique des plaques a ouvert à l'est du continent. Un groupe d'hominiens adultes, accompagnés d'un plus jeune, progresse le long de cette vaste étendue d'eau que deux explorateurs austro-hongrois baptisent lac Rodolphe en 1888. Ces quelques individus sont d'une taille et d'une corpulence que les anthropologues attribuent de nos jours à l'espèce *Homo erectus* du genre *Homo*, une catégorie d'hominiens dont seule l'espèce *Homo sapiens* subsiste aujourd'hui.

Un million et demi d'années plus tard, Matthew Bennett et son équipe d'anthropologues fouillent des couches sédimentaires près d'Ileret, sur la rive orientale du lac Turkana, le nouveau nom du lac Rodolphe depuis 1975. Ils mettent à jour des empreintes de pas fossilisées imprimées dans le limon argileux par notre groupe d'hominiens. Une analyse minutieuse révèle une manière de marcher caractéristique de l'homme moderne : une fois le poids reçu par le talon, les orteils prennent appui sur le sol et propulsent le marcheur vers l'avant.

Ces traces de pas sont les premières empreintes jamais découvertes sur Terre de représentants du genre *Homo* pratiquant le même mode de locomotion que celui de leurs lointains descendants. Dans le droit fil de la boutade d'Yves Coppens : « l'Homme commence par les pieds », ceux qui fréquentent les parages du lac Turkana un million et demi d'années avant notre ère sont déjà les réceptacles de la matière pensante. En attestent tous les outils de pierre du type biface laissés dans les environs. Il faut attendre un bon million d'années avant qu'un autre *Homo erectus* découvre le feu, et encore cinq cent mille ans pour qu'un nouvel avatar du genre *Homo* pose le pied sur un autre corps céleste.

***Voir aussi*** On marche sur la Lune p. 348,
On marche sur Mars p. 368.



*Empreintes de pas dans un sol argileux qui s'apparentent à celles, fossilisées, laissées par des hominiens du genre Homo à proximité du lac Turkana.*

# Course folle d'un pulsar

Le cœur d'une étoile massive proche du Soleil s'effondre et produit un astre ultra dense, en rotation rapide, animé d'une grande vitesse. Les particules qu'il éjecte sont rejetées en arrière par sa course folle dans le milieu interstellaire.

Une étoile massive proche du Soleil atteint le stade ultime de son évolution. Son cœur s'effondre sur lui-même en un grumeau ultra magnétisé en rotation rapide. La brutale détente de cette matière amassée au-delà de sa limite de compressibilité expulse le manteau de l'étoile avec une violence inouïe. Par contrecoup, le cœur effondré reçoit une forte impulsion qui l'éjecte à grande vitesse dans l'environnement galactique local.



La rotation rapide et le champ magnétique intense de ce vestige stellaire en font un pulsar, un astre dense et compact apte à produire depuis chacun de ses pôles un faisceau intense d'électrons énergétiques. Poursuivant à cent vingt kilomètres par seconde sa course folle entre les étoiles, le pulsar provoque dans le gaz interstellaire un effet de sillage qui s'apparente à celui d'un avion supersonique dans l'air. Les électrons énergétiques que relâche le pulsar forment autour de lui une vaste nappe cylindro-conique, siège de l'émission des rayons X. La grande surface collectrice du télescope spatial européen XMM-Newton détecte en 2004 ce rayonnement, sous un angle tel qu'il prend l'aspect de deux traînées lumineuses s'échappant d'une source centrale plus fournie.

Ce pulsar qu'un cataclysme stellaire expulse voici trois cent cinquante milles ans se signale dès 1974 par une intense émission de rayons gamma de haute énergie. Il faut attendre 1991 pour en découvrir la vraie nature, tant les premiers télescopes gamma manquent d'acuité. Par dérision, des astronomes de Milan, qui cherchent en vain à l'identifier, le surnomment *Geminga*, du dialecte milanais *(el) gh'é minga*, littéralement : « (elle) n'est pas là », surnom que le pulsar porte encore aujourd'hui.

***Voir aussi*** Pulsar p. 178.

*Image de Geminga et de sa traîne d'électrons enregistrée dans la bande des rayons X par XMM-Newton. La petite taille angulaire de la source impose un agrandissement maximum et partant, la pixellisation de l'image.*

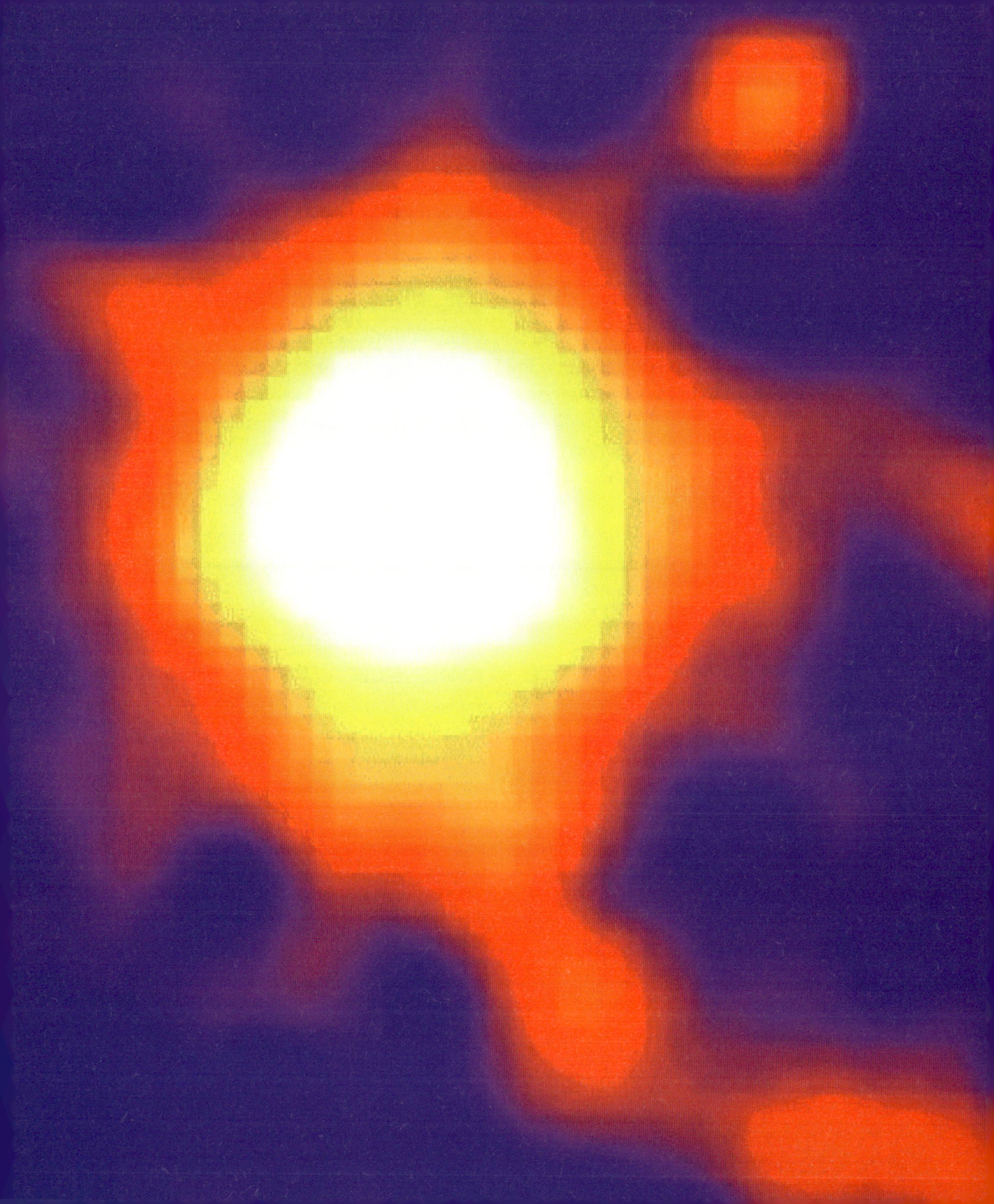

# ÉCHELLE DE DISTANCE

Des étoiles massives du Petit Nuage de Magellan brillent d'un éclat périodique que Henrietta Leavitt utilise pour établir en 1912 la relation période-luminosité, découverte fondamentale qui lui est confisquée par des astronomes masculins.

L'Américaine Henrietta Leavitt naît en 1868 à Lancaster (Massachusetts). Après de solides études dans un collège pour jeunes filles, elle rejoint en 1893 l'observatoire de l'université de Harvard… et le groupe de jeunes femmes employées à l'époque pour toutes les tâches que les astronomes ne jugent pas dignes d'eux. Pas question que des femmes se mêlent d'observer ! Assignée à l'étude systématique de l'éclat des étoiles dans les collections de plaques photographiques de l'observatoire, Miss Leavitt identifie des milliers d'étoiles variables situées dans les Nuages de Magellan.



En 1908, Miss Leavitt note que, s'agissant des périodiques de type céphéide, les plus brillantes ont la période la plus longue. En 1912, après avoir étendu son étude à plus de vingt céphéides du seul Petit Nuage de Magellan, elle établit que leur magnitude apparente décroît en proportion du logarithme de la période. Comme ces étoiles se trouvent dans la même petite galaxie, elles doivent toutes être situées à la même distance. Miss Leavitt réalise alors que sa découverte devrait permettre d'estimer la distance de tout groupe d'étoiles où l'on parviendrait à identifier des céphéides, à condition de disposer d'un étalon.

Mais dans l'Amérique du début du XX$^{e}$ siècle, le rôle des femmes en astronomie est de dépouiller les données, pas de les interpréter. C'est donc l'astronome danois Ejnar Hertzsprung qui, après avoir déterminé les distances de quelques céphéides de la Voie lactée, étalonne la relation de Miss Leavitt et estime la distance du Petit Nuage de Magellan : 210 000 années-lumière. C'est heureusement le nom de Henrietta Leavitt qui reste attaché à la relation période-luminosité des céphéides avec laquelle Edwin Hubble va évaluer les distances des galaxies proches.

***Voir aussi*** Le Grand Débat p. 326.

*Vue enregistrée par le télescope spatial Hubble de NGC 346, un amas stellaire riche en étoiles jeunes et massives du Petit Nuage de Magellan.*

# Neutrinos

S'abandonnant à la force faible, les protons et électrons du cœur de Sanduleak-69°202 forment force neutrons et une quantité gigantesque de neutrinos, dont une infime pincée est détectée en 1987 par les détecteurs terrestres.

Quand s'effondre le cœur de Sanduleak-69°202, une étoile bleue du Grand Nuage de Magellan, les conditions physiques sont réunies pour que, la force faible aidant, des interactions impliquant protons et électrons produisent en à peine dix secondes une quantité phénoménale de neutrons et de neutrinos.

Agglutinés les uns aux autres, les neutrons constituent un énorme grumeau hyperdense. Quant aux neutrinos, dont une quantité astronomique est relâchée (de l'ordre de $10^{58}$), ils emportent la quasi-totalité de la formidable quantité d'énergie gravitationnelle libérée quand le cœur stellaire s'effondre sur lui-même (quantité équivalente à l'énergie rayonnée par le Soleil depuis sa formation). Dans le bestiaire des particules élémentaires, le neutrino occupe une place à part. Sa masse, des plus faibles, ne l'assujettit pratiquement pas à la gravité. Dépourvu de charge électrique, il est insensible à la force électromagnétique. Enfin, le neutrino ne reconnaît pas la force forte, celle qui assure la cohésion des noyaux atomiques. Il ne se soumet qu'à la force faible, responsable de certaines formes de radioactivité.

Quasiment dépourvu de masse, donc se déplaçant à une vitesse très proche de celle de la lumière, interagissant très peu avec la matière, les neutrinos produits au cœur de Sanduleak-69°202 traversent presque sans entrave le manteau stellaire et émergent de l'étoile en une bouffée si considérable que le flux de neutrinos qui atteint la Terre le 23 février 1987 en contient une trentaine de milliards par centimètre carré ! Mais leur propriété même les rend très difficiles à détecter, si bien que Kamiokande II, le plus grand détecteur de neutrinos alors en service, n'en discerne que onze !

***Voir aussi*** Onde de choc p. 158.

*Super Kamiokande, comme Kamiokande II, est une énorme cuve aux parois tapissées de photodétecteurs conçus pour capter l'infime flash de lumière que produit un neutrino quand il interagit avec l'eau de la cuve.*

# ONDE DE CHOC

Le cœur de Sanduleak-69°202, étoile massive du Grand Nuage de Magellan, s'effondre en un caillot de neutrons ultra comprimés dont la détente provoque une formidable onde de choc qui balaye le matériau alentour, déjà enchâssé d'anneaux lumineux.

Le matricule de cette étoile évoque Nicholas Sanduleak, l'astronome qui, dans les années 1970, catalogue les astres lumineux du ciel austral. Avant d'en arriver au stade ultime de son évolution, Sanduleak-69°202 a eu un passé mouvementé. C'est ainsi que sa fusion avec une étoile compagnon lui a laissé un disque épais de gaz façonné par de puissants vents stellaires.

L'effondrement du cœur de Sanduleak-69°202 forme un gigantesque caillot de neutrons qui se stabilise à un niveau de compression extrême (densité supérieure à celle d'un noyau atomique). Ce corps hyperdense se détend aussitôt, à l'instar d'une balle de caoutchouc que l'on a serrée dans le poing. Une formidable onde de choc s'ensuit, qui entraîne l'expansion brutale du reste de l'étoile. Les couches profondes sont le siège de réactions nucléaires qui synthétisent des masses d'éléments radioactifs. L'enveloppe, portée à très haute température, brille d'un formidable éclat (un milliard de fois la luminosité solaire). C'est le signe d'une supernova qui sera détectée sur Terre au début de 1987 et répertoriée sous le matricule SN 1987A. Au bout de quelques jours, son éclat ne se nourrit plus que de radioactivité, la désintégration du cobalt-56 en fer-56 en particulier. La luminosité de la supernova décroît alors au rythme de celle du cobalt-56, dont la demi-vie est de soixante-dix-sept jours.

Balayant le milieu alentour, l'onde de choc interagit dix ans plus tard avec le bord interne du disque circumstellaire, déjà lumineux sous l'effet des ultraviolets que rayonne la supernova. Ce n'est qu'au bout de vingt-cinq ans que la matière éjectée, plus lente, entre en collision avec ce même bord interne.

***Voir aussi*** Neutrinos p. 156, Supernova p. 176.



*Vue de SN 1987A enregistrée en 1994 par le télescope spatial Hubble. La supernova, dont l'éclat nourri par la radioactivité a déjà beaucoup décru, est le point au centre d'une ellipse qui marque le bord interne du disque brillant sous l'effet du rayonnement ultraviolet relâché par la supernova. Les anneaux plus fins résultent d'un processus similaire aux deux extrémités du disque en forme de sablier.*

# Magnétar

Au sein d'une région active de la Voie lactée, la croûte d'une étoile à neutrons ultra magnétisée se fissure sous l'effet d'un intense stress magnétique et libère une formidable bouffée de rayonnement qui perturbe la haute atmosphère à la fin de 2004.

Au loin dans la Voie lactée, dans la direction du Sagittaire, se trouve un gros amas stellaire riche en étoiles massives. Soudain, le cœur de l'une d'elles s'effondre en une étoile à neutrons, un objet tout à la fois hyperdense, en rotation rapide et ultra magnétisé, autant d'attributs qui en font un astre de type pulsar.

Dans la plupart des cas, l'effondrement amplifie le champ magnétique de l'étoile parente, au point que celui du pulsar atteint cent millions de teslas, mille milliards de fois le champ magnétique terrestre qui dévie les aiguilles des boussoles. Mais quand il se forme, le pulsar du Sagittaire tourne si vite sur lui-même (plus de cent tours par seconde) qu'un effet de type dynamo s'ajoute à l'effondrement pour porter son champ magnétique à cent milliards de teslas ! Bonne raison pour nommer « magnétar » ce pulsar hyper magnétisé… Un tel champ magnétique est si intense qu'il impose des tensions considérables à la croûte de l'étoile. À la longue, celle-ci finit par craquer et libère une brutale décharge d'énergie magnétique ainsi qu'un nuage dense de paires électron-positon ; elle émet également une bouffée de rayons gamma.

Le magnétar du Sagittaire, familier de ce type de manifestation, attire les astronomes gamma dès le début des années 1980. En raison des bouffées de rayon gamma qu'il produit de temps à autre, ils lui attribuent le nom de code SGR 1806-20 (*Soft Gamma Repeater*, répéteur à gamma mou). La gigantesque bouffée correspondant à la troisième éruption répertoriée de ce magnétar atteint la Terre le 24 décembre 2004. Bien que provenant d'un astre distant de cinquante mille années-lumière, elle induit des effets nocifs dans l'atmosphère jusqu'à vingt kilomètres du sol, à peine plus haut que les niveaux de vol des gros avions bourrés de passagers !

***Voir aussi*** Pulsar p. 178.



*Image enregistrée dans la bande des ondes radio de la région du Sagittaire où se trouve SGR 1806-20. Le magnétar se trouve au centre de cette région très active, riche en vestiges d'explosions stellaires.*

13,7 MILLIARDS D'ANNÉES APRÈS LE BIG BANG

48 000 ANS AVANT NOTRE ÈRE

# Impact au Pléistocène

Une météorite de cinquante mètres de diamètre, composé de trois cent mille tonnes de fer, s'écrase sur Terre. Son impact creuse un cratère de plus d'un kilomètre de diamètre dans une plaine herbeuse où s'ébattent mammouths et paresseux géants.

Vers la fin du Pléistocène, un gros bloc de métal se précipite vers la Terre. Fait de fer et de nickel, il ne provient pas de petits corps du système solaire primitif (comme la grande majorité des météorites). Il serait plutôt le fragment d'un cœur de planète en cours de formation brisée par collision. Sa composition permet au bolide de mieux résister que les blocs de roches (ou de glace) aux contraintes aérodynamiques qu'impose l'atmosphère terrestre.



À l'abord de couches d'air de plus en plus denses, à une altitude d'environ quatorze kilomètres, la météorite du Pléistocène finit pourtant par se disloquer. Elle se divise alors en un bloc principal qui emporte la moitié de la masse initiale du bolide et une foule de petits fragments qui, à quatre kilomètres du sol, forment une nappe circulaire de deux cents mètres de diamètre. Le bloc principal, resté intact, percute le sol à une vitesse de douze kilomètres par seconde en libérant une énergie équivalant à environ trois mégatonnes de TNT. Quant aux petits fragments, plus ou moins vaporisés dans l'air, ils relâchent approximativement la même quantité d'énergie dans l'atmosphère, sous forme de coups de vents d'une extrême violence.

La collision forme un cratère en bol de plus d'un kilomètre de diamètre. Son site, connu de nos jours sous le nom de Meteor Crater, au nord de l'actuel état de l'Arizona, à l'ouest des États-Unis, est à l'époque de l'impact une savane herbeuse peuplée de mammouths laineux et de paresseux de très grande taille. L'énergie que dégage l'événement est du même ordre que celle d'une explosion thermonucléaire des centaines de fois plus puissante que la bombe d'Hiroshima. Il en résulte une chaleur et un souffle tels que toute forme de vie est anéantie dans un rayon de plusieurs kilomètres.

***Voir aussi*** Fin des dinosaures p. 136.

*Vue du cratère d'impact de la fin du Pléistocène – Meteor Crater – situé dans l'Arizona à l'ouest des États-Unis.*

# Plus vite que la lumière ?

Un trou noir éjecte un globule de matière à une vitesse qui semble supérieure à celle de la lumière, mais ce n'est qu'un mirage dû au principe de la relativité ! La vitesse de la lumière reste une limite que seule la science-fiction s'autorise à franchir.

Scène de crime à quarante mille années-lumière dans la Voie lactée : un gros trou noir issu de l'évolution d'une étoile massive soutire par brefs à-coups de la matière à sa compagne géante rouge. Rien que de très banal : ce cannibalisme stellaire est fréquent chez les étoiles en couple liées l'une à l'autre par la gravité. Ce qui l'est moins, c'est la masse du coupable, quatorze masses solaires, qui en fait le plus gros trou noir connu, si l'on s'en tient à ceux d'origine stellaire. Plus inhabituel encore, une fois rassasié, ce gros trou noir éjecte dans deux directions opposées deux paquets de matière propulsés à neuf dixièmes de la vitesse de la lumière.



Les seuls indices de l'événement sont les rayonnements produits à chaque stade de l'affaire : des rayons X et gamma dans la phase d'accrétion, des ondes radio à l'éjection. Quarante mille ans plus tard, quand tous ces rayonnements arrivent en vue de la Terre, c'est d'abord ceux du domaine gamma qui attirent l'attention des experts. En 1992, une équipe d'astronome gamma identifie le trou noir. En 1994, des radioastronomes le surprennent en pleine phase d'expulsion. Et là, grande surprise : les vitesses des éjectas de matière semblent supérieures à la célérité de la lumière !

Ce constat étrange tient au principe de relativité qui stipule : « la vitesse de la lumière est la même dans tout repère animé d'un mouvement rectiligne uniforme ». La simple addition des vitesses n'est donc plus de mise dans ce cas précis, où la vitesse des éjectas est proche de celle de la lumière. Compte tenu de l'angle sous lequel on observe la propagation des paquets de matière, on peut donc avoir l'impression qu'ils se meuvent à une vitesse supérieure à la célérité de la lumière, mais ce n'est qu'une illusion...

***Voir aussi*** Radiosource superluminique p. 352.

*C'est le privilège de la science-fiction de postuler l'existence de vaisseaux spatiaux intersidéraux qui se déplaceraient à des vitesses supérieures à celle de la lumière.*

# Antimatière

De mystérieuses sources d'antimatière situées dans le bulbe de la Voie lactée relâchent dix milliards de tonnes d'antiparticules par seconde. Leur annihilation produit un rayonnement gamma dont le satellite Integral trace les contours.

Comme beaucoup de galaxies spirales, la Voie lactée s'orne d'un bulbe. Ce renflement central, d'un rayon de trois mille années-lumière environ, est surtout constitué d'étoiles. Si l'on excepte son noyau, la population stellaire du bulbe galactique est principalement composée d'individus assez vieux.

Plus surprenant, le bulbe galactique abrite des sources d'antimatière aussi actives qu'énigmatiques qui, à chaque seconde, relâchent dix milliards de tonnes de positons (antiparticule de l'électron). Une fois dispersés dans le milieu très ténu qui baigne le bulbe, les positons finissent par s'annihiler avec des électrons, un processus qui génère des rayons gamma dont les deux tiers sont émis à une longueur d'onde donnée. Ce rayonnement d'annihilation parvient dans le voisinage de la Terre quelque vingt-sept mille ans plus tard. Détecté dès les années 1970, il attire l'attention sur un éventuel site produisant des positons au centre de la Voie lactée. Il faut toutefois attendre le laboratoire spatial Integral et les observations qu'il mène à partir de 2002 pour en délimiter le contour et attester qu'il coïncide bien avec le bulbe galactique.

Quel mécanisme peut produire une telle quantité de positons dans le bulbe galactique ? Des astrophysiciens, comme Peter Milne, mettent en avant des explosions de naines blanches en système double. Ces supernovas thermonucléaires sont connues pour relâcher des masses de nickel-56 radioactif dont la désintégration produit (entres autres) des positons. Le taux d'occurrence de ce type d'événements dans le bulbe galactique semble toutefois bien trop faible. D'autres, à l'instar de Céline Boehm, élaborent alors un scénario beaucoup plus exotique : les positons seraient les sous-produits de l'annihilation d'une forme encore inconnue de matière noire légère accumulée dans les régions centrales de la Galaxie...

***Voir aussi*** Particules noires p. 28.



*Vue de la voûte céleste bâtie à partir du balayage 2MASS mené dans l'infrarouge, faisant ressortir la très haute densité d'étoiles le long de la Voie lactée qui se renforce jusqu'au bulbe central.*

# Trou noir ultra massif

Au cœur de la Voie lactée, un trou noir dont la masse dépasse trois millions de masses solaires se trouve dans un environnement assez bien pourvu en matière interstellaire. L'éclat qu'il suscite est pourtant des plus modestes…

Un trou noir ultra massif est tapi au centre de toutes les galaxies de bonne taille. La Voie lactée n'échappe pas à la règle : son noyau abrite un spécimen, certes assez modeste, mais de trois millions de masses solaires tout de même. Pour peu qu'il attire la matière interstellaire alentour, un trou noir d'un tel calibre pourrait prétendre produire par accrétion un rayonnement des milliards de fois plus intense que notre Soleil.



Au cœur de la Voie lactée, une coulée de gaz convoie vers ce trou noir un flux important de matière (un centième de masse solaire par an). C'est plus qu'il en faudrait pour que l'astre compact géant génère un rayonnement très copieux. Tout serait pour le mieux si le trou noir n'était pas entouré d'étoiles massives. Plus de vingt d'entre elles sont d'un type connu pour souffler des vents stellaires intenses qui empêchent le gaz interstellaire de parvenir jusqu'au trou noir. Privé de l'essentiel de la matière qu'il aurait pu attirer, il ne suscite plus qu'un faible éclat.

Avant d'atteindre la Terre, ce rayonnement doit de plus se propager sur une distance de vingt-sept mille années-lumière dans un milieu interstellaire ne laissant filtrer que certaines gammes de longueur d'onde. C'est dans le domaine radio, avec la découverte de la source compacte Sgr A*, qu'est obtenu le premier indice en faveur de la présence d'un trou noir au centre de la Voie lactée. Plus récemment, en comparant des images prises à des années d'intervalle dans l'infrarouge, on a constaté que certaines étoiles se meuvent à très grande vitesse autour de Sgr A*. C'est la preuve que cette radiosource coïncide avec un astre de très grande masse confiné dans un volume très réduit, ce qui signe à coup sûr la présence d'un trou noir ultra massif.

***Voir aussi*** Trou noir p. 344.

*Vue du noyau galactique enregistrée par le télescope à rayons X Chandra. Le faible éclat de la source de rayons X identifiée avec Sgr A* (petit point blanc au centre de l'image) confirme l'apathie du trou noir.*

# Pré-supernova

Dans la Poupe, une naine blanche, membre d'un système double, regagne brutalement de l'éclat en raison de la conflagration thermonucléaire à sa surface de toute la matière soutirée à sa compagne.

À vingt mille années-lumière, dans la direction de la constellation de la Poupe, une naine blanche assez massive capture l'atmosphère de sa compagne. La matière qui s'accumule à la surface de la naine blanche se comprime et s'échauffe au point de déclencher des réactions thermonucléaires explosives éjectant du gaz à très haute température. L'éclat de l'astre s'accroît dans de telles proportions que vingt mille ans plus tard en atteignant la Terre, il passe en novembre 2000 pour une nova (une étoile nouvelle), la nova de la Poupe.

Cette grosse naine blanche est le résidu de l'évolution d'une étoile de quelques masses solaires. Elle est composée d'une épaisse purée de noyaux atomiques (carbone et oxygène) et d'électrons, et ces derniers s'opposent à son inéluctable effondrement. Ils exercent en effet une pression qui découle d'un principe de mécanique quantique stipulant que, dans un système de corpuscules identiques (comme les électrons), on ne peut pas en trouver plus d'un dans un même état quantique (une même manière d'être). En raison de ce principe d'exclusion, une collectivité d'électrons qui occupent déjà tous les états possibles ne laisse pas la moindre place à un importun qui voudrait s'y glisser. Un tel état de fait s'interprète en termes d'une pression, la pression de Fermi, qui au sein de la naine blanche s'oppose avec efficacité à l'effondrement.

La naine blanche à l'origine de la nova de la Poupe affiche une masse déjà très proche de la limite au-delà de laquelle la pression de Fermi n'est plus en mesure d'assurer sa stabilité. Le moindre afflux supplémentaire de matière va donc provoquer sous peu une conflagration thermonucléaire générale et l'explosion de l'astre, une supernova thermonucléaire à l'éclat bien plus considérable que celui de la nova qui n'en est que le signe avant-coureur.

***Voir aussi*** Expansion universelle p. 126.

*Quatre vues de la nova de la Poupe, enregistrées par le VLT de mars 2005 à mars 2007, illustrant le développement rapide de la coquille bipolaire de gaz surchauffé éjecté par la naine blanche.*

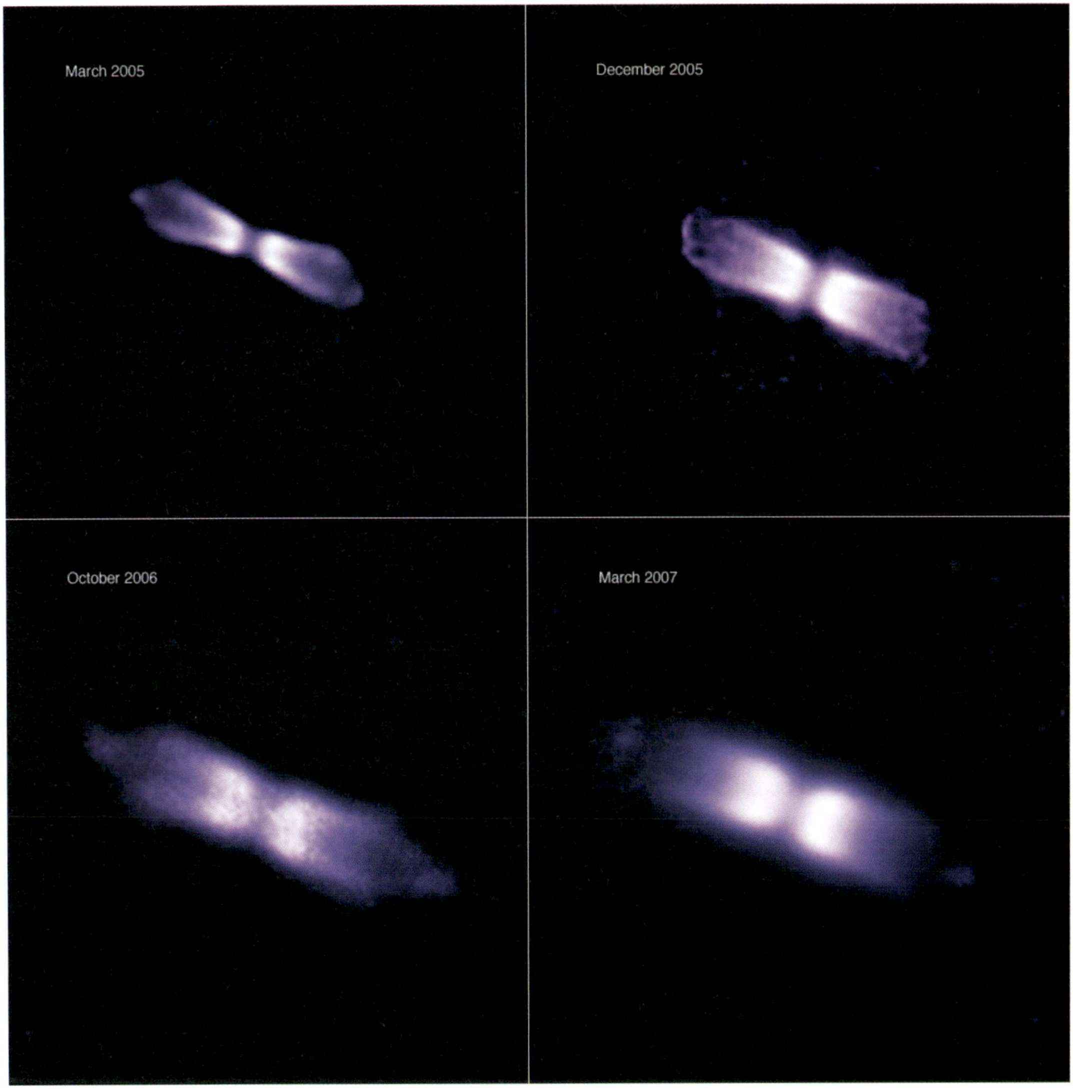
March 2005
December 2005
October 2006
March 2007

# Binaire à trou noir

Un brusque regain d'activité dans un système binaire à trou noir situé dans la constellation de la Mouche provoque dans les bandes des rayons X et gamma un sursaut d'émission que le télescope français Sigma, à bord du satellite russe Granat, détecte en 1991.

Il s'agit d'une « binaire à trou noir » pas très loin dans la Galaxie, dans la direction de la constellation de la Mouche, petit astérisme du ciel austral que la Voie lactée effleure. Le trou noir du système, d'un bon calibre (sept masses solaires), effile par gravité les couches externes de son étoile compagne afin de faciliter le passage des flots de gaz qu'il capture de temps à autre.

En effet, comme dans bien des systèmes de ce type, le transfert de matière entre les deux astres se fait par à-coups aussi brusques qu'espacés. Le trou noir se nimbe alors d'un disque de matière dont le bord interne, surchauffé, produit force rayons X et gamma. En un peu moins de dix-sept mille ans, le rayonnement parvient au voisinage de la Terre. C'est là qu'en janvier 1991, le télescope Sigma monté à bord de l'observatoire spatial Granat, détecte dans la Mouche une source nouvelle dont l'éclat s'accroît rapidement. Devenu l'astre le plus brillant du ciel dans une bande spectrale commune aux rayons X et gamma, la binaire à trou noir voit ensuite son flux diminuer peu à peu avant de passer sous le seuil de détection du télescope.



Tout au long de cette phase d'activité, l'éclat de la source nouvelle varie à l'instar de celui d'une nova de bonne facture, ce qui lui vaut d'être baptisée « la nova de la Mouche ». Au paroxysme, la binaire à trou noir se singularise par une forte émission transitoire dans une étroite bande d'énergie, précisément celle du rayonnement que produisent les processus d'annihilation électron-positon. Pour relâcher ainsi des positons, la nova de la Mouche a peut-être tiré parti d'une de ces éjections de matière à des vitesses relativistes dont les binaires à trous noirs sont coutumières.

***Voir aussi*** Trou noir cannibale p. 148.

*Enveloppe portant le timbre émis par la poste soviétique pour célébrer le lancement du satellite Granat par une fusée Proton tirée en décembre 1989 de Baïkonour au Kazakhstan, alors membre de l'ancienne Union Soviétique. Le timbre représente le véhicule spatial portant le télescope français Sigma.*

*Куда*

*Кому*

Индекс предприятия связи и адрес отправителя

Пишите индекс предприятия связи места назначения

# ÊTA DE LA CARÈNE EN ÉRUPTION

Sous l'effet de l'énorme pression qu'exerce l'activité débridée de son cœur, une des étoiles les plus massives de la Voie lactée relâche une gigantesque bouffée de matière qui provoque un accroissement brutal de sa luminosité.

Pour les Grecs de l'Antiquité, la constellation du Navire Argo évoque le bateau de Jason parti en quête de la Toison d'or. Elle est toutefois retaillée au XVIII$^{e}$ siècle en trois plus petites, dont la Carène. C'est là que se trouve, à sept mille cinq cents années-lumière du Soleil, une des étoiles les plus massives de la Voie lactée : Êta de la Carène, désignation souvent abrégée en Êta Car.



Cent fois plus massive et cinq millions de fois plus lumineuse que notre Soleil, Êta Car tourne sur elle-même à une vitesse de rotation proche de la limite au-delà de laquelle elle se désagrégerait sous l'effet des forces centrifuges. L'astre s'en trouve donc assez aplati. Ses pôles, plus proches des sites où se déroulent les réactions de fusion nucléaire, subissent ainsi une très forte pression de radiation. Les couches polaires de l'étoile enflent jusqu'à la rupture : c'est l'éruption ! Les masses de gaz surchauffé qui s'échappent des pôles confèrent à Êta Car l'éclat d'une supernova dont l'écho rejoint la Terre dans les années 1840. Avant cet évènement, ce n'est, par son éclat, que la septième étoile de la Carène (comme l'indique le rang de la lettre êta dans l'alphabet grec). Après, Êta Car est la deuxième étoile la plus brillante de tout le ciel après Sirius.

Êta Car devient ensuite très variable : invisible à la fin des années 1860, elle brille de nouveau dans les années 1990. Ce comportement chaotique, faisant suite à une phase de furieuse instabilité, laisse à penser que l'étoile est sur le point d'atteindre le stade ultime de son évolution. De par sa configuration, Êta Car pourrait dans un avenir proche finir en hypernova, une explosion stellaire ultra brillante, peut-être à l'origine des sursauts gamma longs. Si d'aventure Êta Car enclenche un sursaut gamma et que l'un des deux jets ainsi produits atteint la Terre, ce sera l'apocalypse...

***Voir aussi*** Sursaut gamma p. 52.

*Vue enregistrée par le télescope spatial Hubble de la nébuleuse de l'Homoncule, avec ses deux lobes de matière relâchés aux pôles d'Êta de la Carène lors de l'éruption observée dans les années 1840.*

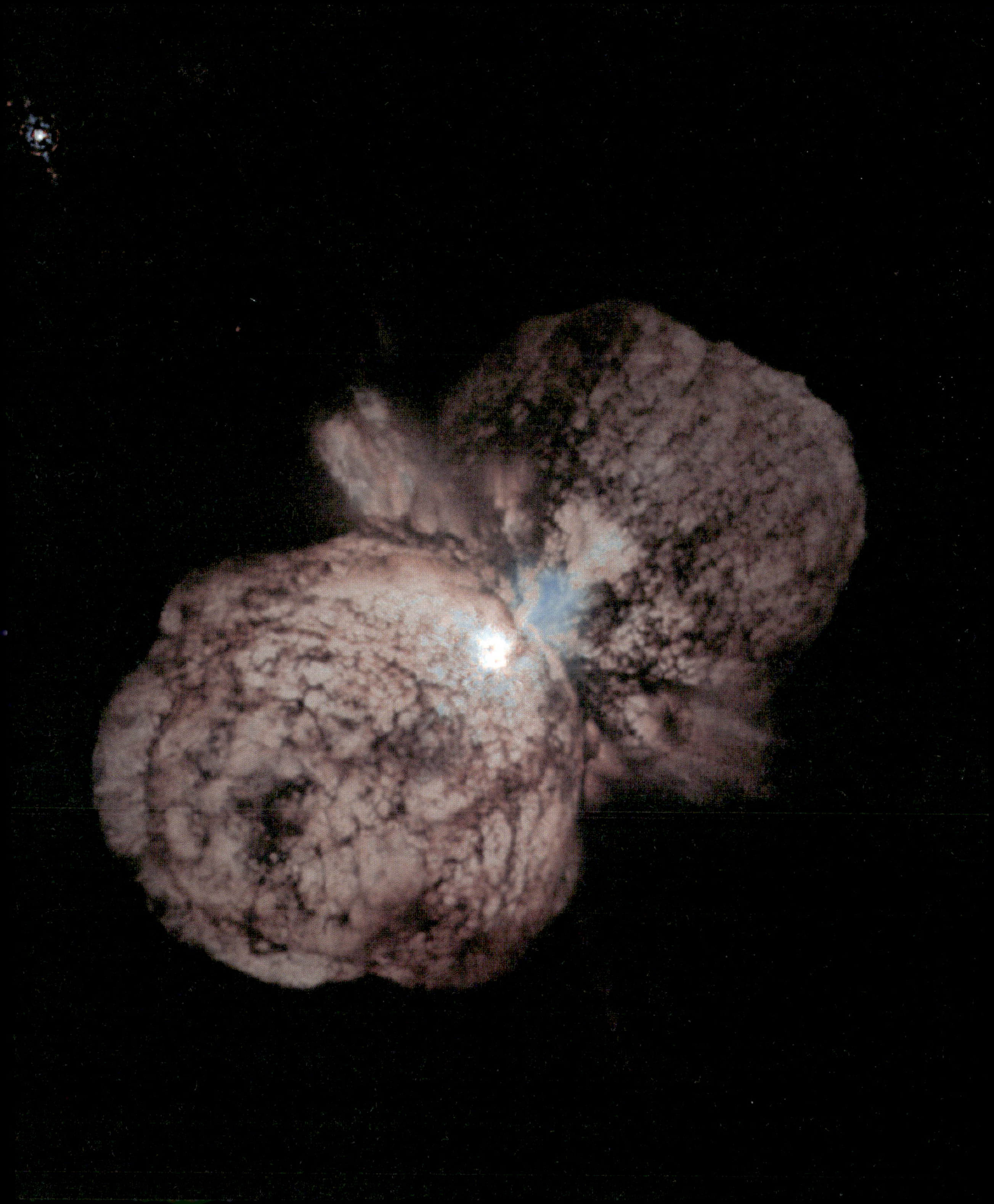

# Supernova

L'effondrement du cœur d'une étoile en fin d'évolution provoque une gigantesque explosion qui disperse alentours tout le manteau stellaire pour constituer une structure filamenteuse connue depuis le XIX^e siècle sous le nom de nébuleuse du Crabe.

Un corps hyperdense se forme à la suite de l'effondrement du cœur d'une étoile de dix masses solaires située à six mille années de lumière dans la direction de la constellation du Taureau. Composé pour l'essentiel de neutrons collés les uns aux autres par la force forte, il a tout d'un gigantesque noyau atomique. La brutale détente de cette protoétoile à neutrons, comprimée au-delà du raisonnable, disperse alentour le manteau stellaire.



L'éjection de matière surchauffée accroît la luminosité de l'étoile dans une telle proportion que l'événement mérite sans réserve l'appellation de supernova. Comme son écho arrive sur Terre en 1054, elle est répertoriée de nos jours sous le matricule SN 1054. La matière éjectée qui se répand dans le milieu interstellaire forme une structure en expansion rapide (mille cinq cents kilomètres par seconde aujourd'hui). Au contraire de nombreux vestiges de supernova en forme de coquille, celui de SN 1054 est un ensemble de filaments aux contours incertains. Quand William Parsons l'observe, dans les années 1840, il en fait un premier dessin qui épouse vaguement les traits d'un crabe, ce qui lui vaut le nom de « nébuleuse du Crabe ».

Se démarquant de la plupart des sites cosmiques dont l'éclat dépend au premier chef de leur température (rayonnement thermique), la nébuleuse du Crabe se signale par un rayonnement synchroton, un mécanisme émissif tenant aux électrons énergétiques accélérés auprès de l'étoile à neutrons devenue pulsar. Les trajectoires incurvées que ces particules accélérées suivent au gré de forts champs magnétiques les amènent à produire un rayonnement similaire à celui que des spécialistes de la compagnie *General Electric* observent en 1947 quand ils poussent jusqu'à ses limites un accélérateur d'électrons de type synchrotron.

***Voir aussi*** Onde de choc p. 158, Pulsar p. 178.

*Image de la nébuleuse du Crabe enregistrée par Kueyen, l'une des quatre grandes unités du VLT. La lumière bleue dénote le rayonnement synchrotron produit par des électrons ultra énergétiques.*

# Pulsar

Vestige compact d'une explosion de supernova, un pulsar, étoile à neutrons ultra magnétisée en rotation rapide, produit en éjectant deux jets de particules énergétiques un rayonnement qui balaye l'espace.

Quand s'effondre le cœur de l'étoile à l'origine de SN 1054, deux grandeurs clé sont conservées : le moment angulaire et le flux magnétique. Le moment angulaire est proportionnel à la masse du cœur, à sa vitesse de rotation sur lui-même et au carré de son rayon. Son flux magnétique est proportionnel à sa surface (au carré de son rayon) et à l'intensité de son champ magnétique.



La conservation de ces deux grandeurs lors de l'effondrement du cœur induit donc un accroissement de sa vitesse de rotation et de son champ magnétique en proportion du carré de la diminution de son rayon. De la taille d'un banal astéroïde (quinze kilomètres de rayon), l'étoile à neutrons qui résulte de l'effondrement affiche donc une vitesse de rotation ultra rapide (cinquante tours par seconde) et un champ magnétique fabuleux (mille milliards de fois plus intense que le champ magnétique terrestre).

Ce pulsar niché au sein de la nébuleuse du Crabe est donc une sorte de gros aimant tournant très vite, comme la dynamo d'un vélo. Mais à sa surface, c'est de millions de milliards de volts qu'il est question ! Champs électriques et magnétiques démesurés concourent à accélérer des particules à des vitesses relativistes. Canalisés aux pôles magnétiques de l'astre compact par un magnétisme intense qui en courbe les trajectoires, des faisceaux d'électrons accélérés génèrent des flots de rayonnement synchrotron. Et comme l'axe des pôles magnétiques du pulsar ne coïncide pas avec son axe de rotation, des faisceaux de rayonnement balayent l'espace alentour comme un phare placé au bord de l'océan dont le pinceau de lumière éclaire à intervalle régulier la côte environnante. Un pulsar est un phare naturel qui illumine périodiquement les espaces célestes.

***Voir aussi*** Supernova p. 176, Découverte des pulsars p. 346.

*Vue enregistrée par le télescope spatial Chandra dans la bande des rayons X du milieu que façonne le champ magnétique intense du pulsar du Crabe (point blanc au centre de l'image).*

# Nébuleuse de la Lagune

Des étoiles massives irradient des flots de rayonnements ultraviolets très mordants et soufflent des vents stellaires d'une violence inouïe qui concourent à façonner des pans de gaz interstellaire au cœur de la nébuleuse de la Lagune.

Une grande nébuleuse, qui associe un nuage interstellaire géant et un amas d'étoiles massives, se situe à cinq mille années-lumière du Soleil, dans ce chapelet de zones d'activités – le bras Carène-Sagittaire – qui se développe entre les deux bras majeurs de la Voie lactée. Déclenché par le passage de l'onde de densité qui sous-tend la structure en spirale de la Galaxie, un épisode récent de formation stellaire a donné naissance à une nouvelle génération d'étoiles qui s'emploie à mettre en pièces le nuage où elle s'est formée et à en sculpter les fragments. Bien sûr, une région aussi active ne manque pas d'attirer l'attention des astronomes. Au XVIIIe siècle, Charles Messier la place à la huitième place de son catalogue d'astres nébuleux. Un siècle plus tard, Agnes Clerke lui donne son nom de « nébuleuse de la Lagune ».

L'activité débordante à laquelle cette nébuleuse doit sa renommée tient à ses étoiles les plus massives. Portées à très haute température (plus de vingt mille kelvins), elles relâchent des flots de rayons ultraviolets si mordants qu'ils dissocient molécules et atomes. Les rafales de matière échappées de leurs couches supérieures parachèvent ce travail d'usure. Les étoiles massives soufflent en effet des vents stellaires ultra intenses (un cent millième de masse solaire par an propulsé à des milliers de kilomètres par seconde), bien plus vigoureux que le vent solaire (un million de tonnes de gaz relâché par seconde et balayant le système solaire à quatre cents kilomètres par seconde).

Le gros nuage de gaz initial, érodé par les rayonnements ultraviolets, déchiré par des tornades de vents stellaires, se dissocie peu à peu en fragments où s'enclenchent de nouveaux épisodes de formation d'étoiles.

***Voir aussi*** Nébuleuse d'Orion p. 260.



*Vue du cœur de la nébuleuse de la Lagune enregistrée par le télescope spatial Hubble.*

# CALENDRIERS

Le souci de maîtriser le temps remonte très loin dans l'histoire de l'Humanité, en Chine, mais aussi à Babylone ou chez les Celtes et les Mayas. C'est en ancienne Égypte, en se basant sur le retour des crues du Nil, que le premier calendrier est mis au point.

Nous sommes trois millénaires avant notre ère, sur les bords du Nil, où les cultures sont étroitement dépendantes des débordements du fleuve. Ces crues sont vitales pour les Égyptiens et la connaissance de leurs cycles va donner naissance au premier calendrier connu, qualifié de nilotique. C'est un calendrier lunaire, approximatif, à usage « agricole », dont l'année commence avec le début de la montée des eaux, jour qui suit de peu le lever héliaque de Sirius (jour où l'astre redevient visible à l'aube, sur l'horizon où se lève le Soleil). Pour autant, les Égyptiens n'avaient pas de référence absolue en matière de dates.



L'alternance entre jours et nuits est l'unité de base de tous les calendriers. Quand les durées sont supérieures à quelques jours, les lunaisons constituent la deuxième unité fondamentale. Dans la plupart des cas, les calendriers lunaires prennent le Soleil comme référence du cycle annuel et sont appelés luni-solaires : ainsi en Chine, à Babylone, au Tibet, en Inde ou dans les civilisations précolombiennes. Dans ce cas, il existe en fin d'année un certain nombre de jours « morts » qui servent à combler la différence entre les mois lunaires et le cycle solaire annuel.

Il existe pourtant quelques calendriers exclusivement lunaires, comme le calendrier musulman. C'est ce qui explique le glissement des dates ou des périodes importantes de l'année hégirienne, comme le Ramadan, par exemple, ou les principales fêtes religieuses. Les Iraniens, les Afghans ou les Kurdes utilisent eux le calendrier persan, calendrier solaire hérité des Zoroastriens, c'est-à-dire de la Perse antique, plus précis que le calendrier grégorien.

***Voir aussi*** Astronomie égyptienne p. 188, Calendrier Maya p. 234.

*Calendrier égyptien, bas relief du temple de Karnak.*

# Stonehenge

Au sud de l'actuelle Angleterre, depuis le centre d'un autel néolithique circulaire formé de menhirs hauts de cinq mètres, des officiants observent la position du Soleil lors du solstice, en regardant vers une pierre située à l'extérieur du cercle.

C'est 2 400 ans avant notre ère que commence la mise en place des éléments les plus remarquables de ce site unique, avec l'érection des grandes pierres, dont dix-sept subsistent encore quatre millénaires plus tard. Elles forment un cercle presque parfait de trente-trois mètres de diamètre (l'erreur maximum de diamètre est de sept centimètres !). Des trilithes et leurs linteaux de pierre sont ajoutés par la suite, ainsi que d'autres figures plus complexes... Certaines pierres, qui pèsent pourtant jusqu'à quarante-cinq tonnes, sont extraites d'une carrière située à une trentaine de kilomètres. La construction du site a connu deux étapes antérieures : la plus ancienne, qui date de - 2900 environ, est constituée essentiellement de poteaux en bois, à l'instar de la deuxième période, de - 2900 à - 2400, constituée de nouvelles structures en bois également et qui n'ont laissé que des traces ténues.



Stonehenge n'est que l'un des nombreux sites mégalithiques érigés entre 5000 et 1500 avant notre ère, aussi bien en Amérique qu'en Europe ou en Égypte, le plus ancien en Europe étant celui de Ġgantija (tour des géants) dans l'île de Gozo, à Malte (5 000 ans avant notre ère). Même si les Celtes se réapproprient certains de ces sites en Europe de l'Ouest, ce sont des civilisations préceltiques qui en sont les architectes. Stonehenge est sans aucun doute l'un des plus spectaculaires, au moins par l'importance des éléments qui subsistent.

Au-delà des hypothèses fantaisistes convoquant Merlin et les Druides ou transformant le site en une sorte de « calculateur » des mouvements célestes, il reste acquis que Stonehenge est un lieu mettant en œuvre des connaissances astronomiques certaines liées à des rites funéraires et calendaires.

***Voir aussi*** Calendriers p. 182

*Stonehenge, aquarelle de 1835 par John Constable (British Museum).*

# Disque de Phaistos

Dans un quartier d'habitation proche du palais de Phaistos, au sud de l'île de Crête, un disque d'argile cuite couvert sur ses deux faces de 241 hiéroglyphes sert un usage mystérieux. Ce disque, découvert en 1908, pourrait correspondre à un document astronomique archaïque.

Le 3 juillet 1908, dans la plaine crétoise de la Messara, une équipe de scientifiques italiens dirigée par l'archéologue Luigi Pernier exhume au milieu des ruines plusieurs fois millénaires du palais de Phaistos un disque d'argile d'environ seize centimètres de diamètre, ses deux faces couvertes de 241 pictogrammes. On y distingue des figures telles qu'une tête chauve, une coquille Saint-Jacques, une mâchoire d'âne, un bouclier, une colombe et son rameau d'olivier, un chrysanthème (ou une marguerite), un pressoir (ou une ruche), en tout 45 signes différents, certains répétés plusieurs fois.



Cette découverte suscite rapidement l'intérêt de la communauté scientifique, mais aussi du grand public, certains réclamant déjà le nouveau Jean-François Champollion qui pourrait décrypter un texte ou un message dont la réalité est considérée d'emblée comme avérée… Près d'un siècle après sa découverte, le Disque de Phaistos résiste toujours à l'élucidation quant à son origine et sa fonction, malgré les nombreuses théories envisagées à leurs sujets… Il n'est même pas certain qu'il s'agisse d'un texte, même si plusieurs déchiffrements ont été proposés.

Le disque pourrait dater du II$^{e}$ millénaire avant notre ère, peut-être du XVII$^{e}$ siècle. À ce jour, aucun autre objet similaire n'a été retrouvé, si bien qu'il est impossible de départager les différentes hypothèses. L'authenticité du disque est peu contestée mais quelques voix se sont tout de même élevées pour affirmer qu'il s'agit d'un faux archéologique.

***Voir aussi*** Calendrier p. 182,
Machine d'Anticythère p. 222.

*Le Disque de Phaistos tel qu'on peut le voir au Musée d'Héraklion, en Crête.*

# Astronomie égyptienne

Sur un papyrus funéraire, le corps de la déesse Nout, déployé au-dessus du monde, bras et jambes écartés, forme la voûte céleste. Les Égyptiens de l'Antiquité disposent d'une mythologie très riche et souvent associée aux phénomènes célestes.

À partir de 2350 avant notre ère, les Égyptiens divisent le jour et la nuit en vingt-quatre heures. Le jour et la nuit comptent chacun douze heures de durées inégales en fonction de la période de l'année. Pour mesurer l'écoulement du temps, les Égyptiens utilisent des clepsydres (horloges à eau) pendant la journée et, durant la nuit, un ensemble de trente-six étoiles nommées décans. Si nous connaissons certains de ces décans comme Sothis (Sirius), les Pléiades ou Orion, pour d'autres, nous ne connaissons que le nom, comme la brebis ou les deux tortues. Il est à noter par ailleurs que l'astronomie des Égyptiens à cette époque est utilitaire et qu'ils ne connaissent ni le zodiaque, ni l'astrologie, ce qui n'empêche pas certains événements, comme les rites funéraires, de suivre scrupuleusement les rythmes célestes.



Le système de repérage grâce aux étoiles a pour inconvénient majeur le mouvement apparent du jour sidéral (par rapport aux étoiles), plus rapide de quatre minutes que le jour solaire. Il est donc nécessaire de changer de repère tous les dix jours.

Chaque matin, Nout, la déesse de ciel, met au monde Ra, le Dieu Soleil, qui monte dans sa barque pour son voyage diurne et vieillit au fur à mesure que la journée avance. Nouveau-né, il est scarabée ; il passe au faîte de sa puissance à midi et devient premier créateur du monde alors qu'il n'est plus qu'un vieillard, au crépuscule. Pendant les douze heures de la nuit, Ra parcourt le monde de l'au-delà. Commence alors un autre voyage parmi les divinités maléfiques et les obstacles en tous genres dans le monde terrifiant de la nuit et de la vie après la mort.

***Voir aussi*** Calendriers p. 182

Vue d'une *partie du papyrus Greenfield (1025 avant notre ère) où l'on voit le corps de Nout, la déesse du ciel, soutenu par Shou, le dieu de l'air avec au sol le dieu de la Terre, Geb.*

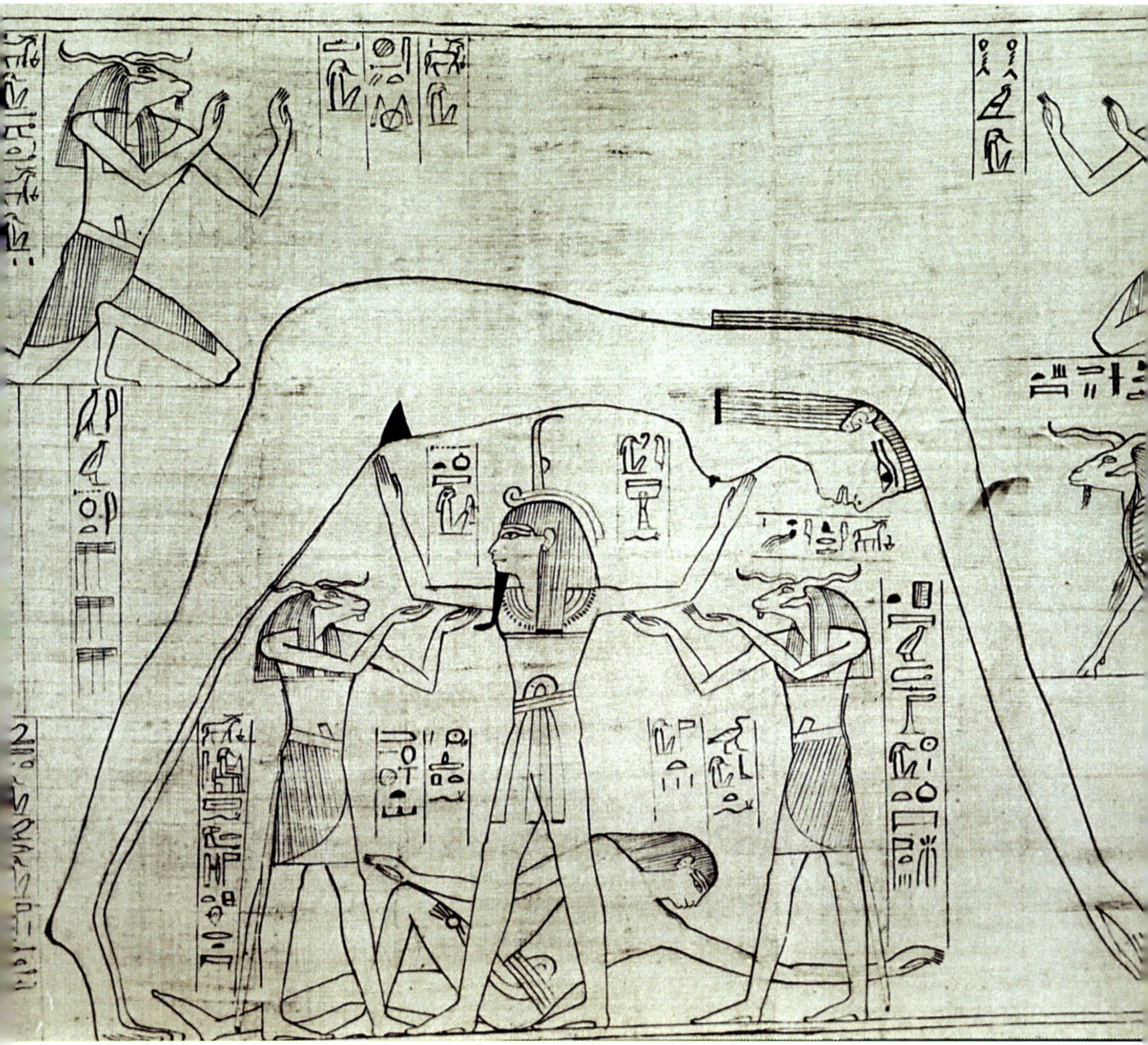

# Archivage des observations

Sous le règne de Nabonassar, fondateur de l'empire néo-Babylonien, l'amélioration des observations astronomiques conduit à l'archivage systématique des phénomènes célestes jugés importants pour les présages.

En ce huitième siècle avant notre ère, l'astronomie babylonienne qui compte déjà plus de deux millénaires d'histoire connaît son apogée. On ne peut qu'être admiratif devant la précision de certains calculs, comme la durée moyenne entre deux phases de la Lune, la valeur de la révolution synodique des planètes (temps que met une planète pour revenir à une même position par rapport au Soleil), la périodicité des éclipses solaires totales (le cycle du Saros), l'identification des constellations ou la précision du calendrier.



La plus ancienne tablette connue en rapport avec l'astronomie est contemporaine d'Ammisaduqa, petit-fils d'Hammurabi, qui régna près d'un millénaire plus tôt. C'est un ensemble de présages en relation avec les périodes de visibilité de Venus. La mention des constellations qui y figurent prouve l'existence d'un zodiaque dès cette époque. Les autres tablettes à avoir traversé les âges sont plus récentes, et correspondent à l'avènement de Nabonassar et aux débuts de l'observation méthodique du ciel.

C'est grâce à Nabonassar, qui fonde le nouvel empire babylonien en – 747 que l'archivage des observations astronomiques connaît un développement incomparable et permet aux premiers astronomes de découvrir de nouvelles périodicités, comme les solstices, les équinoxes, les levers héliaques de Sirius, les cycles lunaires et solaires, les conjonctions célestes, ou encore les passages de comètes, nommées « oiseaux de mort » en raison du « mauvais présage » qui leur est associé. Claude Ptolémée fait démarrer son calendrier de cette époque, qu'il considère comme l'origine des données fiables en astronomie.

***Voir aussi*** Calendriers p. 182,
Théorie des éclipses p. 216

*La Tour de Babel, observatoire astronomique ? (Peinture de Pieter Brueghel, dit l'Ancien, 1563, Kunsthistorisches Museum, Vienne)*

# Bâton de Jacob

Utilisé dès l'Antiquité par les astronomes, le bâton de Jacob est aussi l'un des instruments favoris des navigateurs. Nommé également arbalestrille ou arbalète, il permet de mesurer l'angle entre l'horizon et un astre du ciel.

L'arbalète, ou arbalestrille, ou encore « bâton de Jacob », est un instrument de mesure permettant d'évaluer dans le ciel l'angle entre l'horizon et un astre donné. Il est constitué de quatre marteaux perpendiculaires, ou encore de deux pièces de bois, l'une coulissant par son milieu sur l'autre. Il peut comporter plusieurs éléments transversaux de différentes tailles en fonction des latitudes où on l'emploie.



Instrument rigide, qu'on manipule d'une seule main, le bâton de Jacob, sert d'abord aux astronomes pour mesurer les distances angulaires des étoiles. Par la suite, les navigateurs l'utilisent aussi pour mesurer leur position en mer. Seule la latitude peut être estimée ; mesurer la longitude nécessite en effet une horloge de précision qui n'existe pas encore… Il est plus précis que le kamal des navigateurs arabes, constitué d'une ficelle dont la disposition des nœuds permet d'estimer la latitude de points de repère connus, avec une précision, toute relative, de trois cents kilomètres ! Le bâton de Jacob permet à Vasco de Gama de mesurer la latitude à une trentaine de kilomètres. Il est ensuite détrôné par l'octant, le sextant et le quartier de Davis.

Ce n'est qu'au XIVe siècle que Levy ben Gershom en donne une description détaillée. Ce mathématicien, astronome, philosophe et médecin, connu aussi sous le nom de Gersonide, est considéré comme le plus grand philosophe juif après Maïmonide. Il est l'auteur du *Milhamot Hachem* (Les Guerres du Seigneur), un ouvrage qui comprend un traité d'astronomie où est fourni le mode de construction et d'utilisation d'un instrument appelé *Baculus Jacob* permettant de mesurer la distance angulaire entre deux étoiles.

***Voir aussi*** Astrolabe p. 220,
Invention du sextant p. 288.

*Bâton de Jacob retrouvé dans l'épave de* La Dauphine, *navire corsaire abîmé à l'entrée du port de Saint-Malo sur le rocher de la Natière, en 1704, et photographié par Teddy Seguin.*

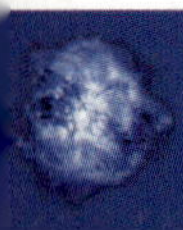

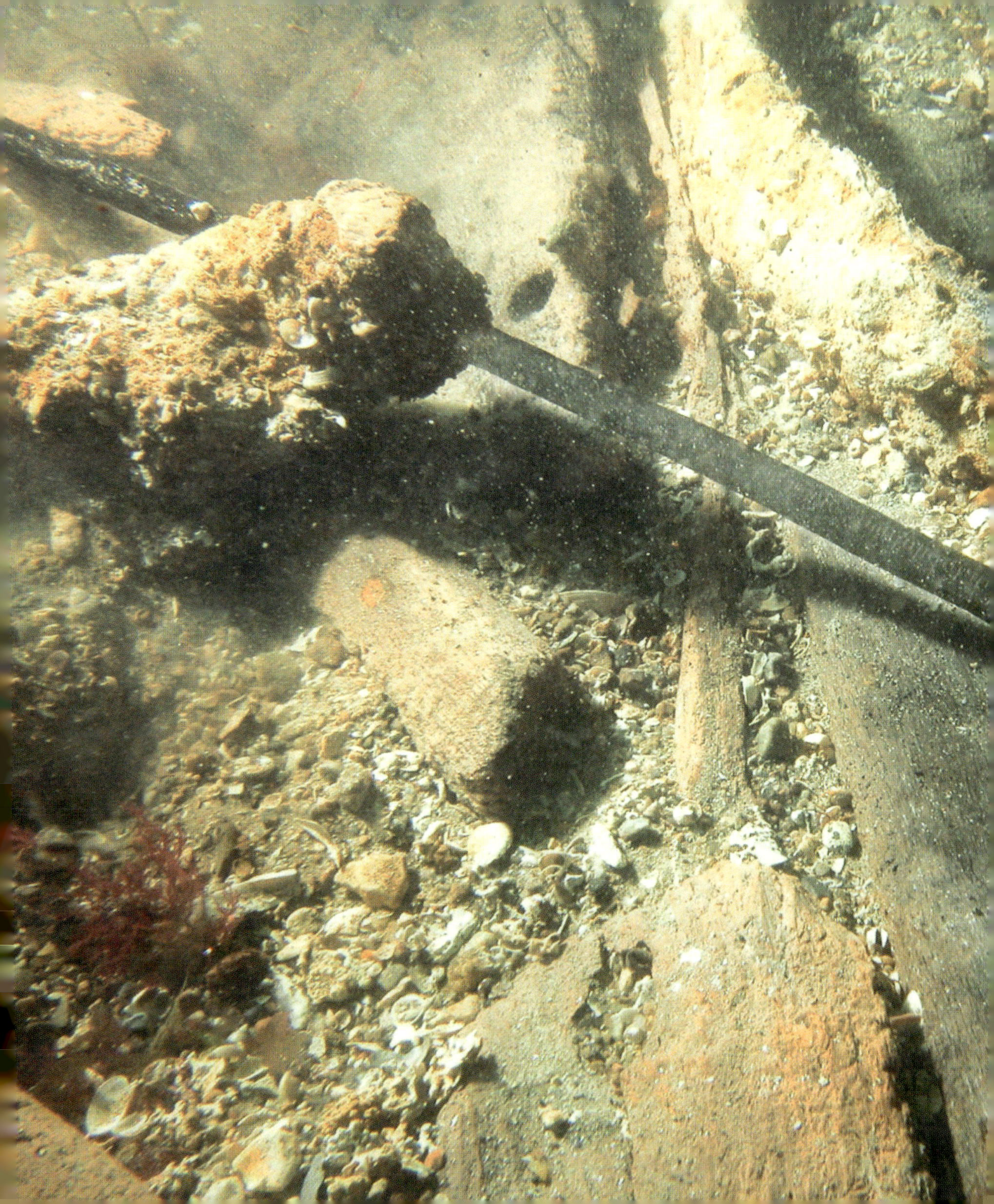

# Théorème de Thalès

Selon la légende, en appliquant le théorème qui porte son nom, Thalès de Milet mesure la hauteur de la Grande Pyramide. On lui doit aussi le terme de philosophie naturelle pour désigner la physique ainsi que celui de *planêtês* (astres errants).

À partir du VIIe siècle avant notre ère, dans le sillage des Égyptiens et des Mésopotamiens, la civilisation grecque développe une solide connaissance des mouvements célestes, posant par ailleurs les premiers fondements de la science occidentale. Le mot planète (entré dans la langue française au XIIe siècle) vient d'ailleurs du grec πλανήτης (*planêtês*). « Πλανήτης αστήρης » (*planêtês astêrês*) signifie astre errant, par opposition aux étoiles qui apparaissent fixes sur la voûte céleste.



Thalès naît vers – 630 à Milet en Asie Mineure. Mathématicien, ingénieur, philosophe, homme politique mais surtout astronome, il est l'un des sept sages de l'Antiquité. Il prédit avec une bonne précision l'éclipse du Soleil du 28 mai de l'an – 585. Lors de son premier voyage en Égypte, Thalès applique le théorème qui porte aujourd'hui son nom pour mesurer la hauteur de la grande pyramide de Khéops. « Le rapport que j'entretiens avec mon ombre est le même que celui que la pyramide entretient avec la sienne et à l'instant où mon ombre sera égale à ma taille, l'ombre de la pyramide sera égale à sa hauteur ». Il faut cependant dire que ce fameux théorème est déjà connu des Babyloniens, même s'ils ne l'ont pas démontré.

On dit aussi que Thalès réussit à s'enrichir grâce aux observations astronomiques. Ayant prévu une très bonne récolte d'olives, il loue à bas prix un grand nombre de pressoirs à huile… qu'il sous-loue après la récolte, empochant au passage de substantiels bénéfices. Thalès vient de prouver que la science peut aussi être source de richesse…

***Voir aussi*** Distance de la Lune et du Soleil p. 212, Mesure de la Terre p. 214.

*La pyramide de Khéops, dont Thalès mesure la hauteur en appliquant le théorème qui porte son nom.*

# Modèle du monde

Disciple de Thalès, Anaximandre de Milet a conçu un modèle mécanique du monde où il place la Terre, cylindrique, au centre de l'Univers. Il introduit en Grèce le cadran solaire, déjà utilisé à Babylone, pour déterminer les équinoxes.

Anaximandre est remarquable par ses innovations. Il serait même le premier à avoir exposé ses travaux par écrit, dont seuls quelques fragments subsistent. Il est en tout cas le premier à concevoir un modèle mécanique du monde : pour Anaximandre, la terre est un cylindre suspendu dans l'espace. L'une des sections planes du cylindre correspond à la surface habitée par les hommes. La terre est ceinturée par des anneaux remplis de feu et percés de trous qui laissent passer la lumière : ce sont les étoiles, les planètes, le Soleil. Dans ce système, une éclipse n'est que le résultat de l'obturation temporaire d'un trou.



Anaximandre place l'apeiron (απειρον, infini ou illimité) comme origine de tout, éternel et indestructible. Il explique ainsi la formation des quatre éléments (l'air, la terre, l'eau et le feu) et, sous leurs interactions, comment se forment la Terre et les êtres qui l'habitent. Anaximandre dit aussi que le principe des êtres émane de cet apeiron, qui engendre encore les cieux et les mondes. On lui attribue également la paternité de la première carte du monde connu. Hécatée, le célèbre géographe, se serait même inspiré de lui pour ses premiers travaux. Il est toutefois probable que des cartes locales existent déjà en Égypte, au Moyen-Orient ou à Babylone à la même époque, dotées d'indications sommaires de routes, de villes ou de frontières. Anaximandre est le premier à avoir tenté de tracer une figure de l'ensemble du monde habité tel que connu par les Grecs de l'Antiquité.

De la même façon, il introduit en Grèce le cadran solaire, déjà en usage à Babylone. Armé de cet instrument et de ses connaissances en géométrie, il est le premier Grec à déterminer les équinoxes par calcul.

***Voir aussi*** Précession des équinoxes p. 218.

*Grand cadran solaire sur la façade du tribunal, place d'Armes à Briançon. Au bas de ce cadran solaire de 1823, une devise en latin évoque les fonctions et les activités de la place (guerre, justice et commerce) :* Haec cum sole fugax themidis martisque labores et venale forum dirigit umbra simul *(cette ombre qui suit le Soleil, dirige aussi bien les travaux de Thémis et ceux de Mars, que les tractations vénales du forum).*

VITA FUGIT
8
9
6
5
4
SICUT UMBRA
10 · 11 · 12 · 1 · 2 · 3
A SOLIS ORTU USQUE AD OCCASUM...
Hæc cum sole fugax, THEMIDIS, MARTISQUE labores,
Et venale forum, Dirigit umbra simul.

# Harmonie des sphères

**Pythagore, qui a parcouru le monde antique de l'Asie mineure à la Grande Grèce, se rend à Crotone où il enseigne mathématiques, astronomie et musique. C'est le début d'une liaison bimillénaire entre musique et astronomie.**

Pythagore est surtout connu par le fameux théorème qui porte son nom mais, outre la géométrie, ses travaux portent sur la philosophie, les mathématiques, la musique et l'astronomie : il est le premier à affirmer que la Terre est ronde et à appeler le ciel « cosmos »... Il identifie également Vénus comme étant à la fois l'étoile du soir et l'étoile du matin.

Né vers - 570 sur l'île de Samos, Pythagore participe victorieusement aux Jeux Olympiques en pugilat. Il aurait suivi ensuite une série d'initiations mystiques en Phénicie, en Égypte, à Babylone, en Crète puis en Thrace et à Delphes, avant de fonder sa propre école à Crotone, en Grande Grèce. Il y étudie les mathématiques, la musique et la philosophie et enseigne l'éternité, la réincarnation et le principe de résurrection. Entre secte et ordre religieux, son école est une communauté dont les biens et les connaissances sont propriété commune. Mais les pythagoriciens soutiennent le régime tyrannique de Crotone, ce qui entraîne leur anéantissement lors d'une émeute populaire.



Pythagore découvre par ailleurs les lois de l'harmonique : il existe une relation entre la longueur d'une corde vibrante et la hauteur du son qu'elle émet. Les pythagoriciens étendent cette relation aux objets célestes. Le monde est donc mathématique ! Comme l'affirmait Théon de Smyrne : « Les pythagoriciens affirment que la musique est une combinaison harmonique des contraires, une unification des multiples et un accord des opposés ». Pythagore a une influence durable sur son époque et au-delà, bien qu'il n'existe aucune trace d'ouvrages de sa main et qu'il ne soit connu que par ses disciples...

***Voir aussi*** Théorème de Thalès p. 194.

*Pythagore annotant ses impressions, détail de* L'École d'Athènes, *fresque réalisée par Raphaël entre 1509 et 1512 pour les appartements du Pape Jules II, exposée dans la Chambre de la Signature (les* Stanze*), musée du Vatican.*

# Cosmologie bouddhiste

C'est à la mort du Bouddha que débute la transmission de ses paroles. Celles-ci proposent une description de l'Univers différente de la cosmologie indienne et présente des correspondances avec certains modèles scientifiques contemporains.

Les concepts bouddhiques de l'interdépendance, de la vacuité et de l'impermanence s'approchent étonnamment de certains concepts issus des développements de la mécanique quantique, échafaudés quelque 2 500 ans plus tard.

La notion bouddhique d'interdépendance a pour corollaire celle de « vacuité », ou absence d'existence propre. Parce que tout est interdépendant, rien n'existe en soi ni n'est sa propre cause. Il ne peut pas exister de réalité solide autonome. La mécanique quantique tient un discours proche : pour Niels Bohr et Werner Heisenberg, nous ne pouvons plus parler de particules en termes d'entités réelles possédant des propriétés bien définies, telles que la vitesse ou la position. Nous devons les considérer comme l'expression d'un univers de potentialités et non plus de choses et de faits bien circonscrits. La nature même de la matière et de la lumière devient un ensemble de relations interdépendantes qui se modifient par l'interaction entre l'observateur et l'objet observé. En fonction de l'instrument de mesure, la lumière et la matière apparaissent soit comme onde soit comme particule. Ces deux aspects sont complémentaires et indissociables l'un de l'autre, ce que Bohr a appelé le principe de complémentarité.



La notion bouddhique d'interdépendance se rapproche encore du concept quantique de non-séparabilité, illustré par l'expérience de pensée proposée en 1935 par Einstein, Podolsky et Rosen (le paradoxe EPR). Deux particules ayant interagi restent corrélées quelle que soit la distance qui les sépare car elles sont parties d'une réalité globale...

***Voir aussi*** Observatoire astrologique p. 286, Fin du Kali Yuga p. 384.

*Le mandala est un espace de recherche et d'expression personnelles, c'est un symbole puissant de l'harmonie et de l'équilibre qui régit la nature, que ce soit les organismes vivants, les particules, les cellules, le système solaire, le ciel et ses objets.*

# Atomisme

Précurseur de Démocrite et d'Aristote, par son affirmation d'une intelligence ou d'un esprit éternel qui ordonne le Cosmos, Anaxagore enseigne à Athènes que toute la matière se trouve sous forme de particules infiniment petites.

Anaxagore de Clazomènes, du nom de la ville où il est né 500 ans avant notre ère, arrive à Athènes en - 478 où il devient le maître du jeune Périclès et d'Euripide. Il y fréquente également Socrate un peu plus tard. C'est un homme étrange, qui n'exprime jamais le moindre sentiment, ni joie ni douleur, même dans des circonstances extrêmes. Il prétend être né pour regarder le Soleil ou la Lune, pour contempler le ciel ou les étoiles et pour rien d'autre. Il pense que le Soleil est une masse incandescente et non une divinité, et que la Lune, astre tellurique, ne fait que refléter la lumière de notre étoile. Anaxagore est également convaincu que des êtres vivent sur la Lune et il décrit même avec précision leur habitat. En 454, il est condamné à mort pour l'impiété de ses théories et n'est sauvé que de justesse par Périclès, devenu procurateur.

Surtout, Anaxagore affirme le concept du νους (noûs), énergie ou intelligence organisant le monde, la matière et l'être, et constituée de substances sans début ni fin, mais se composant par combinaisons et séparations. Tous les corps, quels qu'ils soient, sont donc composés des mêmes éléments : ce sont des assemblages de particules élémentaires.

Précurseur des atomistes, il affirme qu'être et matière sont constitués de particules infinitésimales et ne se produisent ni ne se créent, mais se transforment. Il s'oppose donc aux concepts du non-être. Il est à l'origine de la formule : « Rien ne naît ni ne périt, mais des choses déjà existantes se combinent, puis se séparent de nouveau », annonçant la célèbre phrase de Lavoisier au XVIII$^{e}$ siècle : « Rien ne se perd, rien ne se crée, tout se transforme. »

***Voir aussi*** Académie p. 206.



*Page des* Liber Chronicorum *(les fameuses* Chroniques de Nuremberg*), publiées en 1493 sous la direction de Hartmann Schedel. Les gravures sont dues à Michael Wohlgemuth, le maître d'Albert Dürer (qui, selon certains, aurait participé également). On voit sur cette page représentés les philosophes présocratiques, dont Anaxagore (le troisième en partant du haut)*

Themistocles

Themistocles atheniēsis phus: ⁊ naualis belli clarissimus ac sapientissimus dux his tpibus: tam sciētia quā rei militaris gloria inclitꝰ et clarꝰ habitꝰ est. Cuiꝰ consilio parta est victoria in maritimo prelio: supato xerse ab atheniēsibꝰ: Cū adhuc puerulꝰ esset: natura prudens: eximia semp cogitabat. Cū a disciplinis ꝑcipiendis animū laxare licebat: nō ludis aut inercie sed cōponendis oratiōibꝰ sese dedit. Glorieqꝫ cupiditate incensus cupiens sibi vrbis principatum vendicare. Cum eum quidam consuleret de filia: an eam daret pauperi sed ornato: aut locupleti probato vxorem. Malo inquit virum pecunia: q̄ pecuniam viro indigentem.

Aristides

Aristidem phum atheniensem virum vtiqꝫ disertissimum per hec tpa floruisse Cicero in tercio de officijs tradit. Erat autem tum omnis virtutis tum iusticie in his que ad cōem referunt vtilitatem: ex quibus iusti nomē assecutus est: huic plato tantū tribuit vt p̄ ceteris clarissimis qui athenis claruerunt eū solum laude dignum censuerit. ferunt hunc ita inopem mortuum fuisse: vt suo sūptu efferri ad tumulum nequiuerit.

Anaxagoras

Anaxagoras phus etiam hac etate in Clazomeno asie oppido inclitus fuit. Qui cum diues admodum esset studēdi desiderio ductus: patrimoniū omne suis concessit: ⁊ in longinquas partes secessit. Post multa vero tempa reuersus cum suas possessiones desertas vidisset ait. Non essem ego saluꝰ nisi iste periissent. Cuidā dicēti. Nōne tibi patrie cura vlla est: respondit. mihi patrie cura est: et summa quidē atqꝫ ita dicens: digitū celum versus extendit. Interrogatꝰ ad q̄d factus fuisset. Ad contēplandum inquit solem ⁊ lunam ⁊ celū. Hic audita morte filij illi qui nūciauerat ait: nihil noui nūcias. Ego em̄ ex me natuꝫ sciebā esse mortalem. Cunqꝫ annis. 72. vixisset ab atheniēsibus in carcere positus: e poto veneno interijt quia solem lapidem ignitum dicebat: quē illi pro deo colebant.

Empedocles

Empedocles phus Atheniēsis his tempibus laudat: qui adeo canendi pericia edoctus erat. Qꝫ cum hospotē eius iuuenis quidā furibundꝰ inuaderet eo ꝙ patrem eiꝰ accusatione damnasset: ita dulciter canendi modum inflexisse dicitur: vt iuuenis iracundiā temperarit. Huiꝰ autē hec fuit sentētia. Tria sunt (inquit) in tota rerum varietate scꝫ affluentie mobilis contemptꝰ: future felicitatꝭ appetitus: ⁊ mentis illustratio. Quoꝝ primo nihil honestius: scdo nihil efficacius Tercio nihil de amborum adeptione compendiosa efficacius. Descripsitqꝫ deuꝫ Deus est spera cuius centrum est vbiqꝫ ⁊ circūferentia nusq̄ꝫ. Arbitratus deniqꝫ animas immortales se incendijs dedit.

Sapho poetissa

Sapho lesbia ex Mitilena vrbe oriunda altera poetrix. hac etiā temp estate inclita fuit: honestis ⁊ claris parentibus orta: Adeo generose fuit mētis vt etate florens ⁊ forma: non contenta solum litteras iungere plurimas sed ampliori feruore animi ingenijqꝫ suasa viuacitate conscenso studio vigili ꝑ abrupta parnasi vertice celso se felici ausu musis non renuentibus immiscuit: quid multa eo studio deuenit vt vsqꝫ in hodiernum clarissimum suum carmem testimonio veterum lucens sit. modulos lyricos expromere non dubitauit. Et ꝑpterea illi erecta fuit statua enea ⁊ suo dicata nomini. Et ipsa inter poetas celebres numerata. Eiꝰ tamen opera maiorum negligentia amissa sunt.

Zeusis heracleotes et Parrasius pictores

Zeusis heracleotes maximus pictor ⁊ ip̄e etate hac (vt Eusebius habet) inclitus fuit. Qui plinio teste lib. 35. naturalis historie: peniculū ad magnam gloriam perduxit. Opesqꝫ tantas acquisiuit vt instituerit donare opera sua: eo ꝙ nullo precio satis digno ꝑmutari posse diceret. Pinxit autem vt idem Plinius ait. puerum vuas ferentē ad quas aduolarēt aues: processit iratus operi: ⁊ dixit. vuas melius pinxi q̄ꝫ puerꝝ Nam et si hunc consūmassēꝫ aues ipse timuissent. Idem etiam scdm Quintilianum vmbrarum inuentor perhibetur. ¶ Parrasius quoqꝫ hac etate summus pictor cum predicto Zeuside in certamen descēdit. Et cum zeusis detulisset vuas tanto decore pictas vt aues aduolarent. ip̄e lintheum auibus pictum detulisse traditur. Ita veritatem representantis vt zeusis alitum iudicium efflagitaret. Sed tandē remoto lintheo et ostensa pictura atqꝫ errore intellecto palmam ingenuo pudore concesserit parraso: quoniam ip̄e aues fefellisset.

# HÉLIOCENTRISME

Philolaos de Crotone rédige son livre compilant les théories de son maître Pythagore : « Tout est réglé par la nécessité et par l'harmonie, la Terre décrit un cercle. » Il est le père du premier système héliocentrique, où les planètes tournent autour d'un feu central.

Cet unique ouvrage, qui comprend en particulier des traités d'astronomie, est vendu à Platon par un ancien élève de Philolaos après sa mort. Aristote le lira probablement par la suite. Disciple de Pythagore, Philolaos est contraint de fuir à la destruction de l'école de Crotone.

Philolaos est le premier Grec à affirmer que la Terre n'est pas au centre de l'Univers, mais qu'elle tourne en un jour autour d'un « Feu central », différent du Soleil et placé au centre de l'Univers. Cette théorie est l'une des premières à pouvoir expliquer le mouvement apparent des étoiles autour de la planète. Le Soleil, la Lune et les cinq planètes visibles sont supposés tourner aussi autour de ce Feu central. La Terre tournant sur elle-même en vingt-quatre heures, le Feu central lui est donc toujours invisible. Il évalue le mois lunaire à 29 jours et demi, l'année lunaire à 354 jours et l'année solaire à 365 jours et demi.

Un siècle plus tard, Eudoxe, élève de Platon, imagine un système de sphères qui rend compte du mouvement des planètes par des mouvements circulaires uniformes – la théorie dite des « sphères homocentriques ». Le Soleil, la Lune et toutes les planètes connues à cette époque, Mercure, Vénus, Mars, Jupiter et Saturne, tournent autour de la Terre qui, elle, est immobile. D'après lui, les étoiles bougent elles aussi, puisque la Terre est fixe : elles sont attachées sur une sphère tournant d'est en ouest en vingt-quatre heures autour de l'axe des pôles. Eudoxe calcule la durée de rotation de l'année terrienne : 365,25 jours, résultat très proche de la valeur actuelle.

***Voir aussi*** Révolution copernicienne p. 248, Uraniborg p. 250.

*Les huit planètes du système solaire en orbite autour du Soleil.*

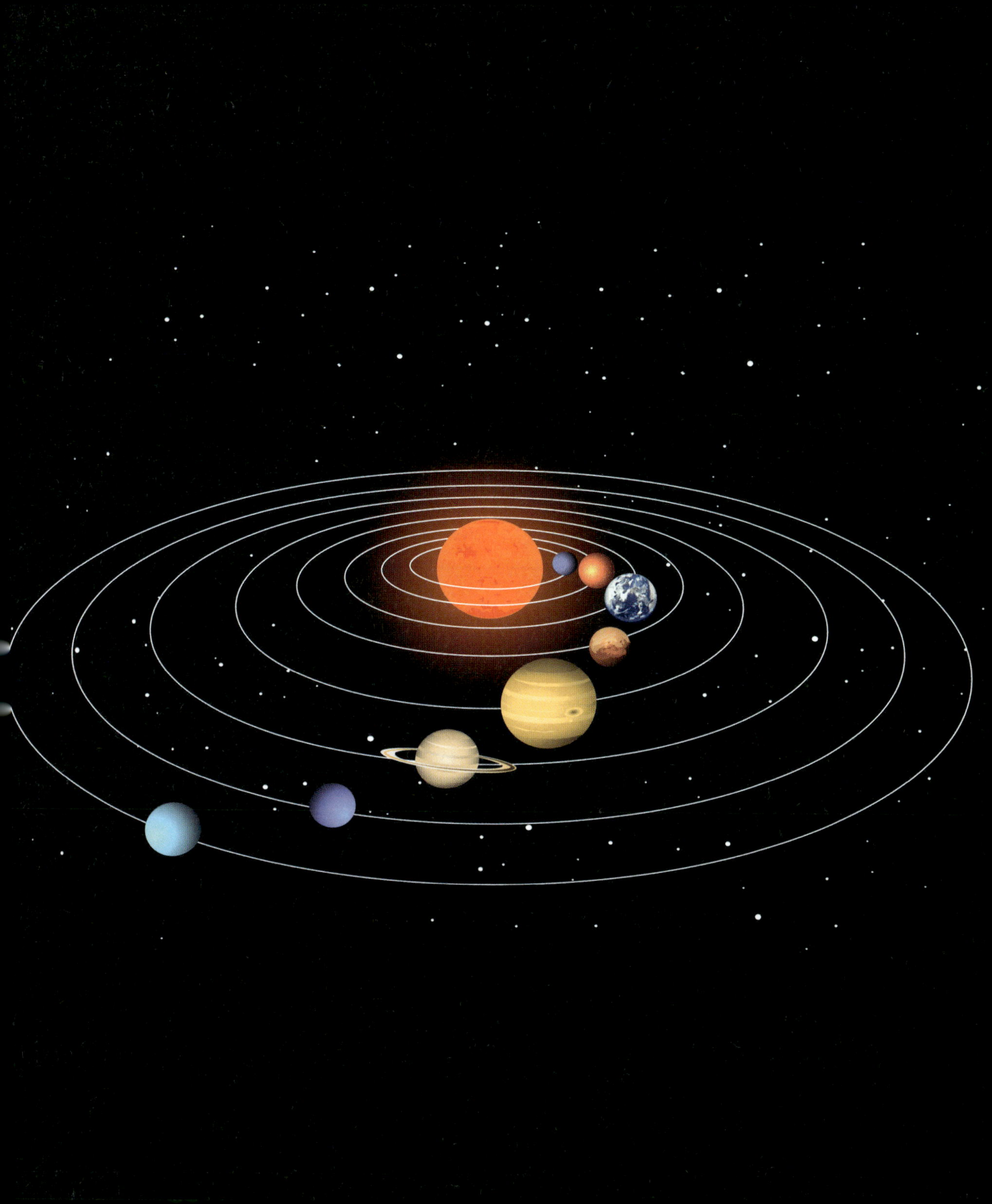

# Académie

**Dans les faubourgs d'Athènes, près des jardins dédiés au héros grec Académos, Platon fonde une école où il enseigne que le monde, créé à l'instigation d'un démiurge, procède d'une idée, une conception à laquelle s'oppose Aristote après lui.**

Après la mort de Socrate, Platon se réfugie à Mégare pour assurer sa sécurité. Il se déplace ensuite en Égypte (à Cyène), en Grande Grèce et en Sicile, voyages au cours desquels il forme son système de pensée. Revenu à Athènes en 387, il fonde une école inspirée du modèle pythagoricien, l'Académie. Ce n'est que tardivement, dans le *Timée*, une de ses dernières œuvres, qu'il décrit l'organisation du cosmos qui découle de son système philosophique.



La fabrication du monde, des dieux et des êtres vivants met en jeu un certain nombre d'acteurs et d'ingrédients, à savoir un démiurge, les « Idées », l'âme du monde, le corps du monde et enfin le « Matériau ». Le démiurge est une divinité à l'extérieur du monde, qui crée l'âme et le corps du monde. Son rôle ne s'arrête pas là, puisque c'est lui qui renseigne le matériau à partir des Idées. Le démiurge est aussi à l'origine du temps qui fixe les mouvements des astres. La régularité de leur cycle permet ainsi la mesure du temps. Le temps simule littéralement l'éternité par son apparente circularité. Éternellement identique à lui-même, le temps est l'expression mobile de l'éternité immobile.

Le monde est ainsi une entité vivante, corps et âme, et le cosmos une organisation rationnelle du monde sensible constitué à partir d'éléments préexistants. C'est un ensemble intelligible et organisé, engendré à partir d'éléments inorganisés. De même, l'âme du monde est une entité vivante, animée au sens étymologique du terme, c'est-à-dire dotée d'une âme propre, cause et origine de son propre mouvement et principe premier de l'Univers en tant qu'œuvre du démiurge.

***Voir aussi*** Atlantide p. 208, Traité du ciel p. 210.

*L'École de Platon, mosaïque romaine de l'époque impériale, Musée National de Naples.*

# ATLANTIDE

Dans deux de ses textes, le *Timée* et le *Critias*, Platon mentionne l'Atlantide, une très grande île qui aurait été engloutie par les flots déchaînés. C'est le point de départ de la littérature sur le continent perdu, que les savants considèrent comme un mythe.

Il n'existe en tout et pour tout que deux courts passages de Platon à l'origine de toute la littérature sur le mythique continent perdu. Dans le *Timée*, Critias, un disciple de Socrate, nous apprend que son grand-père s'est vu confier par Solon une information provenant d'un prêtre égyptien... Selon lui, au-delà des colonnes d'Hercule (le détroit de Gibraltar), il existait une île « atlantide », grande comme un continent, dans laquelle se tenait un grand et merveilleux empire qui disparut à l'occasion d'un séisme marin, après une guerre contre Athènes. Dans ce livre, les passages concernant l'Atlantide ne sont qu'une digression au milieu du discours de Platon qui nous expose, par la bouche de Timée, son système cosmologique.



Curieusement, dans le même ouvrage, un Égyptien reproche aux Grecs de n'être qu'une civilisation sans passé, autant dire rien, au regard de l'ancienneté et de la légitimité de la civilisation égyptienne plusieurs fois millénaire...

Platon revient un peu tard sur l'Atlantide, dans un autre ouvrage, le *Critias*. On y trouve des détails et des précisions sur cette Atlantide, ses origines, sa géographie, ses habitants, leurs mœurs et leurs connaissances, leurs ressources, comme le mystérieux métal ou alliage métallique, « l'orichalque ». La plupart des scientifiques s'accordent plus tard pour penser que Platon a totalement façonné le mythe de l'Atlantide, à partir de légendes ou de mythes préexistants, dans un but didactique, afin d'illustrer une démonstration qui reste essentiellement centrée sur l'histoire et le devenir athéniens.

***Voir aussi*** Académie p. 206.

*Carte conjecturale de l'Atlantide d'après le Colonel Bory de Saint Vincent, dans ses* Essais sur les Îles Fortunées.

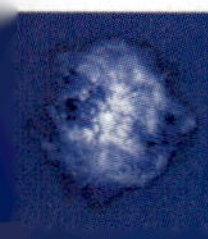

CARTE
CONJECTUR
DE
L'ATLAN
d'après le Colonel Bory
dans ses Essais sur les
Açores
le Pic
S. Michel
S. Georges
Vigie
HESPÉRIDE
ou
PAYS DES ATLANTES
ATLANTIDE
Madère
Porto Santo
Purpuraria I.
Iles
Jardins des Hespéries
Iles Fortunées
Salvages
Piton
Lancerote
Ténériffe
Gomère
Cernal
Fer
Mont Atlas
Canarie
Canaries
Fortaventure
PAYS DES AMAZONES
TRITONYDE
LAC
Cap Hespéru-ceras
Cap Bojador
Cap Blanc
Cap Cantin
C. de Geer
C. Non
Capricorne
BÉTIQUE
LUSITA
Gadeira
Détroit de Gades
MER
Colonnes
MAURITAN
MONT
MONT ATL
Iles du
PAYS DES
GORGONES
Cap Verd
Gorgades
S. Vincent
S. Nicolas
Sel I.
Bonavista
S. Yago
Fuego
Roches de Bonetta
Sénégal R.
Cap Verd
Gambie R.
ÉTHIOPIE
OCÉAN

# Traité du ciel

Aristote, élève de Platon qui fonde à Athènes sa propre école philosophique, le Lycée, pose les fondements d'une conception du monde qui fait autorité jusqu'au Moyen Âge, à l'instar de sa théorie sur les astres dans son *Traité du ciel*.

Aristote est le premier Grec à écrire un véritable traité de cosmologie, l'autorité en la matière dans l'aire culturelle occidentale pendant deux millénaires, jusqu'à Copernic. Il reprend, en les faisant évoluer, les idées de Pythagore, Platon et Eudoxe. Aristote est par ailleurs le premier Grec à avoir donné des preuves en faveur de la sphéricité de la Terre : la disparition derrière l'horizon d'un bateau qui s'éloigne sur la mer et la forme de l'ombre de la Terre sur la Lune lors d'une éclipse de notre satellite.



Aristote distingue le monde imparfait du changement, monde « sublunaire » (sous la Lune), dans lequel les mouvements sont rectilignes et dirigés du centre vers le haut ou vers le bas. Au-delà de la Lune s'étend un autre monde, immuable, que remplit une substance nommée éther et dans lequel les mouvements sont circulaires et uniformes. La Terre, immobile, est au centre de cet univers sphérique qui comprend également la Lune, le Soleil, les astres errants et les étoiles fixes. Dans le système d'Aristote, à chaque astre errant correspond une surface sphérique, centrée sur la Terre et en rotation autour d'elle-même. Il considère que les comètes et les météorites sont des perturbations liées à la Terre et à ce titre dépendantes du monde imparfait.

Pour lui, l'Univers est comparable à un organisme vivant, fini dans l'espace et infini dans le temps, unique et sphérique à l'image du ciel. Les quatre éléments, qui communiquent entre eux par leurs propriétés (le froid pour la terre et l'eau, l'humide pour l'eau et l'air, le chaud pour l'air et le feu, le sec pour le feu et la terre) expliquent les changements du monde sublunaire, tandis que l'éther immuable entraîne l'immuabilité du ciel.

***Voir aussi*** Modèle du monde p. 196, Harmonie des sphères p. 198, Héliocentrisme p. 204, Révolution copernicienne p. 248.

*Platon et Aristote, détail de* L'École d'Athènes, *fresque réalisée par Raphaël entre 1509 et 1512 pour les appartements du Pape Jules II exposée dans la Chambre de la Signature (les* Stanze*), musée du Vatican.*

TIMEO

# Distances de la Lune et du Soleil

Dans son Traité sur les grandeurs et les distances du Soleil et de la Lune, Aristarque de Samos, qui a l'intuition du mouvement de la Terre sur elle-même et autour du Soleil, évalue pour la première fois les distances du Soleil et de la Lune à la Terre.

Astronome de l'école d'Alexandrie, Aristarque est l'auteur de la première évaluation des distances au Soleil et à la Lune, qu'il décrit dans son traité. Si les mesures d'Aristarque sont remarquables d'ingéniosité, elles restent pourtant très approximatives…



Il commence par déduire de ses observations que le diamètre de la Terre est trois fois plus grand que celui de la Lune. Partant d'une mesure de l'angle sous lequel nous voyons la Lune (2°), il infère la distance Terre-Lune en nombre de « diamètres Lune », soit 28,5. (L'angle sous lequel nous voyons la Lune étant en réalité de 0,5° seulement, la Lune est beaucoup plus loin que ne le pense Aristarque.) Pour la distance Terre-Soleil, Aristarque l'estime environ 19 fois plus grande que la distance Terre-Lune. Hélas pour lui, son résultat est encore entaché d'une erreur, due à l'imprécision de sa mesure de l'angle Soleil-Terre-Lune. La distance Terre-Soleil est en réalité vingt fois plus grande que son résultat.

Bien que faux, ces calculs permettent à Aristarque de construire le premier système héliocentrique. Selon lui, les planètes plus petites doivent tourner autour des planètes plus grosses. Il place donc le Soleil au centre du monde et imagine les deux mouvements combinés de la Terre tournant sur elle-même et autour du Soleil. Dans cette hypothèse, depuis la Terre il semble logique qu'on voie les étoiles selon un angle différent en fonction du moment de l'année. Aristarque conclut que cette différence d'angle (la parallaxe) existe bel et bien, mais est inobservable en raison de la trop grande distance qui nous sépare de ces étoiles. Cette fois, il a entièrement raison !

***Voir aussi*** Théorème de Thalès p. 194, Héliocentrisme p. 204, Mesure de la Terre p. 214.

*Le système solaire, une des planches de l'*Atlas coelestis seu harmonia macrocosmica *(Atlas du ciel ou l'harmonie de l'Univers) d'Andreas Cellarius, publié en 1660.*

PLANISPHÆRIVM
Sive
VNIVERSI TO:
EX HYPO:
COPERNI
PLANO
COPERNICANVM
Systema
TIVS CREATI
THESI
CANA IN
EXHIBITVM.

# Mesure de la Terre

Responsable de la bibliothèque d'Alexandrie, Ératosthène est le premier à mesurer avec précision la circonférence de la Terre. Il établit aussi des tables d'éclipses. On lui doit enfin le terme de « géographie ».

Astronome, mathématicien, historien, géographe, géomètre, c'est fort de ces multiples qualifications qu'Ératosthène devient responsable de la bibliothèque d'Alexandrie vers – 240, à la demande du Pharaon Ptolémée III. À la fin de sa vie, devenu aveugle et ne pouvant plus voir les étoiles, il se laisse mourir de faim, selon la légende.

Ses apports en astronomie sont nombreux : des tables d'éclipses, un catalogue astronomique de 675 étoiles, l'inclinaison de l'écliptique sur l'équateur et la démonstration de sa valeur à un peu plus de 23°, la sphère armillaire (modélisation de la sphère céleste faite de cercles métalliques gradués) et la construction du premier observatoire astronomique. Son œuvre majeure reste l'étude de la circonférence de la Terre qu'il calcule par des moyens purement géométriques. Son résultat, 39 375 km, est impressionnant de précision...



Ératosthène trace également une carte de la partie habitée du monde connu à son époque : l'Écoumène. Pour lui comme pour Aristote au siècle précédent, il s'agit d'une île au milieu d'un océan unique, sur une Terre sphérique. La cartographie de l'Écoumène par Ptolémée dans son ouvrage *Géographie*, plus de trois siècles plus tard, est directement inspirée par Ératosthène. Le tracé de cette carte plane du monde, lointain ancêtre de notre géographie, s'établit selon deux axes orthogonaux : la description métrique (la latitude) et la description périégétique (la longitude). La description métrique, relativement précise, consiste à tracer le méridien de Méroé à Thulé, sur une distance de 30 000 stades (4 700 km). La description périégétique reste beaucoup plus aléatoire, reposant surtout sur des témoignages de voyageurs. L'Écoumène représente seulement un quart de la surface du globe.

***Voir aussi*** Théorème de Thalès p. 194, Distance de la Lune au Soleil p. 212.

*Le globe terrestre dont Ératosthène mesure la circonférence avec une remarquable précision.*

# THÉORIE DES ÉCLIPSES

En utilisant les observations accumulées par les astronomes chaldéens, Hipparque de Nicée développe des modèles quantitatifs du mouvement de la Lune et du Soleil ; de présage, les éclipses passent au rang de phénomène scientifique.

Né vers 190 avant notre ère à Nicée, en Bithynie (au nord-ouest de la Turquie actuelle), Hipparque meurt soixante-dix ans plus tard sur l'île de Rhodes. C'est l'un des astronomes les plus importants de l'Antiquité. Il est le premier Grec à proposer des modèles précis des mouvements de la Lune et du Soleil, grâce à l'utilisation des observations enregistrées pendant les siècles précédents par les astronomes chaldéens de Babylone. Hipparque utilise aussi un autre héritage babylonien lorsqu'il fonde sa trigonométrie sur le partage du cercle en trois cent soixante parties. Il est l'auteur de la première table trigonométrique qui lui permet de résoudre les triangles. Grâce à ces tables et à ses connaissances sur la Lune et le Soleil, il est sans doute le premier à proposer un modèle prédictif fiable des éclipses solaires.



Les éclipses se produisent quand le Soleil, la Lune et la Terre sont alignés. L'éclipse de Lune survient quand la Terre est entre le Soleil et la Lune, l'éclipse de Soleil quand la Lune est entre le Soleil et la Terre. Il y aurait une éclipse de Soleil à chaque nouvelle Lune si le plan de l'orbite de la Lune autour de la Terre coïncidait avec celui de la Terre autour du Soleil. Mais la légère inclinaison entre ces deux plans (5°) fait qu'une éclipse de Soleil ne se produit que lorsque la Lune, alignée avec le Soleil, coupe le plan de l'orbite de la Terre autour du Soleil, nommé pour cette raison le plan de l'écliptique. En raison des variations des distances entre la Terre et le Soleil et entre la Lune et la Terre, le disque de la Lune apparaît tantôt plus gros que celui du Soleil (cas des éclipses totales) où tantôt plus petit (cas des éclipses annulaires).

Hipparque est aussi le découvreur de la précession des équinoxes, l'auteur du premier catalogue d'étoiles connu et probablement l'inventeur de l'astrolabe.

***Voir aussi*** Archivage des observations p. 190, Précession des équinoxes p. 218, Astrolabe p. 220, Machine d'Anticythère p. 222, Dernière éclipse totale p. 390.

*Vue d'une éclipse totale.*

# Précession des équinoxes

Au cours d'une éclipse de Lune survenant à l'équinoxe de Printemps, Hipparque découvre la précession des équinoxes en observant que la position relative de la Lune parmi les étoiles s'est déplacée par rapport à une éclipse analogue observée cent cinquante ans plus tôt.

Depuis longtemps, les astronomes babyloniens, dont la qualité des observations n'est plus à prouver, connaissent l'importance du point équinoxial, le point de la voûte céleste où le Soleil se trouve à l'équinoxe de Printemps et qui se situe à l'intersection de l'écliptique et de l'équateur. C'est toutefois Hipparque qui théorise le premier le phénomène de précession des équinoxes en découvrant que le point équinoxial se déplace d'année en année, et plus précisément, d'un degré pour 72 ans.



Ce déplacement est dû au changement de direction de l'axe de rotation de la Terre – l'axe des pôles. Sous l'effet des forces de marée que la Lune et le Soleil exercent sur le renflement équatorial du globe terrestre, l'axe de rotation de la planète décrit la surface d'un cône. Ce lent mouvement de l'axe terrestre entraîne avec lui celui du plan de l'équateur et partant, celui du point équinoxial qui, chaque année, précède sa position antérieure sur la voûte céleste. En raison de ce mouvement, qualifié de précession des équinoxes, le point équinoxial effectue ainsi « à reculons » un tour complet de la voûte céleste en un peu moins de 26 000 ans.

Les pôles célestes sont définis comme les deux points de la voûte céleste situés sur l'axe de rotation de la Terre. Le lent mouvement de cet axe entraîne donc un déplacement de chacun des deux pôles par rapport aux étoiles supposées fixes sur la voûte céleste. Au fil du temps, le pôle Nord s'approche ainsi d'étoiles brillantes qui tour à tour sont bien placées pour indiquer le nord. De nos jours, ce rôle revient à l'étoile la plus brillante de la constellation de la Petite Ourse, l'étoile Polaire.

***Voir aussi*** Archivage des observations p. 190, Théorie des éclipses p. 216, Étoile du Nord p. 376.

*La précession des équinoxes provient du fait que l'axe de rotation de la Terre décrit la surface d'un cône à l'instar de l'axe d'une toupie.*

# Astrolabe

Invention attribuée à Hipparque, qui réside alors dans l'île de Rhodes, l'astrolabe est un appareil servant à mesurer la hauteur des astres sur l'horizon que les astronomes arabes perfectionnent au VIII$^{e}$ siècle de notre ère.

L'astrolabe repose sur le principe de la projection stéréographique dû à Hipparque. Trois siècles plus tard, l'astronome Claude Ptolémée propose une première amélioration. Grâce aux textes grecs et latins décrivant l'instrument, les astronomes arabes vont construire des appareils analogues, apportant à leur tour des perfectionnements notables. À la fin du X$^{e}$ siècle, après avoir pris connaissance en Espagne de l'abondante littérature arabe sur le sujet, Gerbert d'Aurillac, le futur pape Sylvestre II, promoteur de l'utilisation des chiffres arabes dans le monde chrétien, réintroduit l'astrolabe en Occident.



Très utilisé dans le monde arabe à partir du VII$^{e}$ siècle, l'astrolabe, utilisé surtout pour l'astronomie, devient dans une forme simplifiée (l'astrolabe nautique) le principal instrument de navigation jusqu'au développement du sextant au XVII$^{e}$ siècle. Grands navigateurs, les Portugais le perfectionnent à la fin du XV$^{e}$ siècle, et dressent des tables qui, grâce à l'astrolabe, permettent de calculer la déclinaison magnétique.

Devenu très performant pour déterminer la latitude, en particulier dans le cadre de la navigation côtière, l'astrolabe, inefficace pour définir la longitude, sert au calcul de mouvements célestes. Il permet de lire l'heure solaire ou stellaire et de se livrer à des observations astronomiques par la mesure de la hauteur des astres et de leurs mouvements. Instrument de navigation, c'est aussi un outil pour l'astrologie ou l'enseignement de l'astronomie. Le navigateur La Pérouse, l'un des premiers utilisateurs d'une horloge de marine permettant de connaître la longitude en mer, donne le nom d'*Astrolabe* à l'un de ses vaisseaux, avec lequel il disparaît corps et biens au large des îles Salomon en 1788.

***Voir aussi*** Machine d'Anticythère p. 222, Invention du sextant p. 288.

*Un astrolabe.*

SAGITARI
SCORPIO
LVMINOS
AQVARI
ARIES
DECLINATIO SEPTENTRIONALIS
MERIDIO

# Machine d'Anticythère

C'est à Rhodes qu'a dû être conçue cette calculatrice dont le mécanisme à engrenages, fondé sur l'arithmétique babylonienne, permet de calculer les positions des astres. On la découvre en 1900 dans une épave entre Cythère et la Crète.

Le physicien et historien des sciences Derek de Solla Price est le premier à suggérer en 1959 qu'il s'agit d'une véritable machine à calculer, dédiée au mouvement du Soleil et de la Lune. Elle peut également prédire les éclipses, les mouvements des planètes, le calendrier civil ou encore les dates des jeux olympiques. C'est un instrument de petite taille, en bronze, rassemblant une centaine d'éléments, dont une trentaine d'engrenages. Le mécanisme est composé de roues dentées, d'aiguilles, de cadrans, d'axes et de tambours. Beaucoup plus perfectionnée qu'un astrolabe, elle comporte des inscriptions en grec dont certaines donnent des indications sur son fonctionnement.



D'après Cicéron, le premier exemplaire de la machine a été construit par Archimède et est amené à Rome après la prise de Syracuse en 212 avant notre ère. Le philosophe grec Posidonios en disposait d'une autre qu'il avait construite lui-même. La machine retrouvée en 1900 est le troisième exemplaire connu. Elle disparaît dans un naufrage près de l'île d'Anticythère en – 87.

On dit que l'astronome Hipparque et ses disciples sont les véritables inventeurs de cette machine exceptionnelle, sans équivalent à ce jour. Sa précision est extraordinaire, si bien qu'il faut attendre un millénaire entier avant que des instruments astronomiques comparables apparaissent en Europe. La découverte de la machine en 1900 laisse perplexes archéologues et astronomes, et il faudra un siècle après la découverte de l'épave pour que les scientifiques comprennent enfin son mécanisme complexe.

***Voir aussi*** Astrolabe p. 220.

*Radiographie de la machine d'Anticythère, obtenue en octobre 2005 par le Antikythera Mechanism Research Project. On y distingue bien quelques-uns des trente rouages qui la composent.*

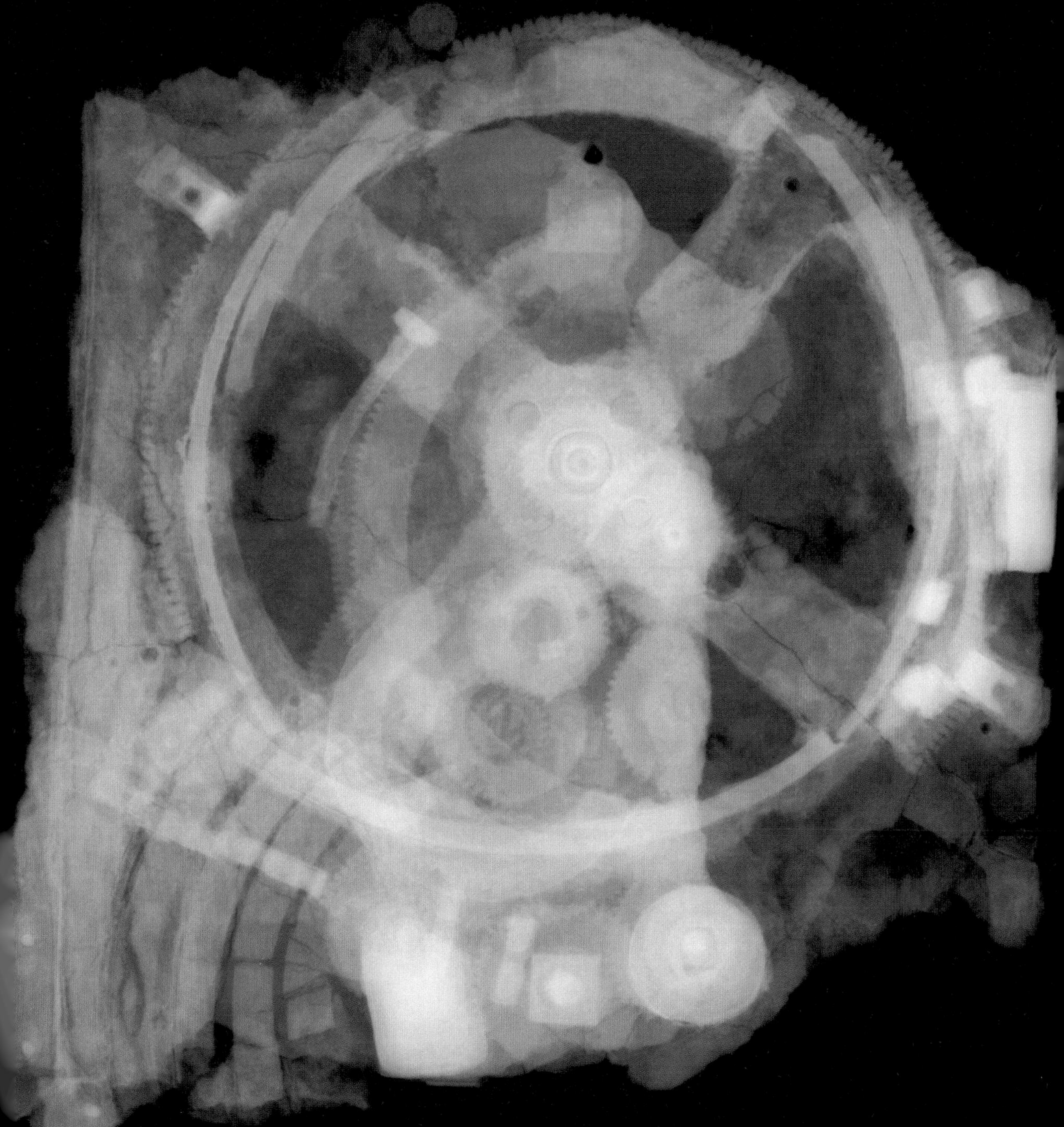

# La Comète de César

Alors que des jeux funéraires sont organisés en l'honneur de Jules César, assassiné quelques mois plus tôt, une comète traverse le ciel de Rome. Plus tard, Ovide imagine dans les Métamorphoses qu'il s'agissait de l'âme du dictateur que Vénus transportait vers le ciel.

« La douce Vénus se tint au milieu du Sénat, invisible à tous et prit l'esprit libéré du corps de César, l'empêchant de s'évaporer. Elle le transporta vers les étoiles, et le sentit s'embraser. S'échappant alors de son sein, il monta plus haut que la Lune, traînant derrière elle une chevelure enflammée qui brillait comme une étoile. » (Ovide)

La Comète de César apparaît soudainement pendant les jeux de *Victoriae Caesaris Ludi*, organisés au mois de juillet pour commémorer la naissance du dictateur, assassiné en mars de la même année. Suétone écrit qu'une comète brilla pendant sept jours consécutifs et que l'on crut que c'était l'âme réincarnée de César. Pour les Romains, ces sept journées sont un signe de la déification du dictateur trahi. La comète devient aussitôt un outil de la propagande politique au service d'Octave, le futur Auguste, qui donne l'ordre d'édifier un temple dédié à Jules César divinisé. Au fond du temple, il installe une colossale statue de César avec une comète sur la tête…

La Comète de César est l'une des cinq comètes connues les plus brillantes. Son passage est attesté par les annales chinoises de l'époque. Plutarque parle également d'une comète vue dans le ciel après la mort de César et Shakespeare y fait allusion dans sa tragédie *Jules César*, quelque seize siècles plus tard : au matin du jour de l'assassinat, la femme de César s'exclame : « Il n'y a pas de comète pour la mort des pauvres, mais le ciel prend feu après la mort des Princes ».

***Voir aussi*** Comète de Halley p. 145, Catalogue stellaire chinois p. 230.



*Vue enregistrée en janvier 2007 au coucher du Soleil de C/2006 P1 (McNaught), comète très brillante dont l'éclat est comparable à celui de la Comète de César.*

# L'Almageste

La publication du traité majeur de Ptolémée, connu depuis sous son nom d'*Almageste*, fait date. L'astronome d'Alexandrie y présente un système géocentrique qui, en intégrant la théorie des épicycles, tente d'expliquer le mouvement rétrograde de la planète Mars.

Né en 90 en Haute Égypte, Claude Ptolémée construit avec les épicycles une théorie d'une ingéniosité remarquable, qui fait autorité jusqu'à Copernic… Il est par ailleurs l'auteur de traités dans des domaines aussi différents que l'astronomie, l'astrologie, la géographie, les mathématiques, la musique ou l'optique, dont deux ont exercé une très grande influence dans les aires culturelles islamique et européenne. L'un est le traité d'astronomie, connu sous le nom de l'*Almageste*, l'autre est la *Géographie*, traité exhaustif des connaissances géographiques du monde gréco-romain.



L'*Almageste* est le seul traité complet d'astronomie de l'Antiquité qui nous soit parvenu, en grande partie grâce à ses traductions arabes (qui lui ont d'ailleurs conféré son nom, *al-Mijisti*, la Très Grande). Ptolémée y reprend les différents modèles astronomiques antérieurs, sur plus de huit siècles, présentant le modèle géocentrique, modèle dominant dans le monde occidental pendant mille trois cents ans.

La théorie place les astres errants autour de la Terre, située elle-même au centre du monde, si bien que restent à expliquer les mouvements rétrogrades de ces astres à certains moments. Ptolémée émet l'hypothèse que chaque planète tourne sur un petit cercle, l'épicycle, lequel tourne lui-même autour de la Terre sur un autre cercle nommé « déférent ». Malgré son ingéniosité, la théorie des épicycles n'explique pas complètement les mouvements apparents des planètes. Ce n'est qu'à partir de Copernic et de l'avènement de l'héliocentrisme que l'on comprend que les planètes extérieures se déplacent plus lentement sur leurs orbites que la Terre sur la sienne, et que notre planète les rattrape donc puis les dépasse périodiquement, nous donnant l'illusion que ces planètes reculent.

***Voir aussi*** Héliocentrisme p. 204, Mesure de la Terre p. 214, Constellations p. 232, Révolution copernicienne p. 248.

*Le système de Ptolémée, une des planches de l'*Atlas coelestis seu harmonia macrocosmica *(Atlas du ciel ou l'harmonie de l'Univers) d'Andreas Cellarius, publié en 1660.*

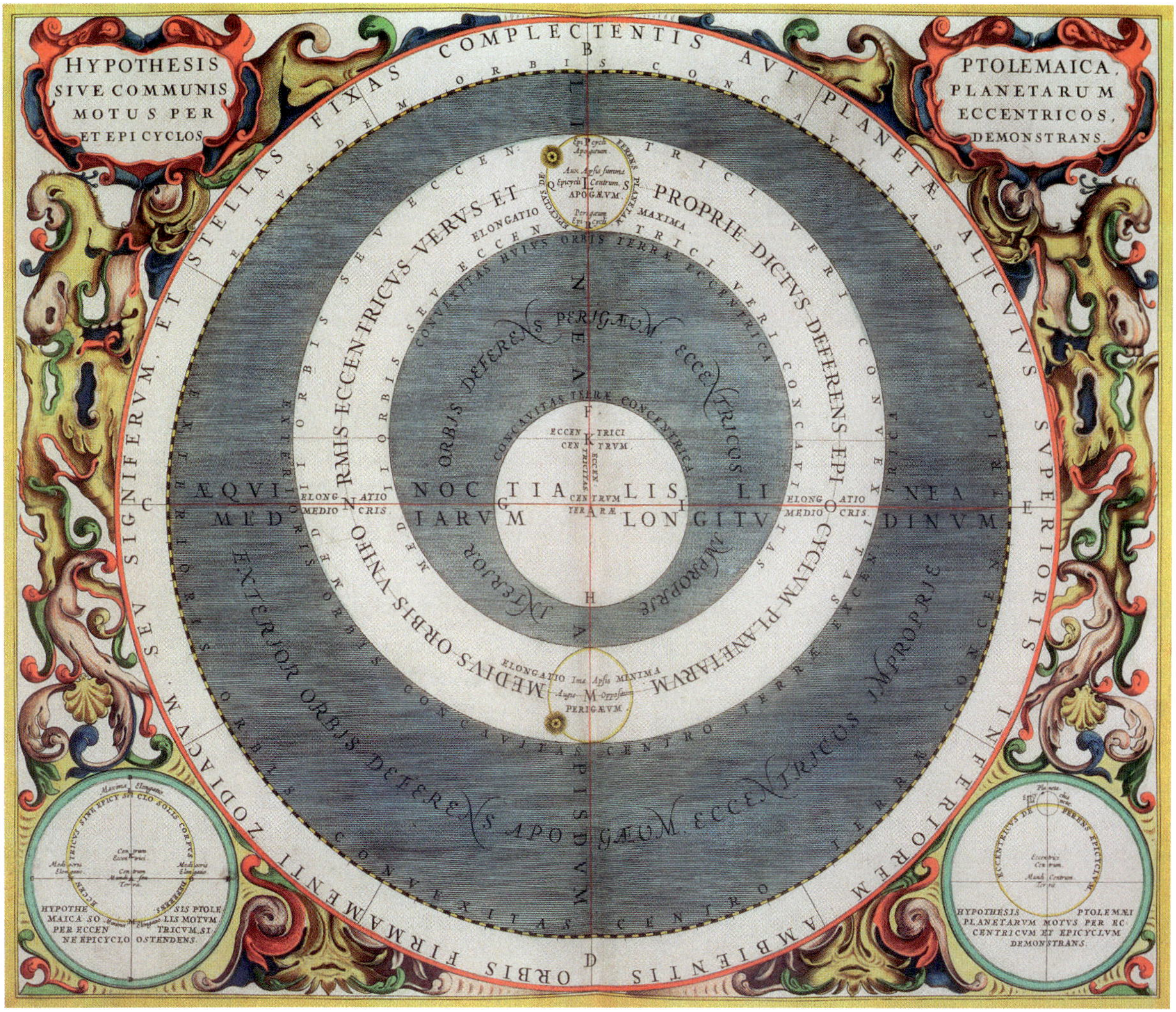
HYPOTHESIS SIVE COMMUNIS MOTUS PER ET EPI CYCLOS
PTOLEMAICA, PLANETARUM ECCENTRICOS, DEMONSTRANS.
COMPLECTENTIS AUT PLANETÆ ALICVIVS SVPERIORIS INFERIOREM AMBIENTIS ORBIS FIRMAMENTI ZODIACVM SEV SIGNIFERVM, ET STELLAS FIXAS
ÆQVI NOC TIA LIS LI NEA
MED IARVM LON GITV DINVM
ELONGATIO MEDIOCRIS
ELONGATIO MAXIMA
ELONGATIO Ima Apsis MINIMA
APOGÆVM
PERIGÆVM
ECCENTRICI CENTRVM
CENTRVM TERRÆ
CONCAVITAS TERRÆ CONCENTRICA
ORBIS DEFERENS PERIGÆVM ECCENTRICVS
EXTERIOR ORBIS DEFERENS APOGÆVM ECCENTRICVS IMPROPRIE
INTERIOR IMPROPRIE
MEDIVS ORBIS VNVS
ORBIS ECCENTRICVS VERVS ET PROPRIE DICTVS DEFERENS EPICYCLVM PLANETARVM
HYPOTHESIS PTOLEMAICA SOLIS MOTVM PER ECCENTRICVM, SINE EPICYCLO OSTENDENS.
HYPOTHESIS PTOLEMAI PLANETARVM MOTVS PER ECCENTRICVM ET EPICYCLVM DEMONSTRANS.

# Mort d'Hypatie

Érudite, mathématicienne et astronome, connue pour avoir pris part à la mise au point de l'astrolabe, Hypatie d'Alexandrie meurt lapidée par des chrétiens fanatiques, ce qui fait d'elle une héroïne du positivisme, de la science et plus tard, du féminisme.

Fille du dernier directeur du Mouseîon (le Temple des Muses), un secteur de la Bibliothèque d'Alexandrie, Hypatie est initiée aux mathématiques, à la philosophie et à l'astronomie. À la fin du IVe siècle, elle se trouve au cœur des débats conflictuels qui opposent chrétiens et néoplatoniciens dont elle est devenue une figure emblématique. Le fruit de ses travaux disparaît en 642 dans l'incendie final de la Bibliothèque d'Alexandrie, attribué à Amr Ibn al-'As agissant sur ordre du calife Omar. On ne dispose donc que de rares témoignages indirects sur son œuvre et son influence sur son époque.



De retour à Alexandrie après sa formation à Athènes, elle enseigne la philosophie et les sciences, tout en rédigeant des commentaires sur la géométrie des coniques d'Apollonios de Perga, sur l'*Almageste* ou sur les tables de Ptolémée. La qualité de ses travaux, son éloquence et sa hauteur de vue font vite grandir sa réputation. Reconnue par ses contemporains comme l'un des esprits les plus brillants de son temps, célébrée pour sa beauté et son humanité tout autant que pour ses exceptionnelles qualités intellectuelles, elle devient une personnalité indiscutable de la vie alexandrine.

Sa notoriété, son rayonnement et ses convictions suscitent la colère de Cyrille, patriarche d'Alexandrie (considéré comme père et docteur de l'église par les orthodoxes et les catholiques), et la haine des chrétiens les plus radicaux. En 415, alors âgée de quarante-cinq ans, elle est traînée dans une église et massacrée par des fanatiques, avant que son corps ne soit démembré puis brûlé. Elle reste une des premières femmes à avoir été reconnue dans des domaines qui resteront encore longtemps l'apanage exclusif des hommes.

***Voir aussi*** Académie p. 206, Échelle de distance p. 154, Gravitation p. 290

*Portrait funéraire d'une femme de la haute société égyptienne, peint au IIe siècle (British Museum).*

# CATALOGUE STELLAIRE CHINOIS

Dans une société où l'astronomie prend une dimension politique, le pouvoir impérial s'entoure d'astronomes chargés d'interpréter les phénomènes cosmiques. Leurs observations, consignées depuis deux millénaires, sont encore utilisées de nos jours.

L'astronomie chinoise remonte à près de deux mille ans avant notre ère. En dépit de la succession des dynasties, la continuité de la civilisation chinoise passe par le souci permanent de préserver l'harmonie du ciel et de la Terre.

Alors que la plupart des cultures utilisent soit un calendrier solaire (comme le calendrier Grégorien), soit un calendrier lunaire (comme le calendrier musulman), les Chinois utilisent un calendrier luni-solaire qui suit les cycles de la Lune et du Soleil. On retrouve les premières traces de ce calendrier sur des plastrons de tortue (aussi appelés os d'oracle) remontant à la dynastie Shang (XIVe siècle avant notre ère). Un calendrier d'une telle complexité nécessite un travail de grande précision astronomique pour rester en accord avec le temps réel. Le pouvoir impérial s'entoure donc d'astronomes chargés de l'observation régulière et minutieuse du ciel.



Ces observations et ces annales ont un usage très politique, au service du pouvoir en place. Le ciel chinois est le fidèle reflet de la société impériale, organisé et hiérarchisé comme le pays autour d'un souverain, avec ses palais, ses fonctionnaires et ses sujets… Tout un chacun est concerné par le ciel et les signes qu'il adresse aux gouvernants et aux mandarins comme aux individus les plus humbles. Les astronomes chinois enregistrent ainsi depuis plus de deux millénaires les phénomènes célestes les plus divers (passages de comètes, explosions de supernova) dans des chroniques qui parviennent jusqu'à nous et font le miel des astrophysiciens.

***Voir aussi*** Calendrier p. 182, Étoile nouvelle p. 238.

*Les étoiles de la région du Pôle nord céleste représentées dans la carte de Dunhuang, un atlas du ciel découvert en Chine en 1900 dans un monastère bouddhiste sur la Route de la Soie. Réalisée au milieu du VIIe siècle de notre ère, c'est la plus ancienne carte d'étoiles connue, toutes civilisations confondues.*

自斗十二度於須女七度於辰在丑為星〻紀〻者言統已万物之終故曰星

越之分也

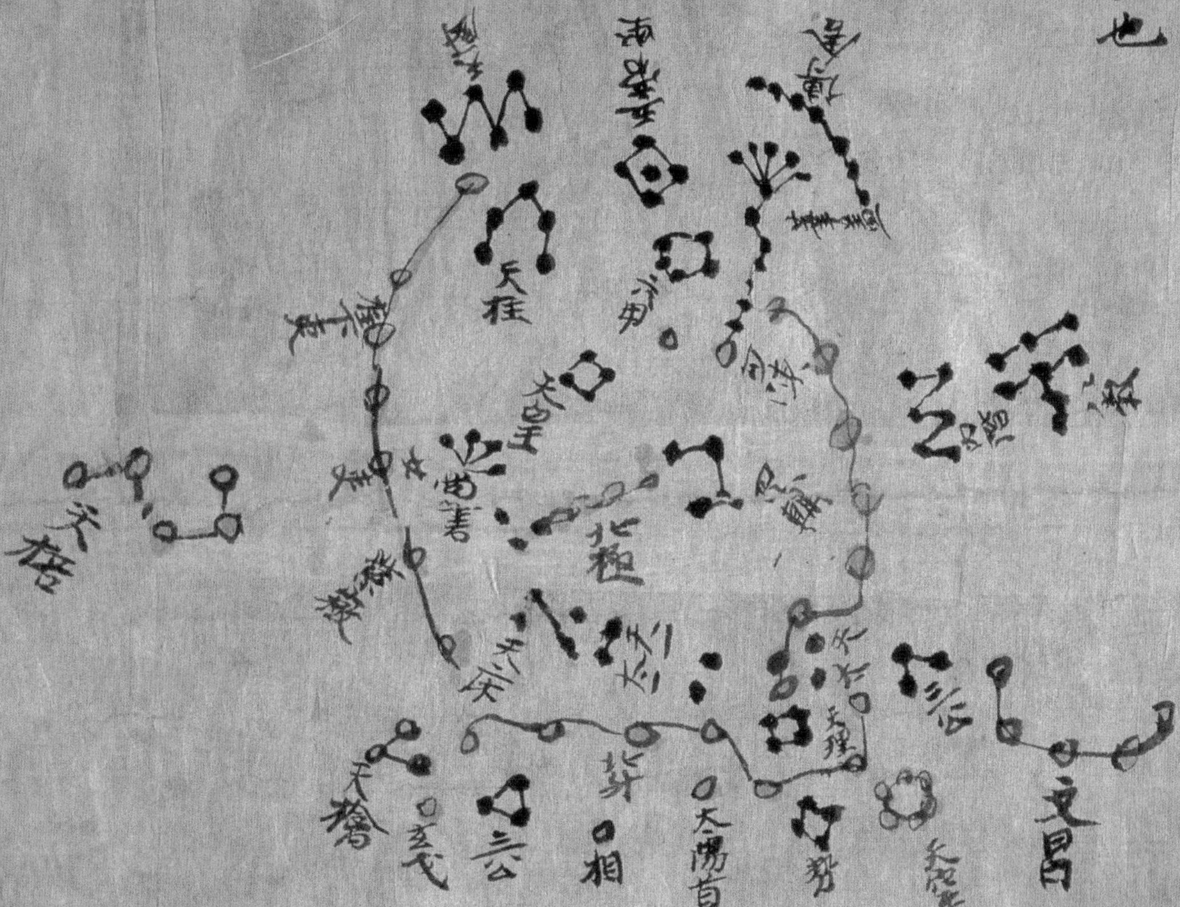

# Constellations

L'*Almageste* inclut une liste de 48 constellations, mais, si la civilisation grecque a bien joué les premiers rôles dans la géographie du ciel et la dénomination des constellations, la civilisation islamique est à l'origine de près de la moitié des noms d'étoiles.

Au IX^e^ siècle, l'ancienne Mésopotamie est devenue une région capitale, tant au plan intellectuel que scientifique. À Bagdad, scientifiques et lettrés viennent de l'ensemble du monde islamique. Les « Maisons de la sagesse », édifiées sous les Abbassides, sont de véritables lieux de bouillonnement intellectuel qui rayonnent dans toute l'aire méditerranéenne. À la fois bibliothèques, centres de traductions et lieux de réunions, elles ont pour but de traduire les ouvrages d'astronomie, d'astrologie, de poésie et d'histoire. La pratique d'un grand nombre de langues, de l'arabe au persan en passant par le grec, favorise l'appropriation des textes anciens et déclenche un essor sans précédent des sciences.



À cette époque, le mathématicien Abu al-Hassan Thābit ibn Qurra traduit en arabe l'œuvre maîtresse de Claude Ptolémée, qu'il intitule al-Mijisti, francisé en l'*Almageste*. Au catalogue initial de 1 028 étoiles et de 48 constellations, les astronomes arabes apportent en trois siècles leurs améliorations et leurs découvertes, telles que les Nuages de Magellan, invisibles depuis l'Europe.

Après les invasions turco-mongoles, un nouvel âge d'or succède au premier, culminant avec la construction de l'observatoire astronomique de Samarcande en 1428 par le roi Ulugh Beg, petit fils de Tamerlan. Le rayonnement de ce haut lieu est tel que certaines tables développées en son sein sont adoptées plus tard par le Bureau impérial d'astronomie de Pékin. Le déclin de l'astronomie islamique suit de peu son apogée, avec l'assassinat du roi par son fils aîné, Abd ul-Latif, qui lui reproche de délaisser les affaires du royaume pour celles du ciel.

***Voir aussi*** Almageste p. 226,
Astronomie islamique p. 236.

*Fresque du XV^e^ siècle représentant les constellations au Palazzo della Ragione à Padoue, en Italie.*

# Calendrier maya

Apparue autour de la péninsule du Yucatan, la civilisation maya développe d'importants savoirs en mathématiques et en astronomie, comme la détermination de la durée d'une année solaire avec une extrême précision.

Pour les Mayas, le monde n'a pas été fait à l'image de l'homme, mais l'homme est partie prenante de l'Univers. Cette connaissance vraie du temps intimement liée à la proximité du ciel, à la présence toute-puissante et inexorable du Soleil, cette connaissance est une nécessité absolue, la condition de la relation et de la communion avec les dieux. Pour eux, l'écriture est le moyen d'inscrire cette connaissance dans l'esprit des hommes : ainsi seulement peuvent-ils être impressionnés... Le temps peut alors se confondre avec le langage.



La période du « pli », celle qui a précédé la conquête, qui a vu l'effondrement, l'implosion de cette civilisation, n'est autre que celle du pli dans la carte du temps (dans le papier lui-même). Ce pli a engendré un dysfonctionnement du temps, que d'aucuns pourraient considérer aussi comme la parenthèse occidentale, la fin de cette période troublée étant le retour à l'ordre du temps : ce retour porte une date, 2012, la fin d'un cycle des quatre soleils... et le début du cinquième.

Le temps est une roue, sans début et sans fin. Il n'y a ni passé ni avenir, seulement une série de roues, ou engrenages, qui tournent de toute éternité. Ces cinq siècles seront cinq siècles de guerre entre deux mondes irréductibles l'un à l'autre. Les Mayas auront vécu une période de quatre soleils : Le premier fut celui où le ciel et la mer se sont séparés de la terre, le deuxième a vu l'apparition de l'homme qui est né du maïs, le troisième a vu la disparition temporaire du soleil, ce fut la fin des Mayas, le quatrième fut celui de la conquête, c'est-à-dire pour eux, de l'esclavage.

***Voir aussi*** Calendriers p. 182.

*Quarante-neuvième page du Codex de Dresde, manuscrit maya contenant des tables astronomiques d'une extraordinaire précision (Sächsische Landesbibliothek, Dresde).*

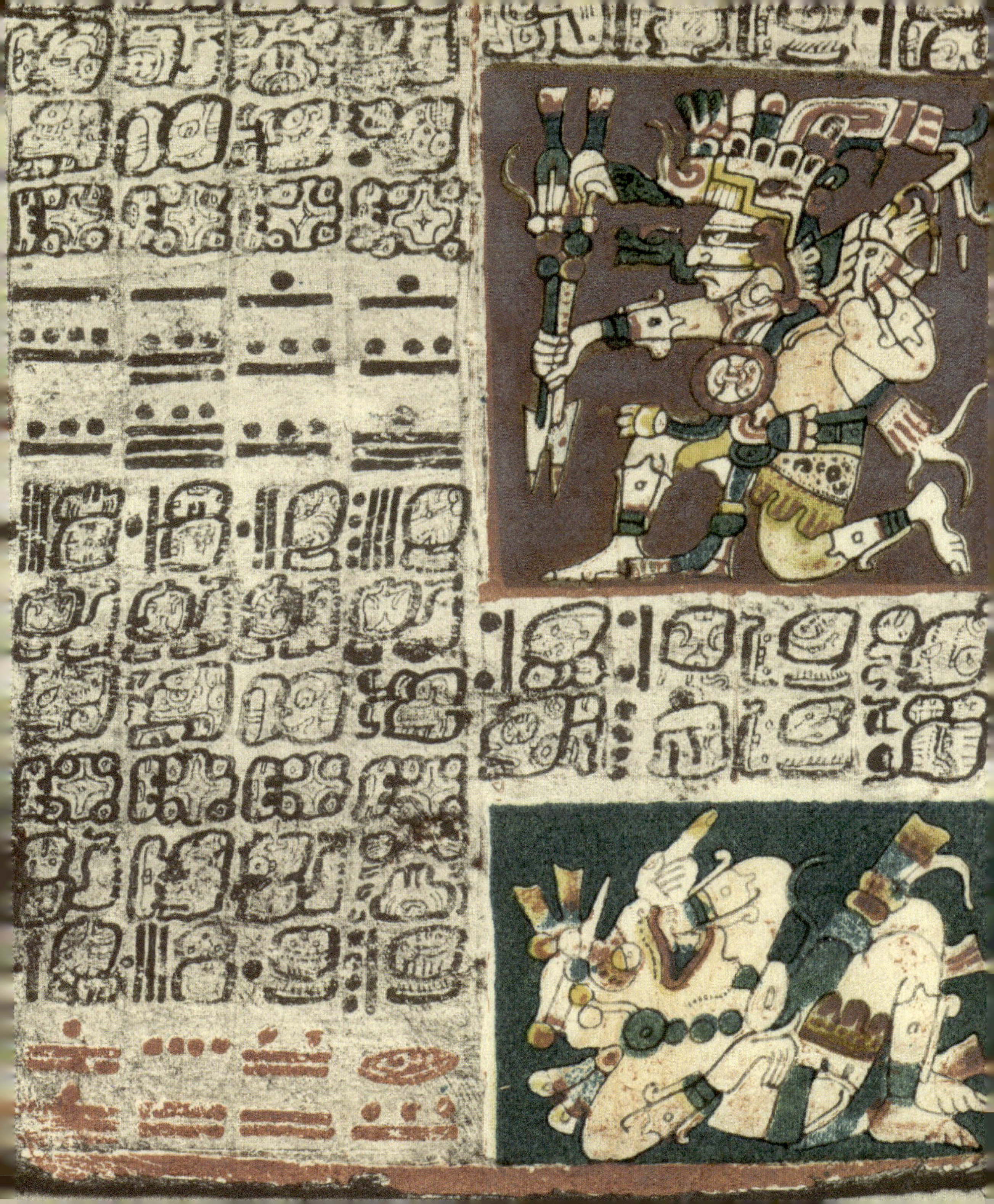

# Astronomie islamique

Établi à Ispahan, à la cour de l'émir Adud al-Daula où il traduit des ouvrages d'astronomie grecs, le Perse Abd al-Rahman al-Soufi publie son *Livre des étoiles fixes*, qui reprend son œuvre sous forme de textes illustrés.

Au X<sup>e</sup> siècle, Abd al-Rahman al-Soufi reprend, commente et perfectionne l'*Almageste* de Ptolémée tel que traduit par Thābit ibn Qurra. Il est à l'origine de plusieurs améliorations du catalogue stellaire de l'astronome alexandrin : ses estimations des magnitudes apparentes des étoiles diffèrent fréquemment de celles de Ptolémée.

On lui doit la première mention connue du Grand Nuage de Magellan, inobservable depuis Ispahan, mais qu'il repère depuis le sud de l'Arabie et qu'il dénomme *al Bakr* (le Bœuf blanc). Il mentionne également la Grande Nébuleuse d'Andromède. Al-Soufi apporte plusieurs perfectionnements remarquables concernant l'utilisation de l'astrolabe et publie son fameux *Livre des étoiles fixes* en 964, ouvrage qui synthétise l'ensemble de son travail sous forme de textes illustrés.



Al-Soufi est un grand traducteur et diffuseur en arabe de l'astronomie grecque et le premier à établir une correspondance entre les noms grecs et arabes des étoiles et constellations qui ne se superposent pas. Il remarque encore que le plan de l'écliptique est incliné par rapport à l'équateur céleste et il calcule avec une précision accrue la durée de la période de révolution de la Terre autour du Soleil, l'année tropique. Il observe et décrit la position des étoiles, leur magnitude apparente, leur couleur, quadrillant le ciel de manière systématique, constellation après constellation. Bien plus, il dessine deux fois chaque constellation, de l'extérieur du globe céleste (point de vue inobservable depuis la Terre), puis de l'intérieur, comme elle peut être observée sur la voûte céleste depuis la surface de la Terre.

***Voir aussi*** Constellations p. 232.

*Croquis sur la théorie des éclipses figurant dans un manuscrit écrit au XIe siècle par l'astronome persan al-Biruni qui s'intéresse également dès l'an mil à la théorie sur la rotation de la Terre sur elle-même et autour du Soleil.*

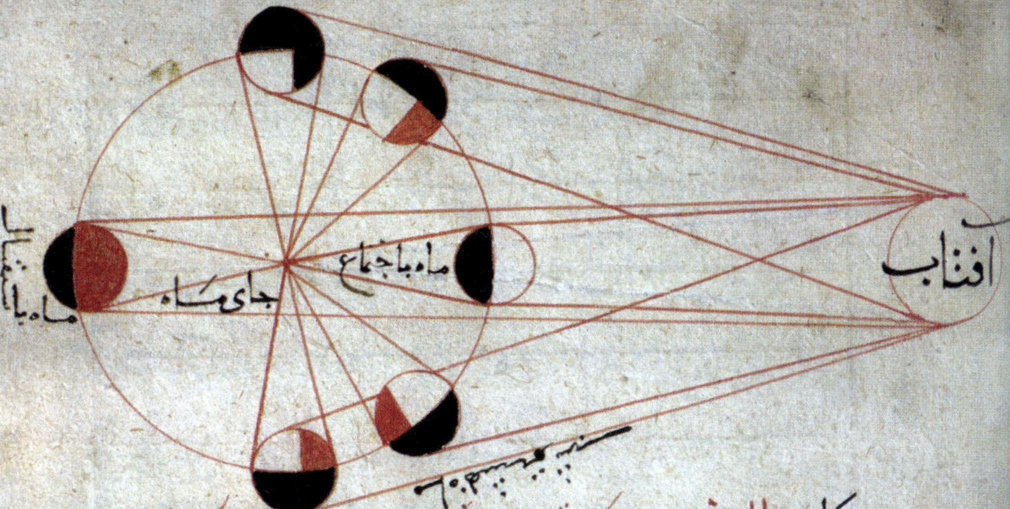


چرا این فزودن و کاستن نور مر ماه را است و ستارکان دیگر را نیست

میان مردمان نکوهستن و ناستودن این معنیها را اخلافست

در روشنای ستارکان که ایشان روشنای از خویشتن است

# Étoile nouvelle

La formidable bouffée de lumière relâchée par la supernova dont la nébuleuse du Crabe est le vestige atteint la Terre en 1054 et passe pour une étoile nouvelle aux yeux des contemporains, comme en attestent les pétroglyphes anasazis du Chaco Canyon.

Les sources écrites témoignant de l'explosion d'une étoile observée sur Terre en 1054 sont relativement nombreuses, mais n'ont pas toutes le même caractère de fiabilité. En Chine, les astres transitoires (comètes, novas, explosion de supernovas) sont alors appelés « étoiles invitées », et plusieurs témoignages font état de l'apparition du phénomène en précisant sa date. Il s'agit d'annales officielles relatives aux événements survenant durant certaines dynasties. Trois textes japonais mentionnent cette même étoile invitée, mais ce sont plutôt des chroniques individuelles.



Dans le monde arabe, l'intérêt des astronomes est alors plutôt tourné vers les phénomènes cycliques que vers les événements temporaires ou éphémères. Les comètes ou les explosions de supernova sont donc davantage considérées comme des phénomènes atmosphériques. Il existe cependant le témoignage du médecin ibn Butlan qui la décrit ainsi : « Cette étoile spectaculaire apparaît dans le signe des Gémeaux (…). Elle provoqua le début de l'épidémie à Fostat [Le Caire], au moment où le Nil était bas. »

S'il n'existe aucun témoignage incontestable d'origine européenne sur la supernova SN 1054, il en va autrement de l'Amérique du Nord. Il est en effet tout à fait probable que les pétroglyphes amérindiens dus aux Indiens Anasazis, découverts sur le site de Chaco Canyon au Nouveau Mexique, représentent la configuration de la Lune et de la supernova en juillet 1054. Un pétroglyphe proche, sans doute contemporain du premier, peut de même être interprété comme une représentation du passage de la comète de Halley en 1066, soit douze ans plus tard.

***Voir aussi*** Catalogue stellaire chinois p. 230, Supernova p. 176.

*Détail du pétroglyphe de Chaco Canyon.*

ISTI MIRANT STELLA

# Tapisserie de Bayeux

Harold II, qui s'est parjuré en acceptant la couronne d'Angleterre promise à Guillaume, voit dans le passage de la comète de Halley un mauvais présage, comme en atteste une scène de la grande broderie qui orne la nouvelle cathédrale de Bayeux.

Les moines anglais qui brodent la longue toile de lin célébrant la conquête de l'Angleterre par Guillaume, Duc de Normandie, sont loin de se douter que cette étoile chevelue, que le roi Harold II et ses courtisans contemplent avec effroi à la fin avril 1066, est la comète dont des chinois de l'an 240 avant notre ère ont attesté le passage. Jusqu'au XVIIIe siècle, presque tous les retours ultérieurs de la Comète de Halley sont consignés, en Chine comme ailleurs, sans que jamais personne ne se doutât qu'il s'agissait du même astre.

Son passage le plus voyant au cours des temps historiques est celui de 837 où la Comète de Halley s'était approchée à trois millions de kilomètres de la Terre. Elle a alors défrayé les chroniques, comme celle consacrée à Louis le Débonnaire, Empereur d'Occident. Un de ses trois biographes, l'Astronome (le bien nommé !), avait même précisé qu'à la suite de son passage, le roi et sa cour s'étaient livrés au jeûne... Preuve de plus que l'Occident médiéval considère les passages de comètes comme de funestes présages, une croyance que renforce le dogme de l'immuabilité du cosmos, chère à une Église férue d'un Aristote qui considérait les comètes comme cantonnées à l'atmosphère.

Il faut attendre Edmund Halley pour faire enfin le lien entre tous les récits de passages cométaires. Fort de la théorie de la gravitation de son ami Isaac Newton, il affirme en 1705 que la comète dont il a étudié la trajectoire en 1682 fera son retour en 1758, ce qui est le cas. En dépit de ce triomphe de la raison, les comètes n'en continuent pas moins à être chargées de maléfices... Indécrottable penchant de l'esprit humain pour la superstition !

***Voir aussi*** Comète de Halley p. 145, Comète de César, Adoration des Mages p. 242, Uraniborg p. 250, La Comète et l'Europe p. 351, Forces de marée p. 383.



*Scène de la Tapisserie de Bayeux, où l'inscription* isti mirant(ur) stella(m) *signifie « ils observent une étoile ». Cet épisode prend place au milieu de la chronique brodée sur toile de lin, entre le parjure d'Harold II et la conquête du trône d'Angleterre par Guillaume (Musée de la Tapisserie de Bayeux).*

# Adoration des Mages

Giotto di Bondone, peintre italien du Trecento, observe le passage de la comète de Halley qu'il représente comme l'Étoile de Bethléem, dans l'*Adoration des mages*, fresque peinte dans la chapelle des Scrovegni à Padoue.

Peintre, sculpteur et architecte, Giotto est considéré comme l'un des acteurs majeurs du renouveau de la peinture occidentale. En cette fin du Moyen Âge, il incarne une nouvelle vision du monde, l'humanisme, qui annonce la Renaissance. Son influence sur les générations d'artistes qui le suivent est considérable. En rupture avec l'art gothique, il passe d'une représentation figée et symbolique des personnages à une forme de naturalisme sur le vif, qui fait école. Les scènes représentées dans ses tableaux établissent ainsi des liens entre les personnages plutôt qu'elles ne les superposent, introduisant perspective et point de fuite où l'art gothique n'était qu'empilement.



Fasciné par le passage de la comète en 1301, le peintre florentin s'en inspire pour un tableau, mais il est bien loin d'imaginer que, quelque sept siècles plus tard, la sonde envoyée vers cette même comète se nomme Giotto, en hommage à son tableau. Giotto met deux ans à peindre les cinquante-trois fresques de la Chapelle des Scrovegni, entre 1303 et 1306. Ces fresques sont considérées comme une œuvre décisive dans l'histoire de la peinture en Europe.

Le poète florentin Dante, exilé, se trouve à Padoue en 1302, au moment où Giotto y réalise ses fresques. Certaines des peintures qui décorent la chapelle de Santa Maria dell'Arena sont peut-être dues à l'influence du poète sur l'artiste.

***Voir aussi*** La comète de Halley p. 145, Tapisserie de Bayeux p. 241, Perspective à l'italienne p. 246, La comète et l'Europe p. 351.

*Détail de la fresque de Giotto sur les murs de la chapelle des Scrovegni à Padoue. La comète est bien visible au-dessus de l'étable.*

# Vers l'infini

Nicolas de Cues rédige son traité *De Docta Ignorantia* où il introduit la notion d'un univers infini non borné et dépourvu de centre et pose les fondements de la cosmogonie de la Renaissance, qui inspirent Giordano Bruno et René Descartes.

Nicolas de Cues (de son vrai nom, Nicolas Chrypffs), né à Cues en Allemagne en 1401, est un penseur et un théologien du Bas Moyen Âge. Cardinal, puis vicaire temporel du pape Pie II en 1458, lecteur de Raymond Lulle, il cherche dans ses nombreux ouvrages à penser l'Infini.

D'après Nicolas Cues, « la machine du monde a son centre partout et sa circonférence nulle part, par ce que Dieu est circonférence et centre, lui qui est partout et nulle part. » La conception du monde qu'il affirme est donc avant tout philosophique, mais elle pose les bases de la révolution scientifique à venir : un monde « non défini et non clos », notions jusque-là réservées à Dieu. Nicolas de Cues se pose en rupture avec le Cosmos clos d'Aristote et annonce l'Univers infini de la cosmologie moderne. Pour lui, à l'image de Dieu qui est infini, le Cosmos est illimité : le monde est donc une sphère non définie dont le centre est partout et la circonférence nulle part. La Terre se déplace, à l'instar des autres objets du ciel et devient un astre à part entière, contredisant ainsi la théorie aristotélicienne qui plaçait le ciel et ses objets « au-dessus » de notre planète. Il affirme du reste que parler de haut et de bas n'a pas de sens en astronomie !



Plus intéressante encore, son idée d'une pluralité des mondes, là encore à l'image de l'infinité divine. Nicolas de Cues pense qu'il peut y avoir autant de mondes dans l'Univers que d'étoiles dans le Cosmos. L'homme qui prend conscience de ce qui sépare le fini de l'infini est un « docte ignorant ». La Terre, de son côté, n'est plus qu'un objet céleste d'une taille infinitésimale. La question métaphysique se transforme donc et peut se formuler ainsi : comment des êtres de nature finie pourraient-ils saisir un concept de nature infinie ?

***Voir aussi*** Univers infini p. 254,
Pluralité des Mondes p. 282.

*Vue du tunnel abritant l'un des deux bras de l'interféromètre Virgo destiné à la détection d'oscillations de l'espace-temps provoquées par des phénomènes cosmiques d'une rare violence se déroulant à des millions d'années-lumière.*

# Perspective à l'italienne

En adoptant la perspective, les peintres de la Renaissance italienne amènent une révolution picturale : ils rejettent le spectateur à l'extérieur du tableau et annoncent une nouvelle représentation du monde.

La conception du monde qui prévaut au Moyen Âge est celle d'Aristote, en accord avec la vision chrétienne de la Création. Depuis les origines, la Terre est au centre du monde. Au-dessus se trouvent les sphères où les planètes accomplissent leurs mouvements circulaires. La perfection réside dans le ciel. Les trajectoires erratiques des planètes trouvent leur explication dans une géométrie complexe décrite par Ptolémée. Tout, dans la culture du Moyen Âge, exprime cette vision géocentrique.



Ce sont les artistes du Quattrocento qui vont introduire une nouvelle conception du rapport des objets à l'espace dans lequel ils évoluent. À une organisation verticale, hiérarchisée, ils substituent un mode représentation obéissant aux lois de la perspective. Copernic, qui séjourne en Italie à ce moment, subit l'influence de ces idées nouvelles et propose une nouvelle vision du monde : le Soleil est au centre et les planètes décrivent autour de lui des trajectoires dont l'harmonie est la règle...

Problème : de cette conception naissent certaines questions, non résolues pour les scientifiques de l'époque ! Le débat qui s'ouvre alors laisse des traces qui perdurent durant les siècles suivants. Comment concilier le nouveau système de représentation avec les connaissances en cours ? Ce système est-il parfait, peut-on (et doit-on) trouver un compromis entre l'ancien système et le nouveau ? Le monde est-il réellement infini ? Tout cela remet-il en cause l'existence même de Dieu ?

***Voir aussi*** Adoration des mages p. 242,
Révolution copernicienne p. 248.

La Guérison miraculeuse de Pietro dei Ludovici, *de Gentile Bellini, peinte aux alentours de 1501 et exposée à la Galleria dell'Accademia de Venise.*

# Révolution copernicienne

Peu avant la mort de son auteur paraît *De Revolutionibus Orbium Coelestium*, où le chanoine polonais Nicolas Copernic, inspiré par la révolution picturale de la Renaissance italienne et l'avènement de la perspective en peinture, construit sa théorie héliocentrique.

Copernic ne dispose pas d'instruments beaucoup plus perfectionnés que ses prédécesseurs de l'Antiquité et il est de plus contraint par une météorologie beaucoup moins propice à l'observation astronomique que celle des régions méditerranéennes. En revanche, grâce aux astronomes de l'Antiquité, à la science arabe, à la nouvelle conception de l'espace et de la place qu'y occupe l'Homme à la Renaissance, il dispose des outils scientifiques qui lui permettent de conjecturer que la Terre tourne autour du Soleil et non l'inverse.



Copernic se livre à un grand nombre d'observations des planètes, des positions des étoiles et des mouvements célestes, précisant la différence entre jour solaire et jour synodique ou établissant avec davantage d'exactitude la durée de l'année solaire. Les résultats auxquels il parvient sont proches, mais avec une meilleure approximation, de ceux de ses prédécesseurs arabes. La véritable nouveauté est qu'il place le Soleil au centre de son système et fait tourner la Terre et les planètes autour de notre étoile. Il explique d'un seul coup le mouvement des étoiles, la rétrogradation des planètes, leur place dans le système solaire ou encore leur durée de révolution : plus l'orbite d'une planète est grande, plus il lui faudra de temps pour parcourir une révolution complète autour du Soleil. Copernic émet également l'hypothèse de la précession, c'est-à-dire du mouvement de la Terre sur son axe à la manière d'une toupie, mais, étonnamment, il conserve l'idée aristotélicienne des « sphères solides » abandonnée pourtant par Ptolémée.

Copernic a longtemps retardé la publication de son œuvre, par peur des réactions de l'Église et des autorités sans doute, mais aussi par inquiétude des conséquences que provoquerait sa propre découverte. Son livre est finalement publié quelques jours avant sa mort...

***Voir aussi*** Héliocentrisme p. 204, Traité du ciel p. 210, Almageste p. 226, Perspective à l'italienne p. 246, Uraniborg p. 250.

*Statue de Nicolas Copernic à Varsovie, tenant dans ses mains un compas et une sphère armillaire, sculptée en 1830 par Bartel Thorvaldsen.*

# Uraniborg

Depuis Uraniborg, son observatoire près de Copenhague, Tycho Brahé observe la grande comète de 1577. En comparant ses observations avec celles menées à Prague, il montre que la comète est alors au moins trois fois plus distante que la Lune.

Surnommé « l'homme au nez d'or » en raison d'un postiche qui sert à masquer son nez coupé à l'occasion d'un duel de jeunesse, Tycho Brahé est d'abord un observateur hors pair, parvenant à l'œil nu à un degré de précision sans précédent dans ses mesures, passant du demi-degré d'angle aux minutes. Il accumule ainsi des données et des tables devenues essentielles pour le travail de Kepler à l'orée du XVII$^{e}$ siècle.

En 1572, il observe une supernova, à laquelle il laissera son nom, qui vient ébranler un peu plus l'édifice chancelant du système aristotélicien. Cette découverte lui vaut une grande renommée et le soutien appuyé du roi du Danemark, Frédéric II, ce qui lui permet d'entreprendre l'édification du complexe d'Uraniborg. On peut considérer cette véritable Cité du Ciel comme le premier grand observatoire moderne, rassemblant coupoles, instruments, laboratoire d'alchimie, bibliothèque, imprimerie, jardins, fontaines et même prison ! À partir des années 1580, Tycho Brahé développe un système géo-héliocentrique, sorte de compromis entre celui de Ptolémée et celui de Copernic : les planètes tournent autour du Soleil, à l'exception de la Terre qui est immobile au centre de l'Univers.

Le successeur de Frédéric II, Christian IV, ne sera pas aussi bien disposé à l'égard de l'astronome que son père : en 1588, lassé d'éponger les dettes d'Uraniborg, il retire son soutien à Tycho Brahé qui part pour Prague à l'invitation de l'empereur Rodolphe II, emportant avec lui la plupart de ses grands instruments. C'est là que commence sa collaboration avec Kepler.

***Voir aussi*** Comète de Halley p. 145, Révolution copernicienne p. 248, Observatoire astrologique p. 286.



*Gravure représentant la Cité du Ciel d'Uraniborg, construit en 1584 et dont il ne reste pratiquement rien.*

STELLÆBURGUM ſive OBSERVATORIUM SUBTERRANEVM, A TYCHONE BRAHE NOBILI DANO
IN INSULA HVÆNA, EXTRA ARCEM URANIAM, EXTRVCTVM CIRCA ANNVM M D LXXXIIII.

# Dix jours en moins

Dans la bulle Inter *Gravissimas Pastoralis Officii Nostri Curas*, le Pape Grégoire XIII adopte un nouveau calendrier et décide que le jeudi 4 octobre sera suivi du vendredi 15 octobre pour compenser le décalage accumulé au fil des siècles.

En 45 avant notre ère, Jules César avait réformé le calendrier. Le nouveau calendrier « julien », promulgué à l'instigation de l'astronome d'Alexandrie Sosigène, permet ainsi de trouver une solution au décalage grandissant entre les fêtes agricoles et les saisons ou entre les élections de magistrats et l'année civile. Ce décalage est de près de six mois à cette époque !

Mais l'année nouvellement définie est encore trop longue, entraînant un décalage de presque huit jours par millénaire et nécessitant une mise à jour. Par ailleurs, en pleine Réforme protestante, la refonte du calendrier est aussi pour la papauté un moyen d'affirmer son autorité civile et religieuse sur le monde chrétien. Une nouvelle réforme est donc mise en œuvre, suspendue par la mort de celui qui en est chargé, l'astronome allemand Regiomontanus en 1476. Elle est reprise et achevée par Christopher Clavius, à l'instigation du Pape Grégoire XIII en 1582. Le décalage étant de dix jours entre le calendrier julien et l'année solaire, il est donc décrété que dans l'aire chrétienne, le lendemain du jeudi 4 octobre 1582 sera le vendredi 15 octobre 1582 dans le nouveau calendrier « grégorien ». L'année reste de 365 jours, mais on supprime certaines années bissextiles, responsables du décalage.



Les pays catholiques adoptent le nouveau calendrier, tandis que l'Angleterre de Henri VIII, en conflit avec le Pape, ne s'y résout qu'en 1752 et que les pays orthodoxes comme la Russie et la Grèce le conservent jusqu'au XX$^{e}$ siècle. Toutefois, ce passage au nouveau calendrier ne se fait pas sans mal : ainsi, en Angleterre, il déclenche des manifestations populaires, les protestataires exhibant des banderoles sur lesquelles on peut lire : « Rendez-nous nos dix jours ! »

***Voir aussi*** Calendrier p. 182.

*Portrait du Pape Grégoire XIII par Cristofano dell'Altissimo, exposé dans la Galerie des Offices de Florence.*

GREGORIVS · XIII · PONT · MAX

# Univers infini

Postulant que si Dieu est infini, l'Univers l'est aussi, et qu'il doit par là même compter une quantité innombrable de mondes identiques au nôtre, Giordano Bruno, accusé d'hérésie par l'Inquisition, condamné au supplice du bûcher, est brûlé vif au Campo dei Fiori, le 17 février 1600, à Rome.

Moine dominicain, philosophe, poète, grand voyageur de l'Italie à l'Angleterre en passant par la France, la Suisse ou l'Allemagne, Giordano Bruno, né en 1548, est poursuivi toute sa vie durant par ses démêlés avec les autorités ecclésiastiques : dès son noviciat chez les moines dominicains, il conteste certains dogmes comme la Trinité divine, ainsi que le culte marial. Menacé de procès en hérésie (déjà !), il abandonne le froc et s'enfuit en 1576. Son errance dure près de trente ans, jusqu'à ce qu'il soit livré par Venise à l'inquisition romaine (contrairement aux coutumes de la Sérénissime République).

Selon Giordano Bruno, qui s'oppose à Aristote et s'inscrit dans le système copernicien, la Terre est animée d'un double mouvement de rotation sur elle-même et autour du Soleil. Il va beaucoup plus loin encore que Copernic pour défendre l'idée d'un espace homogène et isotrope, plongé dans un vide sans fin, s'étendant dans toutes les directions et dont le centre n'est nulle part. Dans le sillage de Nicolas de Cues, sa vision du Cosmos s'ouvre sur l'infini et la multiplicité des mondes. En tant qu'effet infini de la cause infinie qu'est Dieu, l'Univers abrite nécessairement une infinité de mondes semblables au nôtre : à l'instar du Soleil, chaque étoile ne peut qu'être le centre d'un autre monde, inconnaissable pour nous mais connu de Dieu.

Ainsi, Giordano Bruno dans son œuvre maîtresse, *l'Infini, l'Univers et les mondes*, publiée en 1584, nous dit : « Du moins ces mondes n'en sont-ils pas moins habités ni moins nobles. Car il est impossible qu'un être rationnel suffisamment vigilant puisse imaginer que ces mondes innombrables, aussi magnifiques qu'est le nôtre ou encore plus magnifiques, soient dépourvus d'habitants semblables et même supérieurs. »

***Voir aussi*** Vers l'infini p. 244,
Pluralité des Mondes p. 282.

*Statue de Giordano Bruno par Ettore Ferrari, sur le Campo dei Fiori à Rome, le lieu de son supplice.*

A BRVNO
IL SECOLO DA LVI DIVINATO
QVI

# Lunette de Galilée

Informé de l'existence en Hollande d'un instrument fabriqué par le lunetier Hans Lippershey pour voir les objets éloignés, Galilée, après avoir fabriqué sa propre lunette, est le premier à s'en servir comme d'un véritable instrument d'observation astronomique.

La lunette (ou réfracteur) serait venue d'Italie ou des Pays-Bas à la fin du XVIe siècle. Le nom de son inventeur reste inconnu. Le premier qui la mentionne est Giambattista della Porta dans *La Magie naturelle* en 1589. En 1608, Hans Lippershey est le premier à déposer une demande de brevet pour une lunette d'approche (de grossissement trois), devançant Jacob Metius de quelques semaines. C'est à ce dernier que René Descartes attribue la paternité de la longue-vue au début de sa *Dioptrique* : « Il y a environ trente ans qu'un nommé Jacques Metius, de la ville d'Alcmar en Hollande, homme qui n'avait jamais étudié, bien qu'il eût un père et un frère qui ont fait profession des mathématiques, mais qui prenait particulièrement plaisir à faire des miroirs et verres brûlants, en composant même l'hiver avec de la glace, ainsi que l'expérience a montré qu'on en peut faire, ayant à cette occasion plusieurs verres de diverses formes, s'avisa par bonheur de regarder au travers de deux, dont l'un était un peu plus épais au milieu qu'aux extrémités, et l'autre au contraire beaucoup plus épais aux extrémités qu'au milieu, et il les appliqua si heureusement aux deux bouts d'un tuyau, que la première des lunettes dont nous parlons, en fut composée ».

Il ne s'agit alors que d'une lunette d'approche à l'usage des marins, mais très vite certains imaginent de la tourner vers le ciel. C'est Galilée qui, dès 1609, sera le premier à en faire un véritable instrument d'observation astronomique. Il construit ses propres lunettes, parvenant d'abord à un grossissement de six fois au lieu de trois, pour atteindre ensuite vingt puis trente fois. Johannes Kepler en propose peu de temps après une version encore améliorée.

***Voir aussi*** Astronome p. 270, Télescope p. 276.

*Réplique de la lunette de Galilée, exposé au Museo della Scienza de Florence. Il est à noter qu'en anglais on parle pour la lunette de « télescope à réfraction », et pour notre télescope à miroir, de « télescope à réflexion »...*

TVBVM OPTICVM VIDES GALILAEI INVENTVM, ET OPVS, QVO SOLIS MACVLAS
ET EXTIMOS LVNAE MONTES, ET IOVIS SATELLITES, ET NOVAM QVASI
RERVM VNIVERSITATE PRIMVS DISPEXIT A. MDCIX.

# Astronomia Nova

Primauté de l'observation sur les dogmes : c'est le credo de ces nouveaux chercheurs que sont Kepler et Galilée. Ainsi, Kepler publie dans *Astronomia Nova* ses deux premières lois qui décrivent le mouvement des planètes autour du Soleil.

Mathématicien, astronome, physicien, musicien, astrologue et même romancier, Johannes Kepler sait tout faire. Son grand œuvre reste cependant les fameuses lois de Kepler, publiées entre 1609 et 1618. Il est le premier à émettre l'hypothèse d'une rotation du Soleil sur son axe. À la mort de Tycho Brahé en 1601, il devient mathématicien impérial à la cour de Rodolphe II et le reste jusqu'en 1612. En 1609, il expose ses deux premières lois avec d'autres hypothèses comme la nature de la force responsable du mouvement des planètes, force « quasi magnétique », donc physique et non plus divine !

En 1610, il prend connaissance de la découverte des quatre lunes de Jupiter par Galilée et sa lunette astronomique, et lui écrit une lettre de soutien, *Dissertatio cum Nuncio Sidero* (Conversation avec le messager des étoiles). Il utilise en 1611 le mot « satellite » pour désigner ces quatre petits astres. L'invention de la lunette lui inspire enfin, en 1611, un ouvrage d'optique.

Kepler affirme que l'Univers est soumis à des lois « harmoniques », faisant un lien entre l'astronomie et la musique. Dans *Harmonice Mundi* (Harmonie du Monde), publié en 1619, il attribue à chaque planète un thème musical. Les variations des vitesses de ces planètes sont représentées par les différentes notes composant la gamme. Suite à l'observation d'une supernova en 1604-1605, il écrit deux ans plus tard *De Stella Nova in Pede Serpentarii* (De l'étoile nouvelle au pied du Serpentaire). *Somnium* (Rêve) est publié quatre ans après sa mort. Texte inclassable pour l'époque, on le qualifierait aujourd'hui de fantastique. Cette relation d'un voyage de la Terre à la Lune est avant tout un prétexte pour vulgariser les idées coperniciennes.

***Voir aussi*** Uraniborg p. 250,
Lunette de Galilée p. 256.

*L'empereur Rodolphe II en Vertumne, peint par Giuseppe Arcimboldo en 1590 (Skoklosters Slott, Suède). L'empereur, féru d'ésotérisme et d'astrologie, a racheté les instruments de Tycho Brahé après la mort de celui-ci, survenue en sa présence, afin d'étoffer son cabinet de curiosités, le plus riche musée privé de son temps. Kepler lui a dédicacé* Astronomia Nova.

# NÉBULEUSE D'ORION

Le 26 novembre 1610, Nicolas-Claude Fabri de Peiresc, savant du tournant de la Renaissance, découvre l'aspect nébuleux d'un astre identifié par Ptolémée comme une étoile, qui devient une des nébuleuses les plus célèbres du ciel.

Avec autant d'étoiles brillantes facilement visibles de partout sur Terre, la constellation d'Orion est un astérisme que de nombreuses civilisations ont habillé d'images propres à leur culture. Pour les Grecs de l'Antiquité, c'est Orion, un chasseur légendaire qui se vante de pouvoir tuer n'importe quel animal. De sa ceinture, que soulignent trois étoiles brillantes, pend l'épée du chasseur, ponctuée de quelques astres un peu plus faibles que Ptolémée, Tycho Brahé et beaucoup d'autres considèrent comme autant d'étoiles. Armé d'une lunette astronomique, Nicolas-Claude Fabri de Peiresc, ami de Galilée, découvre l'aspect nébuleux de l'astre lumineux situé au milieu de l'épée.



La Nébuleuse d'Orion, également connue sous le nom de M42, est l'un des objets les plus faciles à repérer dans le ciel d'hiver car elle se situe dans l'épée, juste en dessous de la ceinture formée de trois belles étoiles (les trois rois) presque parfaitement alignées. On peut l'observer avec une petite lunette, voire une paire de jumelles, et même la distinguer à l'œil nu dans un ciel nocturne dénué de pollution. C'est l'un des astres du ciel les plus observés par les astronomes amateurs qui peuvent en isoler de nombreux détails, même avec un modeste instrument.

À 1 350 années-lumière du Soleil, la nébuleuse d'Orion s'étend sur une trentaine d'années-lumière. Elle est constituée de gaz et de poussières interstellaires qu'illuminent des amas d'étoiles chaudes et massives. Au centre de la nébuleuse, où la formation d'étoiles va bon train, une volute de matière interstellaire opaque forme la célèbre nébuleuse de la Tête de Cheval.

***Voir aussi*** Lunette de Galilée p. 256.

*Vue en fausses couleurs de la Nébuleuse d'Orion, mêlant des images enregistrées dans le visible par le télescope spatial Hubble et dans l'infrarouge par le télescope spatial Spitzer. Le bleu dénote la lumière visible, le vert, le très proche infrarouge, l'orange et le rouge, l'infrarouge à plus grande longueur d'onde.*

# Taches solaires

Johannes Fabricius n'est pas le premier à remarquer la présence de taches sombres lorsqu'il observe le soleil le 9 mars 1611, mais la publication de sa trouvaille ouvre la discussion sur la nature de « ces taches importunes qui troublent le ciel, et plus encore la philosophie ».

Dirigeant sa lunette vers le Soleil au petit matin, Fabricius aperçoit une tache sombre sur notre étoile. Il regarde à nouveau après avoir nettoyé l'optique, observe avec d'autres instruments, rien n'y fait, il voit toujours la tache : ce n'est pas un artefact. Il réitère ses observations le lendemain, la tache est toujours là, bien que légèrement déplacée. Avec son père David (le découvreur de la première étoile variable périodique), ils mettent au point la télescopie en chambre noire qui leur permet, grâce à l'observation indirecte, de préserver leurs yeux tout en obtenant une meilleure image du disque solaire.



Quelques jours plus tard, il découvre d'autres taches qui se déplacent vers le côté ouest du disque solaire. Au bout d'une dizaine de jours, Fabricius aperçoit une tache du côté est, semblable à celle qui avait disparu du côté ouest, avant que les autres taches ne réapparaissent à leur tour. Fabricius remarque également que les taches se déplacent d'autant plus rapidement qu'elles sont proches du centre du disque. Il en déduit que le Soleil est en rotation autour de son axe, et que les taches sont situées sur la surface « sphérique et solide » de notre astre.

Le livre de Fabricius relatant sa découverte souffre des publications faites en parallèle sur les taches solaires par Christoph Scheiner et Galilée en 1612, ainsi que de la controverse qui s'ensuit. Pourtant, avec les explosions de supernova et la variabilité des étoiles, l'existence de taches solaires et leur observation systématique à la lunette fait partie de ces découvertes qui contribuent de manière décisive à la remise en cause du modèle d'Univers aristotélicien.

***Voir aussi*** Traité du ciel p. 210, Lunette de Galilée p. 256, Tempête solaire p. 306.

*Vue à haute résolution d'une tache solaire enregistrée par l'Observatoire de Sacramento Peak, au Nouveau-Mexique.*

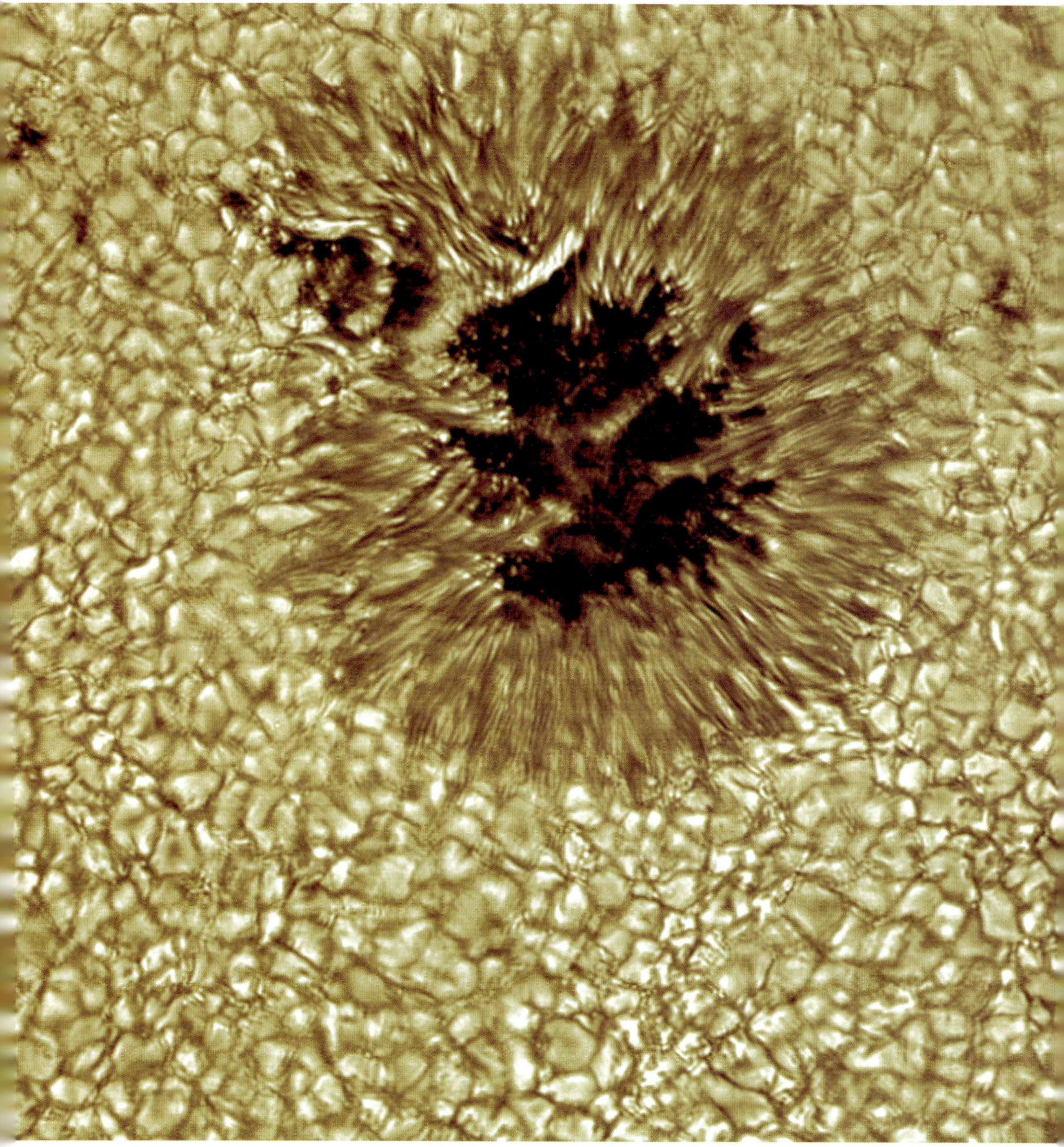

# Cogito, ergo sum

René Descartes publie le *Discours de la Méthode*, texte fondamental où sont posées les bases de la science moderne : l'Univers est susceptible d'une interprétation mathématique, tous les phénomènes doivent pouvoir s'expliquer conformément à des lois.

Alors qu'il achève aux Provinces Unies la rédaction du *Traité du monde et de la lumière*, dans lequel il se rallie la thèse héliocentrique, Descartes apprend la condamnation de Galilée. Inquiet de son propre sort, il décide de différer la publication de son ouvrage et même de brûler certains papiers qui pourraient le compromettre.

Descartes s'oriente alors vers la philosophie, mais pour établir une science nouvelle issue de la physique et de l'astronomie : il a pour ambition de fonder un système sur la seule certitude, celle qui ne peut être mise en doute, à savoir sa propre existence. Sa cosmologie repose, elle, sur le postulat de l'impossibilité du vide. Le monde est constitué de trois éléments, le feu, l'eau et la terre. Il contient des objets brillants (Soleil, étoiles), des objets transparents (ciel) et des objets opaques (planètes, comètes). Une étoile naît du feu primordial au centre d'un tourbillon, lequel envoie la terre vers la périphérie où elle donne naissance aux planètes, engendrant un mouvement mécanique autour du Soleil. Descartes explique ainsi les mouvements célestes, chaque étoile étant dotée de son propre tourbillon. Les comètes sont des astres qui voyagent d'un tourbillon à l'autre. La matière permet d'expliquer un Univers où tout est mécanique. L'eau, le feu et la terre dérivent de la matière et sont la conséquence du mouvement des corps. L'action purement mécanique de la matière est une explication suffisante du monde.

Le *Traité du monde et de la lumière* est finalement publié 14 ans après la mort de Descartes, en 1664. Bien que mathématicien, Descartes a construit un système spéculatif qui n'est pas basé sur l'expérience mais sur des principes métaphysiques. Au-delà de sa contribution à l'optique et à la géométrie, son autre apport scientifique est sans conteste le « doute méthodique ».

***Voir aussi*** Vers l'infini p. 244, Rationalisme p. 284



*Portrait (probable) de René Descartes d'après Frans Hals l'Ancien, exposé au Musée du Louvre.*

# Cyclone jovien

Observant Jupiter depuis l'observatoire du marquis Cornelio Malvasia à Panzano, près de Modène, Gian-Domenico Cassini découvre à la surface de Jupiter une grande tache. Il s'agit d'une gigantesque structure anticyclonique de l'atmosphère jovienne.

Cassini travaille à l'Observatoire de Panzano et enseigne la géométrie euclidienne et l'astronomie de Ptolémée à l'Université de Bologne. En 1665, au moyen d'un télescope, il est le premier à observer la Grande Tache Rouge de Jupiter, d'une dimension équivalente à près de trois fois le diamètre de la Terre. La même année il réussit à estimer la vitesse de rotation de Mars et de Jupiter, mais échoue à mesurer celle de Vénus. Sa réputation est telle que Colbert le fait venir en France dès 1669 pour prendre la direction de l'Observatoire de Paris, alors en cours de construction.



Naturalisé en 1673, son nom est francisé en Jean Dominique Cassini. Il est également l'aïeul de deux autres générations d'astronomes directeurs de l'Observatoire, ce qui lui vaudra le surnom de Cassini 1er. En 1673, à Cayenne, Jean Richer mesure la parallaxe de Mars et permet à Cassini de mesurer pour la première fois, avec une bonne approximation, la distance Terre-Soleil : 33 millions de lieues (146 millions de kilomètres). Les observations de Saturne qu'il mène au cours des années 1670 lui permettent de découvrir quatre nouveaux satellites ainsi qu'un espace séparant les anneaux en deux (la division de Cassini). Il a le premier l'intuition de la composition des anneaux : une multitude de petits satellites, impossibles à identifier individuellement.

Il poursuit pendant plus de 25 ans la publication des éphémérides des satellites de Jupiter. En 1690, il est le premier à observer une rotation différentielle dans l'atmosphère de Jupiter. Il perd la vue vers 1710 et meurt deux ans plus tard.

***Voir aussi*** Astronomie française p. 268.

*Vue en fausses couleurs de la Grande Tache Rouge de Jupiter, enregistrée dans l'infrarouge par les caméras montées à bord de la sonde Galileo. Cette tempête anticyclonique persistante, longue de plus de 30 000 kilomètres, tourne sur elle-même avec une période d'environ six jours. Sur ses bords, les vents soufflent à plus de 400 kilomètres par heure.*

# ASTRONOMIE FRANÇAISE

Dans un tableau de Henri Testelin, Colbert présente à Louis XIV les membres de l'Académie des sciences dans un lieu fictif où de nombreux objets évoquent l'astronomie et qui s'ouvre sur l'Observatoire de Paris dont la construction a commencé la même année.

La construction de l'Observatoire de Paris est le symbole d'un modèle qui s'installe pour longtemps en France, modèle étatique, centralisé, qui structure durablement la recherche scientifique et l'enseignement des disciplines qui s'y rapportent. À l'instigation de plusieurs savants, Louis XIV et Colbert fondent l'Académie royale des sciences. Lors de sa première séance, le 22 décembre 1666, celle-ci décide la création de l'Observatoire royal, qui deviendra ensuite l'Observatoire de Paris.



Le 21 juin 1667, jour du solstice d'été, les membres de l'Académie tracent sur le terrain le méridien (de Paris) et les indications nécessaires à l'implantation du bâtiment conçu par l'architecte Claude Perrault, frère de l'écrivain Charles Perrault, le secrétaire de Colbert… En 1669, Colbert appelle Cassini pour diriger l'Observatoire… que Louis XIV ne visite pour la première fois qu'en 1682, 10 ans après la fin des travaux.

Le décret du 7 messidor an III (25 juin 1795) crée le Bureau des longitudes et lui rattache l'Observatoire. La mission du nouvel organisme est de déterminer la longitude en mer, domaine stratégique à l'époque : il s'agit de pouvoir naviguer sans écueils, au propre comme au figuré, tant pour les flottes de guerre que pour les flottes marchandes. L'Observatoire est également chargé de calculer et publier les éphémérides et d'organiser des missions scientifiques géophysiques et astronomiques. Les astronomes sont statutaires et perçoivent un salaire : la recherche fonctionnariale est née. La construction de l'Observatoire et ses développements sont donc des actes éminemment politiques.

***Voir aussi*** Cyclone jovien p. 266, Observatoire de Greenwich p. 278.

*Colbert présente à Louis XIV des membres de l'Académie des sciences. Tableau de Henri Testelin, exposé au château de Versailles.*

# Astronome

Johannes Vermeer peint l'Astronome avec un globe céleste qui symbolise la profession du personnage et le livre de Metius ouvert au chapitre III qui prône que l'inspiration divine doit guider la recherche astronomique.

Les tableaux représentant des scientifiques sont très en vogue dans la peinture du XVII^e^ siècle aux Pays-Bas. Vermeer ne déroge pas à cette mode et compose deux œuvres, le Géographe et l'Astronome, pour lesquelles il semble probable que son ami et savant Antoni van Leeuwenhoek ait servi de modèle. Dans l'Astronome, plusieurs éléments du tableau servent à caractériser la profession et le domaine scientifique du personnage : le globe céleste, le livre sur la table (*Institutiones Astronomicae Geographicae* de Metius) et le tableau sur le mur symbolisant la connaissance à travers le personnage de Moïse.

L'astronome flamand Adriaan Adriaanszoon, dont le surnom Metius provient du néerlandais *meten* (mesurer) et signifie donc « le mesureur », avait fabriqué des instruments d'observation et développé une nouvelle forme d'arbalète astronomique, sans doute avec l'aide de son frère, Jacob, qui passe pour être l'un des inventeurs de la lunette. Adriaan Metius a aussi travaillé brièvement pour Tycho Brahé sur la petite île de Hven où Brahé avait construit son grand observatoire. Grand pourfendeur de l'astrologie, Metius a par ailleurs étudié l'alchimie et effectué des recherches sur la pierre philosophale. Il est aussi l'auteur de plusieurs traités de mathématiques, sur l'astrolabe et l'arpentage.

Sur le tableau, le livre sur la table a été identifié par les spécialistes comme la deuxième édition, publiée en 1621, des *Institutiones Astronomicae Geographicae*. Il est ouvert à une page du Livre III, où Metius recommande de se vouer à « l'inspiration de Dieu » pour la recherche astronomique, avec le soutien de la géométrie et l'aide d'instruments mécaniques.

***Voir aussi*** Uraniborg p. 250, Lunette de Galilée p. 256, Rationalisme p. 284.

L'Astronome *de Johannes Vermeer, Musée du Louvre.*

# Pensées

La publication des *Pensées* intervient dix ans après la mort de Pascal, alors que la révolution copernicienne a durablement bouleversé les esprits. Le livre révèle un homme perdu face à l'immensité d'un cosmos désormais infini.

Né en 1623, Blaise Pascal publie à seize ans un essai de géométrie projective sur les coniques avant d'inventer, à dix-neuf ans, une machine à calculer, la « Pascaline », qu'il fabrique par la suite à une vingtaine d'exemplaires. À 28 ans, il écrit le *Traité du vide*, dans lequel il prouve l'existence de ce dernier. En 1654, il est l'auteur d'une méthode scientifique à l'origine du calcul des probabilités, décisive dans les théories contemporaines en économie et en sciences sociales.



Après un accident de carrosse, à la fin de cette même année 1654, il fait une expérience mystique qui le conduit à se consacrer à la réflexion philosophique et religieuse. Il se rapproche des jansénistes et devient un adversaire irréductible de l'approche cartésienne. C'est à cette époque qu'il rédige les *Provinciales* et les *Pensées*, lesquelles ne seront publiées qu'à titre posthume, Pascal devant mourir peu après son trente-neuvième anniversaire.

Ce philosophe unique est l'écho du bouleversement que la révolution copernicienne a apporté dans le monde chrétien. L'Univers est maintenant infini, dépourvu de centre et de références absolues. Pour certains contemporains, « le cosmos est en miettes ». L'homme est confronté à une nature qui n'a plus de sens, écrasé par son infinité. Son seul recours reste la domination par l'esprit « du silence éternel des espaces infinis ».

« L'homme n'est qu'un roseau (...) mais c'est un roseau pensant. Il ne faut pas que l'Univers entier s'arme pour l'écraser ; une vague, une vapeur, une goutte d'eau suffit pour le tuer. Quand l'Univers l'écraserait, l'homme serait encore plus noble que ce qui le tue, puisqu'il sait qu'il meurt et l'avantage que l'Univers a sur lui, l'Univers n'en sait rien. » Blaise Pascal, *Pensées*.

***Voir aussi*** Cogito, ergo sum p. 264.

*Masque mortuaire de Pascal, sculpté au XVIIe siècle, exposé au Musée de Port-Royal des Champs à Magny-les-Hameaux.*

# SPECTROSCOPIE

En écrivant son livre *Optiks*, Isaac Newton est le premier à employer le terme de « spectre » dans sa description de l'expérience où un rayon de lumière blanche du Soleil, en passant à travers un prisme de verre, en ressort sous forme de bandes colorées.

La légende veut que la chute d'une pomme ait été à l'origine de la théorie de la gravitation. Si Isaac Newton est connu d'abord pour cette théorie, il travaille aussi en optique et en astronomie, réalisant le premier télescope. On attribue aussi à Newton la découverte d'un des outils mathématiques les plus puissants à la disposition de l'esprit humain : le calcul différentiel et intégral. Cette forme d'analyse « infinitésimale », née en Europe à la fin du XVII$^{e}$ siècle, est peut-être déjà connue depuis trois siècles des mathématiciens de l'école du Kerala, au sud-ouest de l'Inde.



À la fin des années 1660, Isaac Newton fait ses premières expériences sur la lumière. Il réussit à décomposer la lumière solaire en la faisant passer à travers un prisme : il en déduit que la couleur est dans la lumière et non dans le prisme... La lumière est donc un spectre de couleurs. Cette découverte est à la base de l'astronomie moderne : c'est en décomposant la lumière, le messager des astres, que les astronomes deviennent astrophysiciens. L'analyse d'un spectre informe en effet sur les processus physiques à l'œuvre dans la source à l'origine de la lumière, mais aussi sur ceux qui interviennent dans le milieu se trouvant sur la ligne de visée. La découverte de Newton porte aussi en germe la révolution astronomique du XX$^{e}$ siècle qui voit les astronomes s'aventurer loin du domaine des seuls rayonnements visibles.

Personnalité tourmentée et complexe, Newton est aussi très controversé en son siècle : par Leibniz qui lui dispute la paternité du calcul infinitésimal, par Huygens dans le débat « ondes ou particules » à propos de la lumière, ou encore par Hooke pour la gravitation. Chose curieuse, et peu connue, ses recherches en matière d'alchimie ou de théologie l'occupent tout autant que la physique...

***Voir aussi*** Lunette de Galilée p. 256,
Télescope p. 276.

*Le spectre de la lumière blanche, tel que décomposé par Isaac Newton au moyen d'un prisme de verre.*

# Télescope

Isaac Newton construit de ses propres mains le premier télescope à base de miroirs, une technique déjà proposée par Marin Mersenne, James Gregory et Laurent Cassegrain. C'est aujourd'hui encore celle des instruments d'observation astronomique les plus performants.

Dans la première moitié du XVII$^{e}$ siècle, Marin Mersenne propose un télescope avec un miroir primaire concave et un secondaire convexe. Cette idée est reprise par James Gregory et Laurent Cassegrain. mais c'est Isaac Newton qui en construit la première version en 1671. La lumière réfléchie par le miroir primaire concave, est renvoyée vers l'observateur sur le côté de l'instrument par un petit miroir plan.

Pour détecter des astres de plus en plus lointains, dont l'éclat est donc de plus en plus faible, la seule solution est d'accroître la taille de l'optique d'entrée. Les astronomes abandonnent donc les lunettes au profit des télescopes, la mise en œuvre de lentilles de plus d'un mètre de diamètre posant des problèmes techniques insurmontables. Létape suivante se situe en 1918 avec la mise en service du grand télescope Hooker à l'observatoire du mont Wilson. Avec son miroir de cent pouces anglais (254 cm), cet appareil donne ses lettres de noblesse aux grands télescopes en permettant à Edwin Hubble de découvrir l'expansion de l'Univers.

Les grands télescopes règnent aujourd'hui en maître dans tous les observatoires de la planète. Il y en a même dans l'espace, comme le télescope spatial Hubble. La course au gigantisme impose de nouvelles solutions pour réaliser des très grands miroirs épousant avec grande précision la forme souhaitée. Les astronomes se tournent désormais vers des miroirs faits d'un assemblage de segments hexagonaux montés sur vérins afin que chaque hexagone s'ajuste le plus parfaitement possible à la surface désirée.

***Voir aussi*** Premières étoiles p. 46, Télescope spatial p. 60, Voie lactée p. 70, Expansion universelle p. 126, Gravitation p. 290.

*Vue du E-ELT (*European Extremely Large Telescope*, ultra grand télescope européen), l'appareil gigantesque que l'Observatoire Européen Austral envisage d'installer au Chili au cours des années 2020. Le miroir primaire d'une quarantaine de mètres de diamètre est fait d'un millier de segments hexagonaux. Les dimensions de la coupole sont comparables à celle d'un grand stade de football.*

# Observatoire de Greenwich

Charles II, roi d'Angleterre, décide de fonder l'Observatoire royal de Greenwich. La première pierre est posée le 10 août. À la même époque, le roi crée la fonction d'Astronome royal. Le premier titulaire du poste est John Flamsteed.

La mission de l'Astronome Royal est de réaliser « les tables indiquant les mouvements du ciel et la position des étoiles fixes, afin de déterminer les meilleures longitudes et perfectionner l'art de la navigation. » Quant à l'Observatoire royal, c'est le premier bâtiment en Angleterre dédié à une activité scientifique. Si, dans un premier temps, les instruments dont il est équipé servent à réaliser les tables des mouvements stellaires, il va très vite servir à la mesure du temps et plus tard à la rédaction de l'Almanach nautique de sa Majesté. À l'instar de son homologue parisien, le premier objectif de l'Observatoire royal est politique : pérenniser la suprématie britannique sur les mers et son empire commercial.



L'Observatoire royal est pendant longtemps la référence des astronomes britanniques pour la mesure du temps ; de plus, quatre méridiens distincts sont successivement tracés depuis l'intérieur du bâtiment. C'est en 1851 qu'est déterminé le méridien origine, point de départ des longitudes terrestres, qui passe par l'observatoire lui-même. Matérialisé dans les premiers temps par une bande de cuivre dans la cour, il est remplacé plus tard par une autre, en acier inoxydable, jusqu'au 16 décembre 1999, jour où un laser vert prend sa place.

Les coordonnées géographiques de référence de ce méridien sont celles d'un sphéroïde aplati aux pôles et dont la surface correspond grosso modo au niveau moyen local de la mer. Du fait des systèmes de référence géodésiques utilisés au XX$^{e}$ siècle, le méridien sur lequel se fondent les systèmes de référence passe environ cent mètres à l'est du méridien matérialisé par la bande de cuivre originelle...

***Voir aussi*** Astronomie française p. 268, Méridien de Paris p. 302.

*L'Observatoire royal, à Greenwich, dans la banlieue de Londres, flanqué de Flamsteed House, le logement de fonction de son directeur, nommé ainsi en l'honneur de son premier occupant. Peint aux alentours de 1770, ce tableau est visible au National Maritime Museum de Greenwich.*

# Célérité de la lumière

En étudiant les occultations du satellite Io par Jupiter, Ole Rømer, astronome danois travaillant à l'Observatoire de Paris, établit la première estimation réaliste de la célérité de la lumière, qu'il publie le 7 décembre 1675 dans le *Journal des Sçavans*.

Galilée est l'un des premiers à mesurer la vitesse de la lumière. Au sommet de deux collines, éloignées de près de deux kilomètres, il place deux hommes portant chacun une lanterne dont les lumières sont masquées. Lorsque l'un des deux voit apparaître la lumière de l'autre, il dévoile sa propre lanterne. Le premier mesure le temps passé entre le moment où il démasque sa lanterne et celui où il voit apparaître l'autre. Connaissant le temps que met la lumière pour effectuer l'aller-retour et la distance parcourue, Galilée croit pouvoir ainsi estimer la vitesse de la lumière. Mais le résultat est bien trop proche de l'instantanéité !



Plus d'un demi-siècle plus tard, l'astronome danois Ole Rømer étudie à Paris les éclipses d'Io, un satellite de Jupiter. Il constate des irrégularités dans le rythme de ces éclipses, qui se produisent plus tôt que prévu lorsque la Terre est proche de Jupiter. Rømer comprend que l'explication réside dans le fait que la lumière, qui doit se déplacer à une vitesse finie, parcourt une distance différente d'une observation à l'autre. Estimer cette célérité implique bien sûr de connaître la distance de Jupiter. Avec les données dont il dispose, Rømer évalue alors cette vitesse à 210 000 kilomètres par seconde.

La publication de ce résultat est loin de faire l'unanimité et seuls quelques esprits éclairés, dont Newton, admettent le fait que la propagation de la lumière n'est pas instantanée. Un demi-siècle plus tard, James Bradley impose enfin l'idée d'une vitesse finie de la lumière. En 1849, Hippolyte Fizeau estime la vitesse de propagation de la lumière entre Suresnes et Montmartre. Il obtient 315 000 kilomètres par seconde, proche à 5 % près de 299 792,458 kilomètres par seconde, la valeur exacte de cette constante fondamentale depuis qu'elle intervient dans la définition du mètre.

***Voir aussi*** Constantes fondamentales p. 66.

*Gravure mise en couleur par Monica Schroeder, représentant Ole Rømer entouré de ses instruments.*

Y
B
D
K
L
M
E
F
F
X

# Pluralité des mondes

Les *Entretiens sur la pluralité des mondes* constituent un véritable ouvrage de vulgarisation scientifique où Bernard Le Bovier de Fontenelle compare le cosmos à un spectacle prodigieux et décrit les étoiles comme autant de soleils éclairant des mondes innombrables.

« La Lune, selon toutes les apparences, est habitée, pourquoi Vénus ne le sera-t-elle pas aussi ? (...) Je ne laisse pas de trouver qu'il serait bien étrange que la Terre fut aussi habitée qu'elle l'est, et que les autres planètes ne fussent point du tout ; car ne croyez pas que nous voyions tous ceux qui habitent la Terre ; il y a autant d'espèces d'animaux invisibles que de visibles. »

Les *Entretiens sur la pluralité des mondes* sont publiés en 1686. L'ouvrage se présente sous la forme d'un dialogue entre un scientifique et la marquise de G. ; c'est l'occasion pour le philosophe d'exposer ses convictions rationalistes, sur la pluralité des mondes notamment. Vers 1680, plusieurs comètes ont traversé le ciel européen, en particulier la comète de Halley, suscitant des courants de superstition contre lesquels s'inscrit l'ouvrage de Fontenelle.



Fontenelle, qui a intégré les héritages copernicien et cartésien, est convaincu que la Lune et les planètes sont habitées. Il pense aussi que l'ensemble les étoiles du ciel nocturne sont autant de soleils autour desquels gravitent des planètes. La pluralité des mondes est à la mode dès le XVI^e siècle et on y trouve des allusions précises chez Kepler, Huygens ou encore Cyrano de Bergerac.

Bernard Le Bovier de Fontenelle subira l'ironie de Voltaire qui le décrit comme un homme d'esprit sans imagination... Son poste de secrétaire perpétuel de l'Académie des sciences n'empêche pas la mise à l'index des *Entretiens*, en 1687.

***Voir aussi*** Univers infini p.254, Vie extraterrestre p.366, Colonisation de la Galaxie p.386.

*Une lune hypothétique de HD 188753 Ab, planète géante gazeuse d'une masse comparable à celle de Jupiter, en orbite autour du système triple HD188753 situé à 149 années-lumière dans la direction de la constellation du Cygne. HD 188753 Ab compte parmi les centaines de planètes identifiées autour d'une autre étoile que le Soleil qui attestent désormais l'hypothèse de la pluralité des mondes.*

# Rationalisme

Jusqu'au siècle précédent, les termes astrologie et astronomie, ou chimie et alchimie, étaient employés indifféremment. Il en va désormais tout autrement, signe de la fin d'un rapport magique au monde.

Jusqu'au XVIIe siècle, chimie et alchimie, mais aussi astronomie et astrologie sont des mots équivalents, voire interchangeables. On peut considérer qu'il y a un lien entre l'assimilation du concept d'infini en Europe, dans la pensée scientifique et l'émergence d'une nouvelle notion de personne. Avec la séparation du sujet et de l'objet, c'est le rapport du sujet au monde qui change. En particulier, la dimension magique de ce rapport tend à disparaître. Cette nouvelle conception de l'individualité est développée notamment par Baruch Spinoza et René Descartes.

À cette époque, l'infini est encore un attribut du divin, et un monopole de la sphère du religieux. L'infini est avant tout une catégorie divine dans son acception positive et synonyme d'imperfection dans son acception négative, celle de la scolastique, héritée de la pensée aristotélicienne. On peut dire qu'à ce moment, l'infini reste incompréhensible, mais devient concevable pour l'esprit humain, et donc, devient une « grandeur » manipulable.

L'acceptation de l'infinitude sans sa compréhension correspond à l'introduction dans le champ de la pensée occidentale, métaphysique et philosophique, de l'idée que l'histoire est entrée – définitivement – dans une dynamique, elle-même infinie, qui n'a *stricto sensu* plus de limite : le grand et le petit sont deux infinis, toute limite n'est qu'apparente et provisoire. Ainsi, une particule ne peut plus être élémentaire que provisoirement, tout autant que les définitions de notre Univers, dans le temps comme dans l'espace. « Les évanouissants sont multitudes », dit Newton...

***Voir aussi*** Vers l'infini p. 244, Univers infini p. 254, Astronome p. 270.

Le Géographe, *Städelsches Kunstinstitut de Francfort. Ce tableau, que Vermeer peint en 1669, est souvent associé à l'Astronome, sans que l'on puisse affirmer avec certitude s'il s'agit d'un couple voulu par l'auteur, en dépit de leurs grandes similitudes. Cartes et globes ne sont pas représentés pour magnifier l'œuvre d'un monarque ou d'en représenter symboliquement le pouvoir, mais pour signifier la puissance grandissante des scientifiques.*

I Ver-Meer
MDCLXVIIII

# Observatoire astrologique

Le Maharadjah Jai Singh II, féru d'astronomie, entreprend dans sa nouvelle capitale de Jaipur, au nord-ouest de l'Inde, la construction du Yantra Mandir, un ensemble d'instruments d'observation astronomique en pierre à vocation astrologique.

Fortement imprégné de sciences, d'arts et de philosophie, scientifique lui-même, le maharadjah Jai Singh II s'inscrit toute sa vie dans une quête de connaissance. Persuadé de l'importance de l'astronomie et de l'astrologie dans les choix et les grandes décisions politiques, il fait traduire en sanskrit des ouvrages d'Euclide, Ptolémée, Flamsteed, Newton, mais aussi les tables astronomiques d'Ulugh Beg.



Mieux encore, à partir de 1719, ce contemporain des Lumières entreprend pour le Sultan des Moghols la construction d'une série de grands observatoires en Inde du Nord, à Delhi, Jaipur, Mathirâ, Ujjain et Vârânasî. Ces installations sont remarquables par le gigantisme de leurs instruments et leur précision sans égale à l'époque, en particulier celui de Jaipur, site de la nouvelle capitale du Maharadjah, achevée en 1728.

L'observatoire est composé de dix-sept instruments dont le Brihat Samrat Yantra, un cadran solaire de 27 mètres de haut qui permet d'obtenir, aux équinoxes, une mesure de l'heure avec une précision d'une demi-seconde ; le Rama Yantra pour déterminer l'altitude et l'azimut des planètes ; le Kranti Yantra, qui permet de déterminer les coordonnées des planètes par lecture directe ; le Chakra Yantra pour mesurer les coordonnées équatoriales, l'angle horaire et la distance polaire d'un astre ; l'Unnatansha Yantra, un cercle de laiton de plus de cinq mètres de diamètre qui évalue la hauteur des corps célestes ou encore le Raja Yantra, véritable carte céleste.

***Voir aussi*** Astronomie islamique p. 236, Rationalisme p. 284.

*Le Brihat Samrat Yantra, gigantesque cadran solaire de l'observatoire de Jaipur, en Inde.*

# Invention du sextant

Cet instrument de navigation permettant de relever la hauteur d'un astre au-dessus de l'horizon est inventé indépendamment par l'astronome anglais Sir John Hadley et par Thomas Godfrey, opticien autodidacte de Pennsylvanie.

Malheureusement pour Godfrey, c'est le nom de l'astronome britannique qui est associé à l'instrument. Magnanime, la Société royale de Londres lui verse néanmoins une pension... Dérivé du quadrant (dont l'arc de mesure était de 90°, soit le « quart » d'un cercle), cet instrument permet de mesurer la hauteur d'un astre au-dessus de l'horizon depuis un navire, malgré ses mouvements sur l'eau. La différence entre l'octant et le sextant réside dans leurs ouvertures angulaires respectives : pour l'octant, elle est de 45°, autorisant la mesure de hauteur d'un astre jusqu'à 90° au-dessus de l'horizon, tandis que celle du sextant est de 60°. C'est l'origine des noms de ces deux instruments.



La supériorité du sextant par rapport à l'astrolabe réside dans sa capacité à observer simultanément les deux directions dont on veut mesurer l'angle, ce qui rend cette mesure indépendante des mouvements du navire. Par ailleurs, si le sextant se tient à hauteur des yeux, l'astrolabe nécessite un point de suspension plus ou moins haut suivant la hauteur de l'astre observé.

Dans la pratique, les navigateurs obtiennent une précision de l'ordre d'un ou deux milles marins, approximation due à de nombreux facteurs : mouvements du navire et de la mer, flou de l'horizon (conceptuellement, l'horizon est la limite de ce que l'on peut observer, du fait de sa propre position ou situation), imprécisions de l'heure. Le sextant est encore utilisé trois siècles plus tard dans l'aéronautique, la marine ou les raids terrestres, bien que son usage ait tendance à diminuer avec le développement des systèmes de positionnement par satellites.

***Voir aussi*** Bâton de Jacob p. 192, Astrolabe p. 220.

*Beau spécimen de sextant en cuivre.*

# Gravitation

Émilie du Châtelet, muse de Voltaire et brillante scientifique du siècle des Lumières, entreprend à l'instigation de son illustre ami la traduction en français des *Philosophiæ Naturalis Principia Mathematica* d'Isaac Newton.

Gabrielle Émilie, Fille de Louis Nicolas Le Tonnelier, baron de Breteuil, marquise du Châtelet par mariage, a fréquenté très jeune des personnalités comme le poète Jean-Baptiste Rousseau ou Fontenelle dans le salon parisien de son père. Elle lui doit une éducation poussée, chose rare pour les jeunes filles de son temps. Il lui enseigne le latin et elle apprend aussi le grec et l'allemand. Elle pratique le clavecin, travaille la danse, le théâtre et l'opéra.



Ses qualités intellectuelles et son goût des sciences ne l'empêchent pas de mener la vie frivole d'une dame de son rang sous la Régence. De ses amants, c'est sans aucun doute Voltaire qui est le plus important, l'encourageant dans sa passion pour la physique et les mathématiques, matières pour lesquelles elle montre des dispositions évidentes. Émilie a ainsi pour interlocuteurs Alexis Clairaut, Pierre Louis Moreau de Maupertuis, Daniel Bernoulli, Leonhard Euler, Réaumur. Enfin, elle entreprend la traduction des *Principia Mathematica* de Newton, dans lequel le mathématicien et physicien anglais expose sa théorie de la gravitation universelle, celle-là même qui explique le mouvement des astres.

Sa liaison avec Voltaire va durer quinze ans. Il l'encourage dans sa traduction de l'œuvre majeure de Newton et lui fait prendre conscience de ses capacités. Voltaire admire son intelligence, son esprit et ses qualités humaines dans un environnement sans pitié. Il ne lui compte jamais son soutien face à la jalousie et aux mesquineries de ses contemporains. Ils restent très proches même après leur séparation. Après la mort d'Émilie du Châtelet, survenue prématurément en 1749, c'est Voltaire qui se charge de faire publier sa traduction du traité de Newton, traduction encore d'actualité près de trois siècles plus tard.

***Voir aussi*** Mort d'Hypathie p. 228, Échelle de distance p. 154, Spectroscopie p. 274, Rationalisme p. 284.

*Portrait de la marquise du Châtelet par Marianne Loir, exposé au Musée des Beaux-Arts de Bordeaux.*

# Loi de Titius-Bode

Johann Tietz (dit Titius) établit une relation entre les rayons des orbites planétaires validée en 1781 par la découverte d'Uranus, ce qui pousse Johann Bode à rechercher la planète qui manquerait entre Mars et Jupiter.

En prenant les nombres de la suite : 0, 3, 6, 12, 24, 48, 96, 192, en leur ajoutant 4 et en les divisant par 10, on obtient une nouvelle suite : 0,4 ; 0,7 ; 1 ; 1,6 ; 2,8 ; 5,2 ; 10 ; 19,6. Or il s'avère que l'échelonnement des distances au Soleil exprimées en unité astronomique (UA) des cinq planètes connues au milieu du XVIIIe siècle s'ajuste bien à cette dernière suite. Lorsque Titius publie en 1766 cette loi empirique, il ne manque à l'appel que deux planètes : celles qui devraient se situer à 2,8 et 19,6 UA du Soleil.



La découverte d'Uranus par William Herschel en 1781 semble valider cette loi, reformulée entre-temps par Bode. La distance de la nouvelle planète au Soleil (19,2 UA) est en effet très proche de la valeur prédite par la loi empirique devenue celle de Titius-Bode. Bode se persuade alors de l'existence d'une planète inconnue, située à 2,8 UA du Soleil. Les astronomes se mettent alors en chasse de la planète manquante : en 1801, Giuseppe Piazzi découvre Cérès ; en 1802, Heinrich Olbers, Pallas. Ces deux astres, d'une taille bien trop modeste pour justifier l'appellation de planète, ne sont que l'avant-garde d'une population de petits corps qui constituent la Ceinture d'astéroïde. L'idée est alors avancée que tous ces petits corps sont les débris d'une planète ; on lui donne même un nom : Phaéton. Cette hypothèse est toutefois rejetée de nos jours et on estime plutôt que les perturbations gravitationnelles de Jupiter interdisent toute formation planétaire entre Mars et Jupiter.

La chasse à la planète manquante contribue toutefois indirectement à la découverte de Neptune en 1846. Mais cette dernière évolue à 30 UA du Soleil au lieu des 38,8 prévues par la loi de Titius-Bode qu'il faut donc se résigner à ranger au rayon des curiosités astronomiques du passé…

***Voir aussi*** Ceinture d'astéroïdes p. 86, Mécanique céleste p. 304.

*Montage des images des huit planètes du système solaire enregistrées par différents engins spatiaux. De haut en bas : Mercure, Vénus, la Terre (avec la Lune), Mars, Jupiter, Saturne, Uranus et Neptune.*

# Points d'équilibre

Savant piémontais installé à Berlin, Joseph-Louis, comte de Lagrange, découvre par l'étude du cas d'un petit corps soumis à l'attraction de deux plus massifs qu'il existe des positions d'équilibre dans un tel système. Elles sont dénommées « points de Lagrange » en hommage à ses travaux.

Né à Turin en 1736 d'un père d'origine française, Joseph Louis Lagrange passera les vingt premières années de sa vie en Italie et les trente suivantes à Berlin, appelé par Frédéric II à l'instigation de d'Alembert pour succéder à Euler. En 1787, il répond à l'invitation de Louis XVI et vient s'installer à Paris. Pendant la révolution, il fait partie du comité des poids et mesures dont l'une des tâches est d'élaborer le système métrique et la division décimale des unités. Il participe aussi à la création de l'École polytechnique dont il est l'un des premiers enseignants.



Ayant énoncé sa loi qui exprime que « les corps s'attirent avec une force proportionnelle au produit de leur masse et inversement proportionnelle au carré de la distance de leurs centres », Newton a cherché à décrire le comportement de trois corps, sans y parvenir. Ce problème, dit « des trois corps », passionne depuis les spécialistes en mécanique céleste.

En 1772, Lagrange étudie le cas d'un corps de masse négligeable soumis à l'attraction de deux corps de grande masse en orbite l'un autour de l'autre (le Soleil et une planète, par exemple). Il découvre alors que les champs de gravité des deux corps massifs se combinent de manière à créer cinq points d'équilibre. Placé à l'un de ces cinq points de Lagrange, notés de L1 à L5, le corps de masse négligeable reste fixe par rapport aux deux corps de grande masse. Dans le cas du système Terre-Soleil, le point de Lagrange L2 situé à une distance de 150 millions de kilomètres du côté opposé au Soleil est un emplacement de choix pour des sondes spatiales devant opérer loin des rayonnements thermiques que produit notre planète.

***Voir aussi*** Premières étoiles p. 46, Fond cosmologique p. 40, Lune p. 88.

*Observatoire de l'Agence Spatiale Européenne en service depuis juillet 2009 au point de Lagrange L2 du système Terre-Soleil, le satellite Herschel emporte un télescope opérant dans l'infrarouge doté d'un miroir de 3,5 mètres de diamètre. C'est en 2012 le plus grand télescope spatial en activité.*

# Prix de la longitude

Pour avoir construit une horloge de précision, John Harrison reçoit des mains du Roi George III le prix que le parlement britannique a décidé dès 1714 d'attribuer à qui proposerait un moyen simple et sûr de déterminer la longitude d'un navire en pleine mer.

En 1707, quatre navires de sa gracieuse majesté le roi George II sont drossés sur les récifs de Cornouailles, provoquant un terrible naufrage : trois vaisseaux de lignes perdus corps et biens, plus de quatre mille marins disparus... Face à ce désastre pour la marine britannique, les autorités réagissent, comme souvent en pareil cas, en constituant la Commission de la Longitude et en promulguant le *Longitude Act* qui prévoit un prix de 20 000 livres à qui proposerait un moyen simple de déterminer la longitude à bord d'un navire en pleine mer. Si le ciel permet depuis longtemps de déterminer la latitude en mer, l'estimation de la longitude reste aléatoire, ce qui oblige les marins à naviguer le long des côtes... ou à prendre de grands risques.



En pleine mer, sans repère terrestre, il n'existe qu'un seul moyen de calculer avec précision la longitude : comparer l'heure du méridien de référence fournie par le garde-temps avec l'heure locale fournie par le passage du Soleil au méridien. Le problème réside dans l'imprécision des horloges, un décalage de quelques secondes représentant une différence de plusieurs milles... John Harrison, ébéniste et musicien de son état, mais aussi inventeur de génie, va mettre au point une montre de marine qui donne l'heure avec toute l'exactitude nécessaire, coiffant sur le poteau tous les astronomes.

Recevoir la récompense qui lui est due est une autre paire de manche : face à la mauvaise foi et à la jalousie des savants qui acceptent mal de se faire « doubler » par quelqu'un qui n'est pas astronome, ni même scientifique, il doit attendre près d'un demi-siècle que le roi Georges III lui rende enfin justice.

***Voir aussi*** Observatoire de Greenwich p. 278, Méridien de Paris p. 302.

*Le chronomètre H1 de Harrison, conservé au National Maritime Museum de Greenwich. Fabriqué entre 1730 et 1735, il n'est reconnu qu'en 1773 par la Commission de la longitude.*

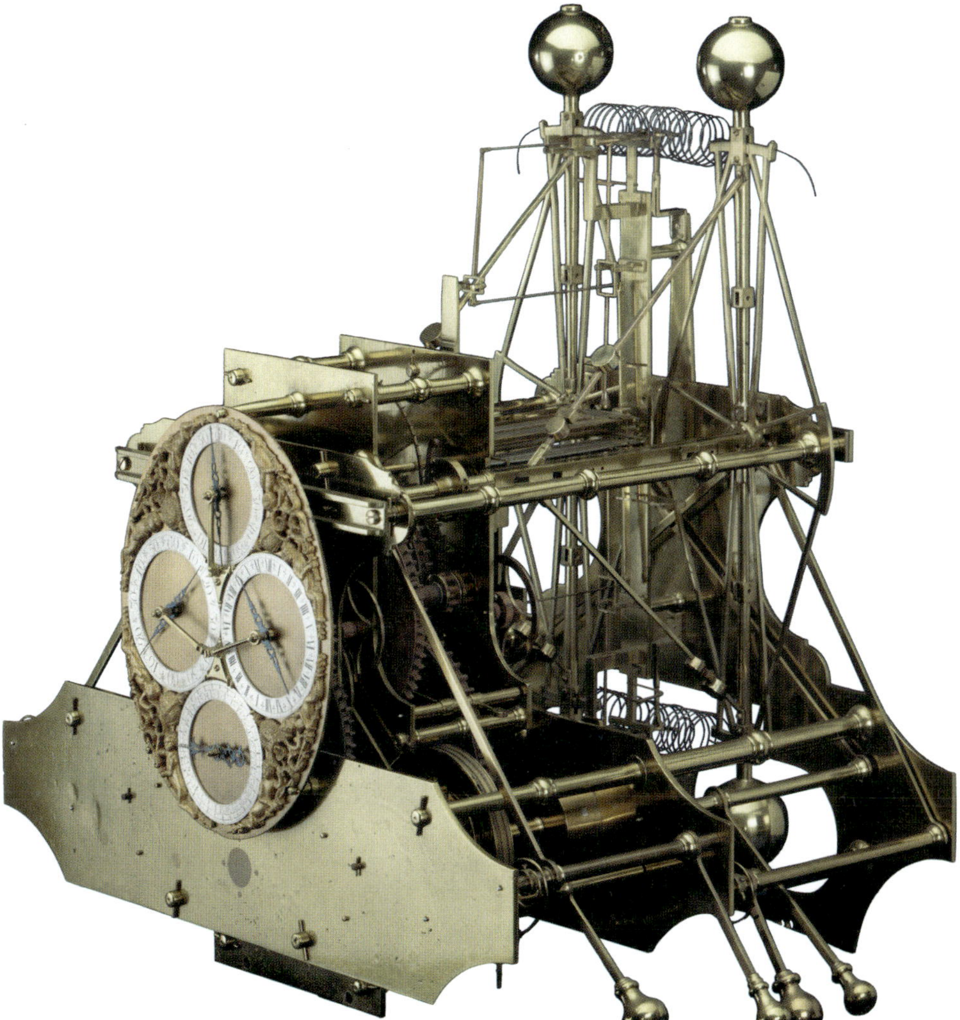

# PREMIER ENVOL

**Jean-François Pilâtre de Rozier et le marquis François Laurent d'Arlandes, qui se sont envolés à bord d'une montgolfière de papier lâchée depuis le château de la Muette, atterrissent à la Butte aux Cailles après un vol de 25 minutes au-dessus de Paris, culminant à plus de 1 000 mètres.**

Chimiste et physicien, Pilâtre de Rozier crée en 1781 le Musée de Paris, premier musée dédié aux sciences où il alterne conférences et démonstrations scientifiques pour la noblesse, lieu qui devient très vite le point de rencontre privilégié des savants.

Le premier vol d'un ballon à air chaud est l'œuvre des frères Montgolfier à Annonay le 4 juin 1783. Le 19 septembre de la même année, un coq, un mouton et un canard sont les premiers aéronautes de l'histoire, à Versailles, lors d'un vol devant le roi Louis XVI, leur ballon s'élevant jusqu'à 480 mètres. Le jeune Pilâtre propose alors un premier vol « habité », que le Roi refuse, ne voulant pas prendre le risque d'un vol humain. Pilâtre finit par arracher l'autorisation et après plusieurs tests, le premier vol « habité » a lieu le 21 novembre 1783 à Paris. Pilâtre de Rozier et le marquis d'Arlandes décollent à La Muette à l'ouest de Paris : le vol dure une vingtaine de minutes, jusqu'à la Butte-aux-Cailles, au sud-est.

Le 19 janvier 1784, après plusieurs nouveaux vols, dont l'un avec une montgolfière plus grande qui permet d'emmener six passagers pour un vol très court, Pilâtre décide de s'attaquer avec le physicien Pierre-Ange Romain à la traversée de la Manche dans le sens France-Angleterre. Le 15 juin 1785, profitant de vents favorables, ils prennent l'air. Alors qu'ils sont à cinq kilomètres de la côte, les vents deviennent contraires, le ballon se dégonfle brusquement et ils s'écrasent au sol près du rivage, après une chute de 600 mètres. Ils sont tués tous les deux, devenant les deux premières victimes de l'air.

***Voir aussi*** Vol habité p. 338.

*Cartes de collection représentant l'histoire des montgolfières et des aérostats à gaz d'hydrogène. Le premier vol de Pilâtre est illustré en bas à droite, la traversée fatale en haut à gauche.*

MORT DE PILÂTRE DE ROZIER
ET DE ROMAIN SUR LA CÔTE DE BOULOGNE
1785.
LA TOUR GAYETTE LIEU DU DÉPART DE PILATRE DE ROZIER
TOMBEAU DE PILÂTRE
ET DE ROMAIN
A VIMILLE
COLLECTION 476
1re Série (N° 8)
ROMANET & Cie IMP. ÉDITrs PARIS

TRAVERSÉE EN BALLON DU PAS-DE-CALAIS
PAR BLANCHARD ET JEFFERIES
1785
Monument élevé à la mémoire de Blanchard au lieu de sa descente près de Calais
COLLECTION 476.
1re Série (N° 7)
ROMANET & Cie IMP. EDITrs PARIS.

ÉMEUTE
À GONESSE
LE PHYSICIEN CHARLES
CHARLES LANCE AU CHAMP DE MARS À PARIS LE PREMIER AÉROSTAT À GAZ HYDROGÈNE
27 AOUT 1783
COLLECTION 476.
1re Série (N° 3)
ROMANET & Cie IMP. EDIT. PARIS.

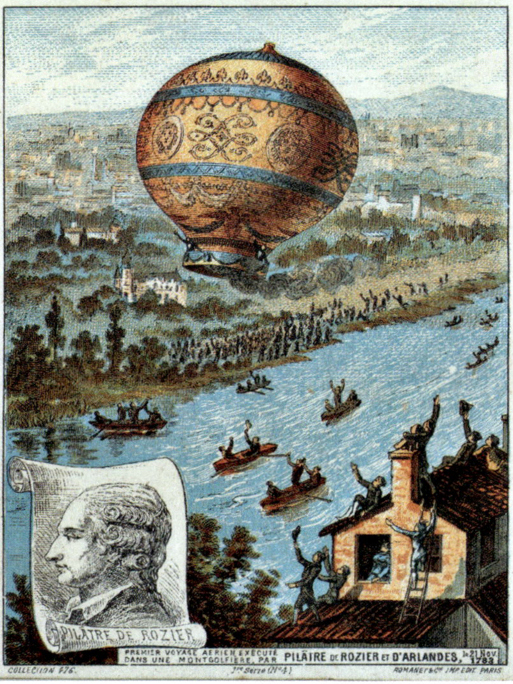
PILATRE DE ROZIER
PREMIER VOYAGE AERIEN EXÉCUTÉ
DANS UNE MONTGOLFIÈRE, PAR PILÂIRE DE ROZIER ET D'ARLANDES, le 21 Nov. 1783
COLLECTION 476.
1re Série (N° 4)
ROMANET & Cie IMP. EDIT. PARIS

# Astres obscurs

Dans son *Exposition du système du monde*, Pierre-Simon de Laplace, mathématicien et astronome, prône qu'en vertu de leur attraction, certains des astres très massifs de l'Univers ne laissent parvenir aucun de leurs rayons lumineux.

Son caractère opportuniste, tant en politique que dans sa carrière scientifique, ne doit pas occulter des contributions majeures dans les domaines des mathématiques et de l'astronomie. Sous couvert du postulat en vogue à l'époque d'une lumière faite de grains de matière, il pressent l'aptitude des astres les plus massifs de l'Univers à ne pas laisser échapper la lumière. Laplace suppose aussi que certains astres découverts à l'aide des lunettes et télescopes ne font pas partie de la Voie lactée et qu'ils sont eux-mêmes des galaxies, anticipant les découvertes du XXe siècle.



En 1796, il publie l'*Exposition du système du monde*, où l'on peut lire son hypothèse cosmogonique : le système solaire proviendrait d'une nébuleuse primitive au cœur de laquelle se trouverait un noyau tournant sur lui-même autour de son axe, d'une densité et d'une température très élevées. Dans ce système, les planètes et leurs satellites proviennent, elles, du refroidissement des couches extérieures et de la rotation de l'ensemble, la vitesse croissante du noyau central engendrant le Soleil. Laplace est célèbre également pour son « démon », esprit susceptible de connaître les paramètres complets de tous les constituants de l'Univers à un instant donné, et donc de déduire leurs états en tout instant, présent ou futur. En cela, il est le père de la théorie du mécanisme.

Si Laplace est un courtisan qui passe sans état d'âme du républicanisme au bonapartisme puis au royalisme, cela ne l'empêche pas d'afficher ses convictions scientifiques face aux puissants : à Napoléon qui lui reproche de ne pas faire mention de Dieu dans sa théorie, il répond : « Sire, je n'ai pas eu besoin de cette hypothèse ». L'empereur en aurait été fort amusé.

***Voir aussi*** Voie lactée p. 70, Pluralité des mondes p. 282, Trous noirs p. 344.

*Pierre-Simon de Laplace. Gravure extraite du troisième tome des* Merveilles de l'industrie ou, Description des principales industries modernes, *par Louis Figuier, édité par Furne et Jouvet entre 1873 et 1877.*

# Méridien de Paris

Ayant contribué dès 1806 au relevé du méridien de Paris, François Arago est élu à l'Académie des sciences à vingt-trois ans. Physicien et astronome, il dirige l'Observatoire de Paris à partir de 1843. Il est aussi précurseur en matière de vulgarisation.

Né en 1786, il devient professeur à l'école polytechnique, puis membre de l'Académie des sciences en 1809. Directeur de l'Observatoire de Paris, puis du Bureau des Longitudes, député à partir de 1830, il est ministre de la Guerre et de la Marine dans le gouvernement provisoire après la révolution de 1848, puis, pour deux mois, Chef de l'État par intérim. Il joue un rôle essentiel dans l'abolition de l'esclavage. Après le Coup d'État de Napoléon III en 1851, il démissionne de son poste au Bureau des Longitudes.



La vocation astronomique de François Arago est nourrie par le passage à Estagel, son village natal du Roussillon, de l'astronome Pierre Méchain. Voulant offrir le système décimal « à tous les hommes, à tous les temps », les révolutionnaires français ont en effet chargé Pierre Méchain et Jean-Baptiste Delambre de mesurer de Dunkerque à Barcelone l'arc du méridien de Paris qui traverse la France du nord au sud. Plus tard, Arago participe lui-même aux opérations de prolongation de la mesure jusqu'aux îles Baléares.

Outre l'astronomie, les travaux d'Arago concernent aussi l'optique, la mécanique des fluides, le magnétisme, ou encore la polarisation de la lumière. Partisan dans un premier temps de la théorie corpusculaire de la lumière, il est convaincu par la théorie ondulatoire d'Augustin Fresnel, dont il soutient ensuite les travaux. Grand diffuseur de la science, il crée en 1835 les *Comptes rendus de l'Académie des sciences*. Aussi bon orateur que pédagogue, il donne de 1813 jusqu'à 1846 un cours d'astronomie populaire à l'Observatoire qui rencontre un succès énorme auprès du grand public.

***Voir aussi*** Astronomie française p. 268, Observatoire de Greenwich p. 278, Astronomie Populaire p. 314.

*Photographie de l'un des 135 médaillons de bronze disséminés dans les rues de la capitale, le long du méridien de Paris pour commémorer le bicentenaire de la naissance d'Arago. Cet anti-monument par excellence est selon les propres termes de son concepteur, Jan Dibbets, un « monument imaginaire réalisé sur le tracé d'une ligne imaginaire, le méridien de Paris ».*

N
ARAGO
S

# MÉCANIQUE CÉLESTE

Le 31 août 1846, Urbain Le Verrier communique à l'Académie des sciences les caractéristiques d'une planète présumée, dont l'existence expliquerait les perturbations d'Uranus. Neptune est effectivement observée un mois plus tard.

« Monsieur Le Verrier vit le nouvel astre au bout de sa plume ». C'est ainsi que François Arago commente la découverte de Neptune, la huitième planète du système solaire. Comme le souligne la phrase d'Arago, il s'agit d'une découverte très particulière : c'est la première en astronomie qui ne soit pas le résultat de l'observation, mais le fait de calculs. Du reste, Le Verrier a été devancé – de peu – par l'Anglais John Couch Adams, mais il a publié ses résultats avant lui ! On voit là en germe toutes les facettes de la science des siècles à venir...

Le Verrier veut ensuite expliquer les perturbations de Mercure. Il postule l'existence d'une autre planète, Vulcain, dont il prédit le passage devant le Soleil en 1877. Malheureusement, ces prédictions ne sont pas vérifiées et ces anomalies finissent par être expliquées au début du siècle suivant par Albert Einstein avec la théorie de la relativité générale. Le Verrier est aussi le père de la météorologie moderne, créant un réseau de stations, un bulletin météo, des cartes et des prévisions quotidiennes.

Après la mort d'Arago, il devient Directeur de l'Observatoire, menant une politique scientifique et administrative fort différente de celle de son prédécesseur. Il mène lui aussi une carrière politique bien remplie, comme sénateur et président de Conseil général de la Manche, mais lui soutient en revanche le Second Empire. Contesté pour ses méthodes de gouvernance par les astronomes de l'Observatoire, il est démis de ses fonctions en 1870, avant d'être réintégré après la mort de son successeur Charles-Eugène Delaunay trois ans plus tard.

**VOIR AUSSI** Astronomie française p. 268, Méridien de Paris p. 302, Bouteille à la mer p. 380.

*La planète Neptune, photographiée par la sonde Voyager 2.*

# Tempête solaire

Le 1er septembre 1859, une tache très lumineuse persiste cinq minutes durant à la surface du Soleil ; le lendemain, on observe des aurores polaires dans les tropiques et des perturbations des réseaux télégraphiques.

Fin août 1859, survient sur Terre une série d'événements extraordinaires : aurores boréales visibles jusque dans les Antilles faisant croire à un gigantesque incendie, dérèglement des instruments de mesure du champ magnétique, télégraphes saturés par une surcharge massive de courant électrique dans les lignes... Deux jours plus tard, une nouvelle vague d'aurores boréales se manifeste encore dans des régions tropicales : en Amérique Centrale, on peut lire un journal en pleine nuit !



Le 1er septembre 1859, peu avant cette seconde vague d'événements hors du commun, Richard Carrington observe le Soleil. Cela fait plusieurs jours qu'il remarque un ensemble de taches solaires tellement grandes qu'elles sont aisément visibles à l'œil nu. Peu après onze heures, il aperçoit dans ce groupe de taches un éclair très lumineux qui persiste pendant plus cinq minutes. Carrington postule alors qu'une telle manifestation à la surface du Soleil est sans doute liée à cette suite d'épisodes si spectaculaires survenant sur Terre.

C'est la première observation d'une éruption solaire. Ce phénomène survient dans une zone de la couronne solaire où la structure du champ magnétique adopte la forme d'une boucle dont les pieds sont ancrés à la surface du Soleil. Le champ magnétique confine alors au sein de la boucle une grande quantité d'électrons, protons et autres noyaux atomiques. Il suffit d'une instabilité pour déclencher l'éruption : tel un élastique qui se détend, la boucle projette à grande vitesse toutes les particules qu'elle renferme. Plus l'éruption est violente, plus l'arrivée dans l'atmosphère terrestre de cette bouffée de particules ionisantes est susceptible de provoquer des effets du type de ceux observés en 1859.

**VOIR AUSSI** Taches solaires p. 262, La panne du millénaire p. 374.

*Illustration d'une bouffée de particule soufflée par une éruption solaire et abordant la Terre où elle crée à haute altitude une aurore boréale photographiée par un astronaute de la navette spatiale.*

# Goût des sciences

*De la Terre à la Lune* paraît en feuilleton dans *Le Journal des Débats* et consacre Jules Verne comme maître incontesté du roman d'anticipation, propre à donner le goût des disciplines scientifiques à des générations entières.

À la fin de la Guerre de Sécession, un club de Baltimore, aux États-Unis, se donne pour objectif de lancer un boulet de canon sur la Lune. Une collecte planétaire permet de réunir les fonds nécessaires à la construction d'un canon géant. Un aventurier français se propose de réaliser un projectile creux dans lequel il pourrait se loger pour aller sur la Lune. Le tir est un succès, mais sur Terre, l'inquiétude succède à l'engouement né du lancement, les nuages empêchant le suivi du vaisseau-projectile. Après quelques jours de suspense, il est repéré en orbite autour de la Lune...



Bien que le roman *De la Terre à la Lune* et sa suite *Autour de la Lune* présentent certaines invraisemblances ou erreurs, comme le lancement par un canon, l'œuvre de Jules Verne est étonnamment prémonitoire en regard du programme Apollo. C'est un programme américain, comme dans le roman ; le lancement est effectué depuis Cap Canaveral, en Floride, pratiquement à l'endroit décrit par Verne. Ce choix est dû à la vitesse de rotation de la Terre, plus importante près de l'équateur et donc plus propice aux lancements spatiaux. Les capsules Apollo embarquent également trois astronautes, pour une mission d'une semaine et qui reviennent sur Terre... sur mer, comme l'obus habité de Jules Verne.

Le voyage vers ou sur la Lune est un thème fréquent dans la littérature, que l'on rencontre déjà chez Kepler ou chez Cyrano de Bergerac. Jules Verne révolutionne ce genre littéraire, passant de l'anticipation à la science-fiction par son réalisme scientifique, une innovation majeure...

***Voir aussi*** Astronomia Nova p. 258,
Objectif Lune p. 332.

*L'arrivée du projectile à Stone's-Hill, là où se trouve le canon géant. Gravure de François Pannemaker d'après un dessin de Henri de Montaut.*

L'arrivée du projectile à Stone's-Hill. (Page 139.)

# Astronomie physique

Création, sur décision du ministre de l'Instruction Publique, d'un observatoire destiné à la physique astronomique, dont la direction est confiée à Jules Janssen qui s'installe en 1876 à Meudon dans les ruines de l'ancien château du Grand Dauphin, incendié en 1871.

En 1695, Louis XIV achète le château de Meudon pour le Grand Dauphin qui fait construire par Jules Hardouin-Mansart le Château Neuf. Après une période de déclin et d'abandon, en 1792, le Château Neuf devient fabrique de ballons et atelier d'artillerie. On y procède même à des essais d'obus ! En 1870, Meudon, point stratégique, est occupé par les Prussiens. En janvier 1871, le château, devenu dépôt de munitions, prend feu et brûle pendant trois jours...



À la fin du XIX$^{e}$ siècle, les progrès de l'analyse spectrale précipitent l'avènement d'une astronomie orientée vers l'étude de la nature physique des astres. Cette discipline est d'abord baptisée « astronomie physique » avant que s'impose le terme astrophysique devenue de nos jours synonyme d'astronomie. Au lendemain de la guerre de 1870, l'astronomie française accuse en la matière un retard dû au conservatisme institutionnel des élites scientifiques, pour qui l'astronomie n'était que géométrie et mécanique céleste.

Traumatisée par la défaite infligée par une Allemagne où la science et les avancées techniques qui s'ensuivent sont les garants de la supériorité militaire, la Troisième République naissante se montre plus favorable aux sollicitations des savants. Conscient des immenses possibilités de l'astronomie physique, Jules Janssen prend fait et cause pour le projet d'un observatoire spécifique dont la création est approuvée en 1875. Chargé du choix du site, Janssen opte pour le château de Meudon et ses vastes terrasses qui se prêtent à une installation d'envergure. Janssen présente au gouvernement un projet comprenant la restauration du corps central du bâtiment, où serait érigée la grande coupole, ainsi que l'aménagement des communs pour abriter la direction, la bibliothèque, les bureaux et les laboratoires. En 1926, l'Observatoire de Meudon est rattaché à celui de Paris

***Voir aussi*** Astronomie française p. 268, Spectroscopie p. 274.

*La grande lunette de l'Observatoire de Meudon, l'une des plus grandes de son temps, abritée sous la grande coupole de dix-huit mètres de diamètre.*

# Canaux de Mars

En observant Mars alors en opposition, Giovanni Schiaparelli croit voir des formations qu'il appelle canali (canaux), marquant durablement l'imagination populaire et contribuant au mythe d'une vie intelligente ailleurs dans le système solaire.

En cette fin du XIXe siècle, l'histoire de canaux sur Mars défraye la chronique. Mars est la planète dont la surface est la plus propice à l'observation depuis la Terre et les détails qu'on y découvre donnent très vite naissance à d'innombrables spéculations quant à des traces de vie possible. À une époque où Jules Verne donne ses lettres de noblesse à la littérature d'anticipation, les observations de Mars, menées souvent à la limite des instruments, favorisent les hypothèses les plus folles sur d'éventuels habitants de la planète Rouge, au point que le mot « martien » devient synonyme d'extraterrestre...



En 1877, Giovanni Schiaparelli, un astronome de l'observatoire de Brera, à Milan, annonce qu'il a découvert à la surface de Mars ce qu'il interprète comme des canaux. En 1893, Le magnat américain Percival Lowell, passionné d'astronomie, découvre le livre de Camille Flammarion, *La Planète Mars*. Il s'enflamme pour la découverte de Schiaparelli et fait construire à Flagstaff un observatoire (Observatoire Lowell) dédié à l'observation de Mars pour attester sa conviction que les canaux sont un vaste système d'irrigation à l'échelle planétaire conçu et réalisé par des êtres intelligents.

Mais Lowell ne fait pas l'unanimité et bon nombre d'observateurs ne voient que taches floues là où lui distingue canaux et aménagements. Les progrès des grands instruments d'observation, au début du XXe siècle, vont trancher : Schiaparelli et Lowell ont pris leurs désirs pour une réalité, rançon de techniques d'observation approximatives associées à une imagination débridée... En 1965, la sonde américaine Mariner 4 confirme grâce à ses images que les canaux n'ont jamais existé que dans les rêves de Percival Lowell.

***Voir aussi*** Guerre des mondes p. 316, On marche sur Mars p. 368, Mars la Rouge p. 370.

*Vue en perspective de la région d'Echus Chasma enregistrée par la caméra stéréo à haute résolution embarquée à bord de la sonde européenne Mars-Express. On estime que les profondes vallées mises ainsi en évidence ont été creusées dans le passé par de l'eau ruisselant à la surface de la planète.*

# Astronomie populaire

En publiant son *Astronomie Populaire*, Camille Flammarion prend place au premier rang des vulgarisateurs français avant de fonder la Société astronomique de France, qui fait de l'astronomie cette science si particulière où les amateurs jouent un véritable rôle.

D'abord séminariste, Camille Flammarion entre finalement comme apprenti chez un graveur ciseleur où il apprend le dessin et passe son bac en suivant des cours le soir. En 1858, il devient, à seize ans, élève astronome au Bureau des calculs de l'Observatoire de Paris dans le service d'Urbain Le Verrier. Sa journée de travail terminée, il fait des heures supplémentaires en observant le ciel nocturne. Flammarion est un passionné, qui n'a ni sa langue ni sa plume dans sa poche et en 1862, quand il publie *La Pluralité des mondes habités* qui expose ses convictions quant à l'existence d'extraterrestres, il se met en marge de l'institution scientifique.

Après une pause due à la guerre de 1870, il se lance dans l'écriture romanesque et dans les actions de vulgarisation, toujours en rapport avec l'astronomie. En 1880, il dédie *Astronomie populaire*, son livre majeur, « à François Arago, fondateur de l'astronomie populaire ». Il fonde en 1887 la Société astronomique de France, dont l'un des buts est la reconnaissance de l'importance des amateurs en astronomie. Il met en place des événements scientifiques ou reproduit de grandes expériences comme celle du pendule de Foucault. À partir de 1902, il organise la fête du Soleil au pied de la Tour Eiffel, événement qu'il reproduit à chaque solstice d'été jusqu'en 1914... La déclaration de guerre en août 1914 fait avorter son projet de transformation de la place de la Concorde à Paris en un immense cadran solaire.

Très imprégné de spiritisme et de sciences occultes, il se coupe de plus en plus des réalités scientifiques et ne voit pas arriver la révolution scientifique du début du XXe siècle.

***Voir aussi*** Pluralité des mondes p. 282, Méridien de Paris p. 302.

*Couverture de l'ouvrage de Camille Flammarion.*

ASTRONOMIE
populaire
PAR
Camille Flammarion

# Guerre des mondes

Herbert George Wells écrit son ouvrage de science-fiction le plus connu, où des Martiens à bord de tripodes dévastent l'est de l'Angleterre, roman dont Orson Welles tire une adaptation radiophonique dont la diffusion en 1938 engendre une crise de panique nationale aux États-Unis.

Devenu « le » classique de science-fiction, *La Guerre des mondes* est la première histoire d'invasion par des Martiens. Depuis lors, les Martiens sont devenus l'archétype des extraterrestres les plus redoutables, dotés d'armes et de technologies très supérieures aux nôtres, animés par la soif de conquête et de destruction. Le livre de Wells est en réalité une fable « militante » qui s'inscrit contre la guerre et le colonialisme contemporains.



Herbert George Wells (plus connu sous sa signature H.G. Wells) s'inspire du contexte scientifique de son époque. La controverse bat son plein sur l'existence des canaux martiens que prétend avoir vu Giovanni Schiaparelli, tandis que Wilhelm Röntgen vient de découvrir les rayons X dont le pouvoir de pénétration stupéfie le monde. H.G. Wells décrit une planète comparable à la Terre, dotée d'une atmosphère et d'eau en abondance, mais dont l'éloignement du Soleil et la taille réduite ont accéléré le refroidissement, contraignant les Martiens à trouver une terre d'exil.

Le 30 octobre 1938, Orson Welles et sa troupe font trembler l'Amérique avec une adaptation radiophonique diffusée sur CBS du roman d'H.G. Wells. L'utilisation de témoignages fictifs et de bulletins d'information plus vrais que nature donne à l'œuvre une telle réalité que beaucoup d'auditeurs ont véritablement crû à une invasion martienne ! La panique saisit des milliers de personnes. L'émission coûte à CBS un million de dollars en dommages et intérêts. Malgré les démentis publiés ensuite dans les journaux, certains Américains restent persuadés pour longtemps que les Martiens ont réellement débarqués...

***Voir aussi*** Goût des sciences p. 308,
Canaux de Mars p. 312.

*Montage illustrant la diffusion radiophonique de* La Guerre des mondes.

# Astronautique théorique

La publication de *L'Exploration de l'espace cosmique par des engins à réaction* fait de Constantin Tsiolkovski, savant russe autodidacte, le théoricien visionnaire de l'astronautique. Il y propose, entre autres inventions, le principe de la fusée à étages.

Frappé de surdité dans son enfance, il ne peut suivre un enseignement classique et se forme seul et parvient à seize ans à calculer la force nécessaire à un vaisseau spatial pour s'arracher à l'attraction terrestre. C'est en 1880, à l'âge de 25 ans, alors qu'il enseigne les mathématiques et la physique au collège de Borovsk, à cent kilomètres au sud de Moscou, qu'il commence réellement à se passionner pour les questions relatives aux vols spatiaux.



Tsiolkovski est le précurseur de l'astronautique moderne. Dès 1883, il a l'idée d'utiliser la propulsion par réaction pour lancer des engins dans l'espace et parle même de vols interplanétaires. Il dévoile ses théories dans plusieurs ouvrages comme *L'Espace libre*, où il décrit le principe de la propulsion par réaction dans le vide spatial, ou encore *L'Exploration des espaces cosmiques par des engins à réaction*, dans lequel il expose les lois du mouvement d'une fusée. Il énonce enfin la théorie des fusées à étages dans *Les Trains de fusées cosmiques*. Il est le premier à proposer la théorie du moteur-fusée à carburant liquide et l'emploi de propergols pour ces moteurs. On lui doit la première expression du concept de station spatiale, les premiers calculs sur la mise en orbite de satellites et les voyages interplanétaires, ou encore le principe de « l'ascenseur spatial », permettant de mettre des charges en orbite à moindre coût énergétique.

Sans véritable soutien, Tsiolkovski est trop en avance sur son époque pour obtenir les moyens d'expérimenter ses idées. Il lui faut attendre l'avènement de l'Union Soviétique pour être enfin reconnu (il a alors 60 ans) et être élu à l'Académie des Sciences de l'URSS. Influencé par l'œuvre de Jules Verne, Tsiolkovski est également l'auteur de deux romans de science-fiction : *Rêves de la Terre et du Ciel* (1895), et *Au-delà de la Terre* (1920).

***Voir aussi*** Goût des sciences p. 308, Astronautique pratique p. 328, Ascenseur spatial p. 372.

*Lancement de la fusée Saturn V emportant les astronautes de la mission Apollo 11 en 1969. Avec ses trois étages, ce lanceur est la parfaite mise en pratique des travaux de Constantin Tsiolkovski.*

# $E = mc^2$

Les articles que publie Einstein en 1905 dans *Annalen der Physik* révolutionnent la physique et font de lui le savant emblématique du XXᵉ siècle, une position que renforcent ses travaux à venir sur la gravitation.

Albert Einstein naît à Ulm, en 1879. Les pérégrinations de l'entreprise familiale au cours des années 1890 donnent à ses études secondaires un tour chaotique que renforce son esprit indépendant, ce qui ne l'empêche pas en 1896 d'intégrer l'Institut fédéral de technologie de Zurich. Citoyen suisse depuis 1901, Einstein devient en juin 1902 expert technique de troisième classe au Bureau fédéral de la propriété intellectuelle à Berne.



À force de vérifier des inventions portant sur la transmission des signaux et la synchronisation des horloges, Einstein conçoit des expériences de pensée qui le conduisent à des conclusions radicales sur la nature de la lumière et les rapports entre l'espace et le temps. Il les publie en 1905 dans la revue *Annalen der Physik* (annales de la physique). Un premier article soutient en mars que l'énergie de la lumière est véhiculée par des quanta (appelés photons en 1920), ce qui lui vaut le prix Nobel de physique 1921. Suit en mai un rapport sur la théorie cinétique des gaz, dans le droit fil de la thèse qu'il soutient quelques mois plus tard. En juin, c'est l'article sur le principe de relativité, texte capital, le plus fameux du XXᵉ siècle, écrit comme un brevet, avec peu d'équations. Einstein le complète d'un addendum publié en novembre où il montre que si un corps rayonne une énergie L, sa masse diminue d'une quantité $L/V^2$ où V est la vitesse de la lumière. En 1912, Einstein écrit cette équivalence masse-énergie sous la forme $E = mc^2$, l'équation la plus célèbre de la physique.

Convaincu par Max Planck de rejoindre Berlin, « capitale mondiale de la science », Einstein devient professeur de l'Université de Berlin et membre de l'Académie des sciences de Prusse. C'est dans la capitale allemande qu'il formule en 1915 sa théorie de la relativité générale.

***Voir aussi*** Énergie nucléaire p. 82.

*Timbre émis en 1966 par l'Office Postal des États-Unis en hommage à Albert Einstein, qui devient citoyen américain en 1940.*

United States 8c
EINSTEIN

# Toungouska

Une explosion phénoménale survient le 30 juin au-dessus d'une grande rivière de Sibérie centrale. La forêt est rasée dans un rayon de vingt kilomètres. Cette déflagration serait due à la désintégration dans l'atmosphère d'un petit corps de glace de cent mille tonnes.

Vers sept heures du matin, le 30 juin 1908, un bolide de cinquante mètres de diamètre explose à quelques kilomètres d'altitude au-dessus de la Toungouska pierreuse, un affluent de l'Ienisseï en Russie, libérant une énergie équivalant à celle de mille bombes d'Hiroshima. L'onde de choc ravage la région dans un rayon d'une cinquantaine de kilomètres, éradiquant toute forme de vie ; elle est ressentie jusqu'à plusieurs centaines de kilomètres.



Soixante millions d'arbres sont brutalement couchés sur le sol où ils s'enflamment. À moins de vingt kilomètres de l'épicentre de l'événement, plusieurs centaines de rennes et de nombreux autres animaux sont brûlés vifs. Des incendies, visibles à plusieurs centaines de kilomètres à la ronde, brûlent pendant plusieurs jours, tandis que poussières et débris sont projetés dans l'atmosphère. Aux États-Unis, des détecteurs sismiques enregistrent un événement de magnitude cinq, dont l'épicentre est situé au cœur de la Sibérie.

Bien des hypothèses s'affrontent quant à la nature de l'objet à l'origine de l'impact. Celle qui est retenue comme la plus vraisemblable met en avant un petit corps d'une composition proche de celle d'un noyau cométaire, donc formé à l'aube du système solaire, au-delà de la ligne de glace qui se situe à cinq unités astronomiques du jeune Soleil. Une telle composition (glace d'eau et poussière), fait que l'objet se désintègre en pénétrant dans les hautes couches de l'atmosphère, ce qui s'accorde bien avec la nature des dégâts au sol et l'absence de cratère. En 1978, Ľubor Kresák suggère que le petit corps est un fragment détaché de la comète Encke. Seule certitude : si la région où s'est produit l'impact avait été plus peuplée, le bilan aurait été catastrophique !

***Voir aussi*** Impact au Pléistocène p. 162, Force de marée p. 383.

*La zone ravagée par l'impact du 30 juin 1908 : photographie prise au cours de la première exploration scientifique du site de l'impact menée par Leonid Kullik en 1927.*

# Rayon limite

Le 13 janvier, au nom de Schwarzschild retenu au front, Einstein présente à l'Académie des sciences de Prusse un article qui calcule la courbure de l'espace-temps qui prévaut à l'extérieur d'une étoile en fonction d'un unique paramètre, le rayon de Schwarzschild.

Automne 1915. La guerre s'étend à toute l'Europe. Le directeur de l'Observatoire de Postdam, Karl Schwarzschild, est officier sur le front germano-russe. Les rares loisirs que lui laissent ses tâches militaires, il les consacre à la lecture des *Comptes rendus de l'Académie royale des sciences de Prusse* où il avait été élu en 1913.

Dans le numéro du 25 novembre 1915, il découvre le fameux article où Einstein formule sa théorie de la relativité générale. S'interrogeant sur ce que peut bien prédire cette nouvelle théorie de la gravité quant à la géométrie de l'espace autour d'un corps massif, une étoile par exemple, Karl Schwarzschild parvient en quelques jours à calculer la courbure de l'espace-temps qui prévaut à l'extérieur d'une étoile. Schwarzschild décède malheureusement quatre mois plus tard d'une cruelle maladie de peau, incurable à l'époque.



Le paramètre clé de la géométrie de Schwarzschild est une sphère critique, dont le rayon, dénommé rayon de Schwarzschild ne dépend que de la masse de l'étoile considérée. Plus l'étoile est dense, plus son rayon est proche de son rayon de Schwarzschild et plus grande est la distorsion de l'espace-temps alentour. Si le rayon de l'étoile devient égal à son rayon de Schwarzschild, la distorsion de l'espace-temps est alors telle qu'à la surface de l'astre, le temps, infiniment dilaté, apparaît comme gelé. La longueur d'onde de la lumière qu'émet l'étoile augmente dans la même proportion que la distorsion du temps. À la surface de l'astre, la longueur d'onde s'accroît indéfiniment : la lumière cesse d'exister. Un observateur extérieur ne voit plus aucune lumière émerger de l'étoile. Une étoile dense et compacte creuse donc dans l'espace-temps un trou si profond que la lumière elle-même ne peut s'échapper, d'où ce nom de trou noir qui lui va si bien.

***Voir aussi*** Astre obscur p. 300, Trou noir p. 344.

*Karl Schwarzschild en jeune diplômé, au tournant du siècle.*

# Le Grand Débat

Le 26 avril 1920, au grand auditorium du Smithsonian à Washington, un débat public met aux prises les deux astronomes américains Horlow Shapley et Heber Curtis sur la nature des nébuleuses spiralées et les distance dans l'Univers.

Au début du XVIIe siècle, Galilée découvre avec sa lunette que la Voie lactée est entièrement composée d'étoiles. Beaucoup d'astronomes sont alors convaincus qu'il s'agit de l'Univers dans sa totalité. En 1755, Emmanuel Kant bat en brèche ce postulat avec ses « univers-îles ». Et depuis, le débat fait rage entre partisans et adversaire de l'idée que certaines nébuleuses sont des immenses collections d'étoiles très distantes.



Cette controverse, autant philosophique que scientifique, culmine à l'occasion du Grand Débat, nom donné aux discussions publiques opposant Horlow Shapley et Heber Curtis sur les échelles de distance dans l'Univers. Les discussions se déroulent le 26 avril 1920 dans le grand auditorium du Musée d'histoire naturelle du Smithsonian, à Washington, avec pour objet les nébuleuses à l'allure de spirale, comme M31, la Grande Nébuleuse d'Andromède.

Shapley, persuadé que tout l'Univers se réduit à la seule Voie lactée, ne voit dans M31 qu'une banale volute de matière interstellaire. Curtis, en se basant sur l'observation d'étoiles de type nova dans la Grande Nébuleuse d'Andromède, affirme au contraire qu'il s'agit d'un immense enroulement d'étoiles, de même taille que la Voie lactée, mais situés beaucoup plus loin dans l'Univers. Quelques années plus tard, le télescope Hooker à l'Observatoire du mont Wilson, donne raison à Curtis. Il permet en effet de résoudre M31 en une multitude d'étoiles, parmi lesquelles Edwin Hubble identifie une céphéide en 1923. En utilisant la relation période-luminosité établie par Henrietta Leavitt pour ce type d'étoiles, Hubble rejette la Grande Nébuleuse d'Andromède à plus d'un million d'années-lumière... Fin du débat !

***Voir aussi*** Univers-îles p. 72,
Échelle de distance p. 154.

*Le Smithsonian Institute à Washington, théâtre du débat.*

# ASTRONAUTIQUE PRATIQUE

Le 16 mars, à Auburn, Massachusetts, Robert Goddard, physicien et inventeur, pionnier de l'astronautique, procède au lancement réussi de la première fusée à carburant liquide. Il est le père des fusées américaines.

Si on peut considérer le russe Tsiolkovski comme le précurseur des théories sur le vol spatial, les premières tentatives pratiques sont à mettre au crédit de Robert Goddard qui lance en 1916 la première fusée à ergols liquides à Auburn, dans le Massachusetts. Passionné de sciences dès son enfance, on dit que c'est la lecture de *La Guerre des mondes* de H.G. Wells qui déclenche sa passion pour l'astronautique et les voyages spatiaux. Lors de sa remise de diplôme de fin d'études, il déclare : « Il a été souvent prouvé que les rêves d'hier sont l'espoir d'aujourd'hui et la réalité de demain. »



En février 1909, Goddard propose une méthode alternative à la seule technologie connue à cette époque, celle des fusées à poudre, une idée indépendamment proposée par Hermann Oberth en Allemagne et par Tsiolkovski en Russie, celle de fusée à carburant liquide, avec deux arrivées pour la chambre de combustion, l'une pour le carburant, l'autre pour l'oxygène. Les perspectives que laissent entrevoir cette technologie sont prometteuses, mais nombre de problèmes demeurent. Goddard les résout les uns après les autres et plusieurs de ses solutions sont encore utilisées aujourd'hui dans la technologie spatiale.

En novembre 1923, il fait fonctionner la première chambre de combustion à liquides au centre d'expériences de Worcester. Après plusieurs essais de vol entamés en 1926, la première fusée stabilisée par gyroscope et volets s'élance vers le ciel le 19 avril 1932. Goddard ne vit pas assez longtemps pour assister au triomphe de ses créations et voir les premiers vols spatiaux : il s'éteint en 1945, à 63 ans. En reconnaissance, la NASA donne son nom à l'un de ses plus grands centres de recherche installé à Greenbelt, dans le Maryland.

***Voir aussi*** La Guerre des mondes p. 316, Astronautique théorique p. 318.

*Robert Goddard devant son premier modèle de fusée à carburant liquide.*

# Compton contre Millikan

Le 31 décembre, le *New York Times* fait sa une sur le violent débat qui oppose Robert Millikan et Arthur Compton sur les rayons cosmiques. Le premier pense que le rayonnement qui pénètre l'atmosphère est fait de photons, tandis que le second défend une nature corpusculaire.

En 1930, Robert Millikan, est considéré à 62 ans comme l'un des plus grands physiciens américains. N'a-t-il pas en effet reçu le prix Nobel de physique en 1923 pour sa mesure précise de la charge électrique de l'électron ? Il est alors persuadé que les particules électrisées qu'il détecte à haute altitude sont des corpuscules secondaires produits par un rayonnement primaire qu'il prétend fait de photons gamma de haute énergie. En témoigne le terme de « rayon cosmique » dont il affuble ces rayonnements dès 1925 !

Toujours au début des années 1930, Arthur Compton, plus jeune que Millikan de vingt-quatre ans, est l'étoile montante de la physique aux États-Unis. Il a lui aussi reçu le prix Nobel de physique, dès 1927, pour ses études de la diffusion des rayons X et la découverte de l'effet qui porte aujourd'hui son nom. Compton entend démontrer que l'intensité du rayonnement cosmique est plus intense au fur et à mesure que l'on s'approche de l'un des deux pôles magnétiques de la planète. C'est pour lui la démonstration qu'en abordant la Terre, ce soit disant rayonnement cosmique interagit avec le champ magnétique terrestre, preuve qu'il s'agit bien d'un flux de particules porteuses d'une charge électrique...

Le choc entre le vieux savant et son jeune rival ne peut être évité. Fin décembre 1932, Millikan et Compton s'affrontent durement lors de la réunion de Noël de l'Association américaine pour l'avancement des sciences. Le débat atteint une telle virulence qu'il fait les choux gras de la grande presse. En témoigne la « une » du *New York Times* en date du 31 décembre 1932 : « Millikan réplique vivement à Compton dans une controverse sur le rayonnement cosmique ». Heureuse époque où les débats scientifiques sont à la une des grands quotidiens !

***Voir aussi*** Particules extrêmes p. 124, Rayons cosmiques p. 140.

*Le siège du* New York Times, *à deux cents mètre de Times Square, est le sixième plus haut gratte-ciel des États-Unis.*

# Objectif Lune

Dans le *Journal de Tintin* paraissent en feuilleton des planches qui racontent comment un homme foule le sol de notre satellite, vingt ans avant Neil Armstrong, après un vol spatial à bord d'une fusée à propulsion atomique.

Au début des années 1950, la première créature humaine à poser le pied sur la Lune est Tintin, le personnage créé par Hergé. Il faut attendre 1969 pour que l'exploit soit renouvelé par la mission Apollo 11. Cependant, Neil Armstrong et ses deux compagnons n'ont pas réédité *stricto sensu* le vol de Tintin.

Le voyage américain est un vol dit balistique : une impulsion massive, mais brève, est communiquée au départ par les trois étages du lanceur Saturn V aux modules destinés aux opérations lunaires. Fort de la quantité de mouvement ainsi acquise, ces derniers se dirigent vers la Lune en un long vol ponctué de rares impulsions pour ajuster la trajectoire à l'orbite prévue. Au contraire, la fusée mise au point par le professeur Tournesol est à propulsion continue. Seul le décollage utilise une propulsion classique chimique. Le reste du voyage met en œuvre une propulsion atomique, ce qui explique la différence de temps de vol entre les deux missions : près de trois jours pour Apollo, un peu plus de quatre heures pour Tintin et compagnie.

Quand paraît l'album *Objectf Lune*, la propulsion atomique fait l'objet de recherches très sérieuses menées après la seconde guerre mondiale sous l'égide de la Commission des États-Unis pour l'énergie atomique. Initiée par Stanisław Ulam et Frederic de Hoffmann, la mise en œuvre de la propulsion atomique culmine au cours des années 1960 avec le projet Nerva (*Nuclear Engine for Rocket Vehicle*, moteur nucléaire pour fusées). Le principe de base de ces systèmes consiste à porter un fluide à très haute température en le faisant passer dans un réacteur nucléaire avant qu'il se détende dans une tuyère en fournissant une poussée.

***Voir aussi*** Astronautique théorique p. 318,
On marche sur la Lune p. 348.

*Lancement en février 1949 depuis la base américaine de White Sand du Bumper WAC dont le premier étage est une fusée allemande V2 récupérée en Allemagne. Hergé s'est inspiré de la V2 pour dessiner la fusée de Tintin.*

# Conquête de l'espace

La mise en orbite le 4 octobre du premier satellite artificiel par la fusée R7 conçue par l'ingénieur soviétique Sergeï Korolev, considérée aux États-Unis comme un nouveau Pearl Harbor, marque le début de la course à l'espace.

Au début des années 1930, Sergeï Korolev, avec quelques jeunes ingénieurs soviétiques aussi enthousiastes que lui, fonde le groupe d'expérimentation pour le vol à réaction. Ils sont alors pétris des idées de Constantin Tsiolkovski, le pionnier russe de l'astronautique moderne. En 1944, avec des milliers de bombes volantes tirées sur Londres, la fusée A4, plus connue sous le nom de V2, démontre le potentiel des moteurs-fusées pour propulser une charge explosive si haut et si vite qu'elle échappe à toute interception. Au début des années 1950, alors que la guerre froide bat son plein, les stratèges soviétiques sont persuadés que le missile balistique à moteur-fusée est l'arme absolue.



Korolev se retrouve alors au sein du Bureau d'Études Expérimental n° 1 où il dirige le développement de la fusée R7, un missile d'une portée de dix mille kilomètres apte à emporter une charge militaire d'une masse de dix tonnes. Le 21 août 1957, premier tir réussi de la fusée R7. Surnommée Semiorka, (diminutif familier du chiffre sept), c'est une fusée du type « un étage et demi », avec un corps central et quatre gros accélérateurs. Quelques jours plus tard, l'Agence télégraphique de l'Union Soviétique annonce le lancement réussi d'une fusée balistique intercontinentale. L'Ouest inquiet prend conscience de son extrême vulnérabilité…

Devenu constructeur général, en charge de la réalisation du premier missile soviétique intercontinental, Korolev n'oublie pas ses rêves de jeunesse. Il n'a de cesse que de convaincre les dirigeants soviétiques d'utiliser la fusée R7 pour mettre en orbite un satellite artificiel de la Terre. C'est chose faite le 4 octobre 1957 avec le lancement de Spoutnik 1. Le monde ébahi entre brutalement dans l'ère spatiale.

***Voir aussi*** Astronautique théorique p. 318, Vol habité p. 338.

*Le numéro de* Paris Match *daté du 19 octobre 1957 avec, en couverture, Spoutnik 1 dessiné sous les traits d'une lune rouge qui traduit bien la crainte que suscite le satellite soviétique.*

PARIS MATCH
N° 445 SAMEDI 19 OCT. 1957 50 Fr.
LE SATELLITE
• A LA CONQUÊTE DE L'ESPACE
Première manche aux Russes. Nos photos et le grand article de Raymond Cartier.
• COMMENT MARCHE LE SPOUTNIK
Nos dessins vous montrent son lancement, ses fusées, sa trajectoire, sa gravitation.
• LE VOYAGE DANS LA LUNE
Les astronautes imaginent et vous font vivre la prochaine aventure de l'espace.
LA LUNE ROUGE
Le satellite russe est supposé ici passer sud-nord survolant la France.

# Programme SETI

Au cours de la première conférence SETI (*Search for Extra-Terrestrial Intelligence*, Programme de Recherche d'une Intelligence Extraterrestre) qu'il organise à Green Bank, Frank Drake propose la fameuse équation qui depuis porte son nom.

Frank Drake est astronome au NRAO (*National Radio Astronomy Observatory*, Observatoire National de Radio Astronomie), à Green Bank, en Virginie Occidentale. C'est là qu'il organise en 1961 la première conférence SETI. Pour focaliser l'attention des participants sur la question cruciale de la probabilité de détecter un signal radio qu'aurait émis une éventuelle civilisation extraterrestre, Drake griffonne alors au tableau l'équation suivante :



$$N = R^* \times f_p \times n_e \times f_l \times f_i \times f_c \times L.$$

Dans l'équation de Drake, $N$ est le nombre de civilisations extraterrestres dans la Galaxie avec lesquelles une forme de communication serait possible, $R^*$ est le taux de formation d'étoiles par an dans la Galaxie, $f_p$ est la fraction de ces étoiles qui ont des planètes, $n_e$ est le nombre moyen de planètes par étoile propices à la vie, $f_l$ est la fraction de ces dernières où la vie se développe, $f_i$ est la fraction de ces dernières où apparaît une vie intelligente, $f_c$ est la fraction des civilisations capables de développer une technologie qui les rendrait apte à produire des ondes radio, $L$ est la durée de vie moyenne d'une telle civilisation.

La solution de Drake à sa propre équation aboutit à un total d'environ dix mille civilisations dans la Voie lactée avec lesquelles une communication pourrait s'établir... Mais bien sûr, de nombreux spécialistes sont en désaccord avec les valeurs des paramètres adoptées par Drake. Par ailleurs, cette recherche se fait dans une perspective anthropocentrique, c'est-à-dire seulement dans l'hypothèse de civilisations comparables à la nôtre. On peut exclure la possibilité de détecter ainsi des civilisations qui utilisent des outils qui dépassant nos connaissances actuelles.

***Voir aussi*** Message livré p. 378, Bouteille à la mer p. 380.

*Une batterie d'antennes du type de celles utilisées dans le cadre du programme SETI pour détecter les signaux qu'une éventuelle civilisation extraterrestre aurait pu émettre.*

# Vol habité

En accomplissant le 12 avril un vol orbital autour de la Terre à bord de la capsule Vostok, Youri Gagarine devient le héros absolu de l'idéologie soviétique, présenté à tous comme le symbole de cet homme nouveau que doit produire le communisme.

Le monde ébahi découvre qu'un homme a été envoyé dans l'espace pour un vol orbital. Malgré le saut dans l'espace d'Alan Shepard en mai 1961, il faudra attendre février 1962 pour voir le premier vol orbital d'un américain, John Glenn. Entre-temps, le président John Kennedy a annoncé qu'un américain poserait le pied sur la Lune avant la fin de la décennie.

On dit que la passion de Youri Gagarine pour le pilotage est née de l'atterrissage forcé d'un avion de l'Armée Rouge dans son village pendant la guerre. Après des études exemplaires, ce « fils du peuple » devient pilote de chasse, sur Mig 15, avant d'être recruté pour le programme de vol habité. Il devra sa sélection à ses qualités intellectuelles, son talent de pilote, son tempérament et un sang-froid à toute épreuve, mais aussi à sa petite taille (1,58 m) et à un profil exemplaire pour la propagande soviétique...



Son entraînement en vue de la sélection commence en juin 1959. Le choix final, entre Guerman Titov et lui, est fait en mars 1961, un mois avant le lancement. Compte tenu des vols d'essai préalables (dont certains menés avec des animaux), les chances de réussites de la mission sont de l'ordre de 50 %. Le vaisseau Vostok, propulsé par un dérivé de la fusée R7 Semiorka doté d'un petit deuxième étage, est lancé le 12 avril sans difficulté majeure. Il effectue une révolution complète autour de la Terre en une heure et quarante-huit minutes, permettant au premier cosmonaute de l'histoire de découvrir notre planète depuis l'espace et d'accomplir la prédiction de Constantin Tsiolkovski qui avait prévu en 1935 que le premier homme dans l'espace serait russe ! Gagarine touche terre sans encombre après une descente finale en parachute... pour la plus grande gloire de l'URSS triomphante.

***Voir aussi*** Astronautique théorique p. 318, Conquête de l'espace p. 334.

*Statue de Youri Gagarine en titane, installée en 1980 à Moscou en haut d'une colonne de quarante mètres de haut.*

# Parasites cosmologiques

En étudiant un nouveau type d'antenne, Arno Penzias et Robert Wilson repèrent dans la bande des micro-ondes un bruit de fond parasite qu'ils identifient avec le rayonnement cosmologique. Cette découverte leur vaut le prix Nobel de physique 1978.

En 1964, le physicien Arno Penzias et l'astronome Robert Wilson expérimentent un nouveau type d'antenne conçu pour les communications par satellite qu'ils transforment pour la radioastronomie. Ils constatent que leur appareil enregistre dans les bandes centimétriques un bruit de fond apparemment inexplicable, à moins de l'identifier avec le rayonnement cosmologique que Gamov a prévu seize ans plus tôt. Cette découverte fortuite vaut à Penzias et Wilson le prix Nobel de physique 1978.



La mise en évidence d'un rayonnement isotrope de nature thermique est vite considérée comme un argument décisif en faveur de la théorie du Big Bang. Depuis lors, le rayonnement cosmologique est disséqué sous toutes ses coutures par des observations minutieuses, menées là où le fond cosmique se manifeste avec le plus d'intensité, à savoir les bandes des rayonnements radio à haute fréquence et celle de l'infrarouge à grande longueur d'onde.

Seuls les engins spatiaux permettent de balayer l'ensemble de la voûte céleste avec des appareils à grand champ de vue sans être gênés par l'émission thermique de l'atmosphère terrestre. Il est également plus facile de maintenir à très basse température un appareil qui fonctionne dans le vide spatial, la mesure d'un rayonnement thermique à très basse température étant affectée par le « bruit » que rayonne le dispositif expérimental. C'est donc à partir d'engins spatiaux que sont recueillies les données les plus pertinentes sur le rayonnement cosmologique. Les plus récentes sont à porter au crédit de deux sondes spatiales, WMAP, l'Américaine et Planck, l'Européenne. Pour opérer le plus loin possible du rayonnement thermique que produit la Terre, ces deux sondes ont été placées au point de Lagrange L2 du système Terre-Soleil.

***Voir aussi*** Cri primal p. 38, Fond cosmologique p. 40.

*Arno Penzias et Charles Wilson devant le cornet de trois mètres d'ouverture conçu au départ pour recevoir des signaux transmis par satellite avec lequel ils ont découvert le fond cosmologique.*

# Science-fiction

Le *Cycle de Fondation* reçoit le Science-Fiction Achievement Award de la meilleure série de science-fiction de tous les temps, reconnaissant ainsi Isaac Asimov, vulgarisateur scientifique de talent, comme l'un des plus grands auteurs de ce genre.

Né en 1920 dans un petit village de l'oblast de Smolensk en Russie, Isaac Asimov émigre aux États-Unis avec ses parents trois ans après et écrit ses premières nouvelles en 1932, mais ce n'est que plus tard, après ses études de biochimie, que ses romans de science-fiction connaissent un succès mondial. Il contribue à faire évoluer le genre, et certains de ses livres deviennent des références, comme le *Cycle de Fondation* publié à partir de 1951.



Dans le *Cycle de Fondation* (qui a reçu, en 1966, le prix Hugo de « la meilleure série de science-fiction de tous les temps »), Asimov imagine le futur de l'Humanité. Il commence avec l'effondrement d'un empire galactique qui se décompose. Un savant, Hari Seldon, invente une nouvelle science, la psychohistoire, basée sur la loi des grands nombres et le calcul des probabilités qui permet de « prévoir l'avenir », ou, plus exactement, de calculer les probabilités de différents avenirs. Après avoir achevé ses deux grands cycles, *Les Robots* et *Fondation*, il écrit des ouvrages intermédiaires pour faire le lien entre les épopées et construire une véritable « histoire du futur ». Asimov a également enseigné pendant dix ans à l'université de Boston, sans jamais abandonner l'idée que la science est une façon d'apporter des solutions et des réponses aux angoisses d'une époque.

Dans la liste de ses œuvres figurent aussi nombre d'ouvrages de vulgarisation scientifique, historique ou littéraire : *Trous noirs, Le Guide Asimov de Shakespeare* ou encore *Le Guide Asimov de la Bible*. Il a également publié des livres pour enfants sous le pseudonyme de Paul French.

***Voir aussi*** Goût des sciences p. 308, Guerre des Mondes p. 316, Mars la Rouge p. 370, Colonisation de la Galaxie p. 386.

*Isaac Asimov photographié en 1965 pour un article du* New York World-Telegram & Sun..

# Trou noir

Dans une conférence donnée à l'automne, John Wheeler désigne du nom de « trou noir » un astre qui s'est effondré en deçà de son rayon de Schwarzschild et qui creuse dans l'espace-temps un trou si profond que même la lumière ne peut en sortir.

En 1915, Einstein formule sa théorie de la gravité – la théorie de la relativité générale. En 1919, les mesures effectuées au cours de l'éclipse de Soleil du 29 mai suggèrent que les rayons lumineux d'étoiles à l'arrière-plan s'incurvent en passant près du Soleil. Grand succès pour la théorie de la relativité générale, même si les mesures s'avèrent par la suite entachées d'erreurs un peu trop importantes pour constituer une preuve irréfutable.



Au cours des décennies suivantes, la théorie de la relativité générale est négligée, faute d'expérience en laboratoire. Et quand John Wheeler, professeur à l'université de Princeton, aux États-Unis, donne en 1952 un cours sur la relativité d'Einstein, le sujet n'est plus considéré comme digne d'intérêt. Un aspect qui retient l'attention de Wheeler tient aux travaux de Robert Oppenheimer, en 1939, sur le sort que la théorie de la relativité générale réserve aux étoiles de grande masse à la fin de leur évolution : s'écrouler en un corps si dense que même la lumière ne peut pas s'en échapper. L'étoile s'effondrerait alors sans fin, l'espace-temps l'enveloppant d'un manteau sombre. Au centre, l'espace serait infiniment incurvé, la matière infiniment dense, situation absurde décrite comme une singularité.

John Wheeler utilise la métaphore aussi efficacement que le calcul pour capter l'imagination du public. Lors d'une conférence qu'il donne à New York en 1967, il lance ainsi le terme de trou noir pour désigner ce futur désastreux que la relativité générale promet à une étoile massive. En 1999, il écrit dans son autobiographie : « Le trou noir nous enseigne que l'espace peut être froissé comme un morceau de papier en un point infinitésimal et que le temps peut s'éteindre comme une flamme que l'on souffle ».

***Voir aussi*** Rayon limite p. 324.

*Image créée par ordinateur de la distorsion qu'un trou noir imprime dans l'espace alentour.*

# DÉCOUVERTE DES PULSARS

Antony Hewish publie avec ses collaborateurs un article relatant l'observation d'une radiosource pulsant rapidement et dont une étoile à neutrons pourrait être la cause. Il est le premier astronome à recevoir un prix Nobel de physique.

Thésarde d'Antony Hewish au laboratoire de radioastronomie de l'université de Cambridge, en Angleterre, Jocelyn Bell étudie la scintillation interplanétaire des sources cosmiques d'ondes radio pour repérer les plus compactes. C'est dans ce but qu'elle scrute des centaines de mètres de bandes de papier où sont enregistrées les données produites par un réseau de milliers d'antennes radio étalé sur près de deux hectares.



Fin novembre 1967, la jeune femme détecte dans les enregistrements une série de signaux très brefs se succédant avec une extraordinaire régularité. Rien à voir avec les fluctuations erratiques de la scintillation interplanétaire : les signaux reviennent précisément tous les mille trois cent trente-sept millièmes de seconde. Aussitôt prévenu, son directeur de thèse prend l'affaire très au sérieux. Ayant éliminé la possibilité qu'il s'agisse d'une émission radio produite par l'activité humaine, Hewish et son équipe sont bien obligés de conclure à l'origine cosmique de ces signaux.

Dans l'article relatant la découverte, qui paraîtra le 24 février 1968, Hewish et les autres (dont Miss Bell) notent que ces signaux proviennent sans doute de la pulsation d'une étoile à neutrons. Même s'il est vite établi que la périodicité observée tient à la rotation de l'astre compact et non à sa pulsation, c'est le nom de *pulsar* – de l'anglais *pulsating star* (étoile pulsante) – qui désigne les étoiles à neutrons en rotation rapide. Pour son rôle dans la mise en évidence des pulsars, le Comité Nobel attribue le prix de physique 1974 à Hewish, premier astronome à recevoir cette distinction. Miss Bell, pourtant à l'origine de la découverte, ne partage pas le prix – on ne décerne pas le Nobel à un doctorant, femme de surcroît !

***Voir aussi*** Pulsar p. 178.

*L'analogie de la patineuse qui tourne sur elle-même de plus en plus vite en groupant ses membres le long de son axe de rotation est souvent mise en avant pour expliquer la grande vitesse de rotation des pulsars.*

# On marche sur la Lune

Le 21 juillet, au cours de la onzième mission du programme Apollo, après avoir posé leur module lunaire sur la Mer de la Tranquillité, les astronautes Neil Armstrong et Edwin Aldrin sont les premiers hommes à fouler la surface de la Lune.

« Un petit pas pour l'homme, un grand pas pour l'Humanité ». Ce sont les mots que prononce Neil Armstrong en posant le pied sur la Lune le 21 juillet 1969. Apollo 11 est la troisième mission habitée à avoir approché la Lune et la première mission spatiale à avoir permis à un homme de poser le pied sur un objet céleste autre que la Terre.

La NASA remplit ainsi l'objectif fixé par le président John Kennedy dans son discours du 25 mai 1961, de permettre à un homme (américain, cela va sans dire) de poser le pied sur la Lune avant la fin des années 1960 : « Je crois que cette nation devrait se fixer comme objectif de réussir, avant la fin de cette décennie, à poser un homme sur la Lune et à le ramener sain et sauf sur Terre ». Armstrong et Aldrin passent 21 h 30 sur la Lune, avec une sortie de 2 heures 30 au cours de laquelle ils parcourent 250 mètres et collectent 21,7 kg de roches. Leur retour se fera sans incident, après un vol d'un peu plus de huit jours.



Deux ans plus tard, la sonde Mariner 9 devient le premier engin spatial mis en orbite autour d'une autre planète, en l'occurrence Mars. Puis les survols de planètes se succèdent, Jupiter, Mercure, Venus, Saturne, Neptune, par des sondes américaines ou russes. En 1970, la sonde soviétique Venera 7 se pose sur Vénus ; c'est le premier vaisseau spatial humain à atterrir avec succès sur une autre planète et à transmettre des informations depuis celle-ci vers la Terre ; en 1976, la sonde américaine Viking 1 atterrit sur Mars. En 1981, une navette spatiale (Colombia) effectue son premier vol ; en 1986 le premier élément de la station russe Mir est mis en orbite. En 1998, le premier module de la station spatiale internationale ISS (*International Space Station*) est mis en place. En 2005, le module européen Huygens se pose sur Titan. À quand le premier homme sur Mars ?

***Voir aussi*** Objectif Lune p. 332, On marche sur Mars p. 368.

*Célèbre image d'Edwin « Buzz » Aldrin posant sur la Lune au cours de la mission Apollo 11, avec le module lunaire Eagle et Neil Amstrong se reflétant sur la visière du casque de l'astronaute.*

# La Comète et l'Europe

Le 13 mars 1986, la sonde européenne Giotto s'approche du noyau de la comète de Halley et le photographie sans relâche jusqu'à l'interruption des observations dû à un fort surcroît d'impact de micrométéorites.

Le dernier passage de la comète de Halley au voisinage de la Terre remonte à 1986. Un essaim de sondes spatiales s'évertue alors à passer dans sa chevelure afin d'en recueillir quelques pellicules. C'est la sonde européenne Giotto, lancée le 2 juillet 1985 par une fusée Ariane tirée de Kourou, en Guyane, qui passe au plus près de la comète. Le 13 mars 1986, la caméra du vaisseau spatial de l'Agence Spatiale Européenne photographie sans relâche le noyau cométaire, jusqu'à l'interruption des enregistrements survenu à environ mille trois cents kilomètres du noyau. Au vu des clichés, le noyau de la comète de Halley se présente sous la forme d'une grosse cacahuète, de quinze kilomètres de long sur huit de large. Les images ont aussi mis en évidence des jets de poussières émanant de la face exposée au Soleil.

En 1999, la NASA lance la sonde Stardust, avec comme objectif le survol de la comète Wild 2. Après un voyage de plus de quatre milliards de kilomètres, la sonde collecte des échantillons de particules de la comète et les ramène sur Terre en 2006, en larguant une capsule avec son butin lors de son passage au voisinage du globe terrestre. Le 4 juillet 2005, la Nasa frappe la comète Tempel 1 avec la sonde Deep Impact. Cette collision a pour objectif de mieux connaître la composition de l'intérieur du noyau cométaire et d'apporter ainsi des informations sur la naissance du système solaire.

En 2007, la sonde Stardust, après avoir largué ses précieux échantillons cométaires, survole la comète Tempel 1, celle percutée par Deep Impact, afin d'observer les résultats de la collision. Enfin, en 2014, la sonde européenne Rosetta, lancée en 2004 par une Ariane, devrait réaliser une grande première et se poser sur la comète Churyumov-Gerasimenko.

***Voir aussi*** Comète de Halley p. 145,
Adoration des mages p. 242.

*Image composite du noyau de la Comète de Halley combinant soixante images enregistrées par la sonde européenne* Giotto.

# Radiosource superluminique

Avec le grand interféromètre radio installé au Nouveau-Mexique, une équipe franco-mexicaine mesure des mouvements à des vitesses apparemment supérieures à celle de la lumière dans une source gamma localisée par le télescope français Sigma.

Dès sa mise en service en 1990 à bord du satellite russe Granat, le télescope français Sigma explore les régions centrales de la Voie lactée. Optimisé pour produire des images dans la bande des rayons gamma de basse énergie, Sigma est capable de repérer les binaires à trous noirs.



L'une d'elles (matricule 1E 1740), située dans le bulbe galactique, est étudiée dans la bande des ondes radio par Félix Mirabel et Luis Rodriguez. Les observations sont conduites au VLA (*Very Large Array*, très grand réseau), un interféromètre situé au Nouveau-Mexique et conçu pour produire des images d'une très grande finesse. Vue par le VLA, 1E 1740 se présente comme la réplique miniature d'un quasar, d'où ce nom de « microquasar » qui lui a été attribué dès la découverte des jets radio qui lui sont associés.

En août 1992, une caméra à grand champ à bord de Granat découvre dans la constellation de l'Aigle une binaire X à trou noir (matricule GRS 1915). Le mois suivant, Sigma fournit de GRS 1915 une position assez précise pour que Mirabel et Rodriguez puissent l'étudier avec le VLA et découvrir au début de 1994 des manifestations de type superluminique. On qualifie ainsi le comportement de certaines sources radio dont les vitesses perpendiculaires à la ligne de visée semblent supérieures à celle de la lumière. Cette illusion découle du principe de relativité dans le cas de sites émissifs se déplaçant à des vitesses assez proches de celle de la lumière. En résolvant les équations qui régissent le phénomène superluminique observé dans GRS 1915, on constate que la source se situe à quarante mille années-lumière, qu'elle éjecte deux poches de gaz surchauffés dans deux directions opposées, et que la vitesse des éjectas est égale au neuf dixième de la vitesse de la lumière.

***Voir aussi*** Plus vite que la lumière p. 164.

*Vue du VLA, réseau de vingt-sept antennes paraboliques de vingt-cinq mètres de diamètre ; il s'étend sur des dizaines de kilomètres dans les plaines de San Augustin, non loin de Socorro, au Nouveau-Mexique.*

# Multi-longueurs d'onde

Au tournant du XX^e siècle, télescopes au sol et dans l'espace scrutent l'Univers des ondes radio jusqu'aux rayons gamma. C'est pour l'astronomie la révolution la plus considérable depuis que Galilée a braqué une longue-vue vers le ciel.

L'astronomie est une science du regard qui ne peut comprendre l'Univers que par le truchement des messages qu'il nous adresse. Tributaires de la lumière pour l'essentiel, les astronomes n'ont jusqu'au milieu du XX^e siècle qu'une vision du ciel limitée au seul domaine visible, celui des rayonnements propres à impressionner la rétine de l'œil. Sont ainsi exclus de leur champ d'investigation tous les astres qui n'émettent que très peu dans le visible, mais qui brillent d'un vif éclat dans d'autres registres.



Dès la fin des années 1940, les astronomes s'approprient certaines bandes des ondes radio avec les techniques radars développées durant le dernier conflit mondial. Mais l'exploration du ciel dans toute la diversité de ses rayonnements ne débute vraiment qu'à partir des années 1960. La rivalité qui fait rage entre les États-Unis et l'Union Soviétique suscite alors un essor fulgurant des techniques spatiales. Les astronomes en profitent pour placer loin de la Terre des appareils propres à collecter tous les messagers que l'atmosphère bloque ou altère. Observatoires terrestres et spatiaux concourent désormais à sonder l'Univers depuis les ondes radio à courte longueur d'onde jusqu'aux rayons gamma de très haute énergie. Les sites célestes les plus complexes, comme la Voie lactée, commencent à livrer leurs secrets...

Le tournant du XXI^e siècle voit aussi les physiciens venir épauler les astronomes en collectant particules cosmiques et ondes gravitationnelles. L'astronomie vit ainsi une révolution sans précédent, plus considérable encore que lorsque Galilée a braqué sa longue-vue vers le ciel.

***Voir aussi*** Voie lactée p. 70.

*Vue de la Voie lactée dans dix bandes spectrales. Du haut vers le bas : les ondes radio décimétriques, la raie de l'hydrogène à 21 cm, les ondes radio millimétriques, la raie de la molécule CO à 2,6 mm, l'infrarouge lointain (12-100 microns), l'infrarouge moyen (6-10 microns), l'infrarouge proche (1,2-3,5 microns), le visible, les rayons X et les rayons gamma.*

radio continuum (408 MHz)
atomic hydrogen
radio continuum (2.5 GHz)
molecular hydrogen
infrared
mid-infrared
near infrared
optical
x-ray
gamma ray

# Dernier contact

En janvier, c'est le dernier contact avec la sonde américaine Pioneer 10 dont les écarts de progression par rapport aux prédictions pourraient être considérés comme les indices d'une altération des lois de la gravité à l'échelle du système solaire.

La sonde Pioneer 10 est lancée en 1972 vers Jupiter. La mission est une réussite totale au niveau des données et des images collectées, mais elle ne s'arrête pas en si bon chemin : la sonde poursuit sa course vers l'étoile Aldébaran. En 1973, sa jumelle, Pioneer 11, s'élance à son tour vers les planètes géantes, Jupiter d'abord, Saturne ensuite.

Au début des années 1980, on observe que Pioneer 11, après avoir frôlé Saturne en 1979, ralentit plus que prévu, un ralentissement observé jusqu'à la perte de contact avec la sonde, en 1995. Le même effet est observé pour Pioneer 10, qui se déplace pourtant dans la direction opposée, ce qui signifie qu'une force insoupçonnée s'exerce sur les deux sondes et provoque leur ralentissement par rapport aux prédictions de la mécanique céleste.



Comment expliquer ce phénomène, connu désormais sous le terme d'anomalie Pioneer ? On s'est d'abord assuré qu'il ne s'agissait pas d'un problème technique (fuites de propergol, émissions de chaleur asymétriques, erreurs de mesure dans les stations au sol, erreurs dans les éphémérides) ou des erreurs dues à la dérive des horloges. On a ensuite passé en revue les causes externes pouvant contribuer à ces anomalies (pression de radiation, vent solaire, poussières interplanétaires, influence des petits corps de la ceinture de Kuiper). Toutes vérifications faites, des différences significatives semblent persister entre les paramètres orbitaux des deux sondes et leur prédiction théorique. Certains physiciens envisagent que de la matière noire, présente à l'intérieur même du système solaire, puisse modifier la trajectoire des sondes. D'autres enfin n'excluent pas que l'anomalie Pioneer soit le premier indice d'une altération des lois de la gravitation à grande échelle.

***Voir aussi*** Constantes fondamentales p. 66.

*Vue d'artiste de la sonde Pioneer 10, loin dans le système solaire.*

# Astroparticule

Fondation du laboratoire Astroparticule et Cosmologie où des chercheurs à l'intersection de l'astrophysique et de la physique des particules se consacrent à de nouveaux messagers du cosmos tels que neutrinos, rayons cosmiques ou ondes gravitationnelles.

Le néologisme « astroparticule » désigne le domaine scientifique qui émerge à l'interface de la physique des particules, de l'astrophysique et de la cosmologie. La physique des particules étudie à petite échelle la structure de la matière et les lois fondamentales qui gouvernent les interactions. L'astrophysique étudie la structure de l'Univers à grande échelle et son évolution depuis le Big Bang. Quant à la cosmologie, elle confronte les théories de l'infiniment petit à l'Univers primordial. Toute avancée en physique des particules améliore la compréhension de l'Univers ; toute découverte dans l'Univers agit sur les théories de l'infiniment petit.

À la croisée de ces deux infinis, l'astroparticule explore les sites cosmiques par le truchement de messagers – photons gamma, rayons cosmiques, neutrinos, ondes gravitationnelles – aptes à sonder des milieux hors de portée de l'astronomie plus traditionnelle. En observant ainsi les sources de ces nouveaux messagers, l'astroparticule obtient des informations originales sur les propriétés des particules élémentaires. L'astroparticule est aussi le moyen d'étudier les expériences que la nature mène dans des milieux cosmiques où règnent des conditions physiques extrêmes (température, densité, champ électrique, champ magnétique, champ de gravitation) hors de portée des laboratoires terrestres.

Le laboratoire Astroparticule et Cosmologie, qui regroupe des chercheurs issus de différentes communautés scientifiques, est impliqué dans des missions spatiales comme Planck, Integral ou LISA, des moyens d'observation au sol comme l'Observatoire Pierre Auger ou le réseau de télescopes HESS, des expériences souterraines comme Double Chooz, voire sous-marines, comme Antares.

***Voir aussi*** Astronomie française p. 268, Astronomie physique p. 310.

*En 2009, à l'occasion du centenaire de la première expérience d'astroparticule (réalisée en 1909 en haut de la Tour Eiffel), un rayon laser tiré depuis l'Observatoire de Paris signale chaque événement détecté par un détecteur de rayons cosmiques installé au sommet de la Tour Montparnasse.*

# DÉCHÉANCE D'UNE PLANÈTE

En août 2006, l'Union Astronomique Internationale (UAI) décide de rétrograder Pluton au rang de planète naine, cet astre considéré comme la neuvième planète du système solaire depuis sa découverte en 1930 par l'astronome américain Clyde Tombaugh.

Au tournant du XX^e siècle, les astronomes découvrent de plus en plus de corps célestes au-delà de l'orbite de Neptune dont les tailles sont comparables à celle de Pluton. Ces nouveaux astres sont-ils donc tous des planètes ? En guise de réponse, l'UAI décide en 2006 que tous les objets du système solaire seront désormais répartis en trois catégories selon leur taille et leur environnement : les planètes, les planètes naines et les petits corps.

Pour bénéficier de cette nouvelle appellation contrôlée « planète naine », un corps céleste du système solaire doit satisfaire aux conditions suivantes : être en orbite autour du Soleil, avoir une masse suffisante pour que sa gravité l'emporte sur les forces de cohésion des corps solides et le maintienne en équilibre hydrostatique (en clair, être à peu près sphérique), ne pas avoir purgé son voisinage orbital d'autres corps célestes. L'UAI renonce à l'appellation « planète mineure » qui avait cours auparavant pour Cérès, désormais qualifiée de planète naine. Pour compliquer encore un peu plus une situation déjà embrouillée, l'UAI décide en juin 2008 de ranger les planètes naines évoluant au-delà de Neptune dans une nouvelle sous-catégorie, celle des plutoïdes.

C'est le malheureux Pluton qui fait les frais de cette nouvelle classification. Il se voit en effet rétrogradé au rang de planète naine, plutoïde de surcroît. Et pourtant, que de fastes quand Clyde Tombaugh le repère au début de 1930 à l'Observatoire Lowell : on annonce l'événement le 13 mars 1930, jour anniversaire de la découverte d'Uranus, mais aussi jour anniversaire de Percival Lowell. On lui attribue le nom d'un dieu : Pluton. Clin d'œil supplémentaire : les deux premières lettres de Pluton, P et L, sont les initiales même de Percival Lowell...

***Voir aussi*** Mécanique céleste p. 304.

*Pluton, planète naine et plutoïde, vue par le télescope spatial Hubble. La petite taille angulaire de la source impose un grandissement maximum et partant, une médiocre qualité d'image.*

# INSAISISSABLE FRONTIÈRE

Voyager 2 transmet encore des données en 2020 alors que la sonde se trouve sur une trajectoire qui l'amène dans le milieu interstellaire, au-delà de l'insaisissable frontière du système solaire dont elle a déjà franchi les postes avancées.

Pour mener à bien leur odyssée, les deux sondes Voyager profitent d'un alignement planétaire qui ne se produit qu'une fois tous les 175 ans et qui offre la possibilité de visiter les quatre planètes géantes du système solaire. Et même si les crédits alloués ne permettent pas une mission au-delà de Saturne, les ingénieurs de la NASA lancent pourtant Voyager 2 sur une trajectoire se prolongeant jusqu'à Uranus et Neptune. En février 1998, Voyager 1, plus loin de nous que ne l'est alors Pioneer 10, prend le ruban bleu du vaisseau spatial envoyé par les hommes le plus éloigné de la Terre, plus loin que tous les objets connus du système solaire, même les plus distants, comme les planètes naines Éris et Sedna.

Les sondes Voyager sont donc les premières à franchir en état de marche les postes avancés de la frontière du système solaire. Le vent que souffle le Soleil bâti une première limite, le bord externe de l'héliosphère, une cavité sphérique qui prend fin à environ cent unités astronomiques du Soleil, là où le vent solaire est trop distendu pour repousser efficacement le milieu interstellaire. Au-delà, c'est l'héliogaine, une région de transition turbulente, de forme ovoïde, s'étendant sur une quarantaine d'unités astronomiques dans une direction, et sur beaucoup plus dans la direction opposée. La limite extérieure de l'héliogaine, l'héliopause, est la frontière de l'espace interstellaire.

Après avoir traversé en 1989 le système planétaire de Neptune, Voyager 2 franchit les limites de l'héliosphère en août 2007, à 84 unités astronomiques du Soleil, sur une trajectoire qui l'amène en état de marche dans le milieu interstellaire en 2020, après le franchissement de l'héliopause, vers 2017.

***Voir aussi*** Bouteille à la mer p. 380.

*Vue de l'étoile LL Ori, dans la grande nébuleuse d'Orion, enregistrée par le télescope spatial Hubble. On distingue autour de l'étoile la frontière en forme de croissant où le vent stellaire se heurte au milieu interstellaire.*

# Apophis frôle la Terre

Le 13 avril 2029 Apophis, astéroïde géo-croiseur d'une taille d'environ trois cents mètres et dont le nom évoque le dieu égyptien du chaos, voit son orbite perturbée en passant à quarante mille kilomètres de la Terre, près des satellites géostationnaires.

D'une masse de 27 millions de tonnes, Apophis est découvert en 2004. Les premières observations permettaient d'envisager une collision avec la Terre le 13 avril 2029. Des observations plus précises écartent la possibilité d'une telle rencontre, et l'astéroïde passe en 2029 à quarante-deux mille kilomètres de la Terre. De nouveaux calculs font à nouveau craindre un impact en 2036, avec une probabilité de 1/250 000.



S'il survenait, cet impact dégagerait une énergie de l'ordre de cinq cents mégatonnes, soit dix fois celle de la bombe nucléaire la plus puissante jamais testée. Heureusement, un tel impact ne se produit pas souvent, tous les 25 000 ans, en moyenne. La bombe d'Hiroshima avait une puissance d'environ quinze kilotonnes, elle a donc libéré trente mille fois moins d'énergie que celle que dégagerait Apophis s'il frappait la Terre. S'il tombait dans l'océan, Apophis provoquerait un tsunami gigantesque, avec une vague de deux cents mètres de hauteur qui déferlerait à des centaines de kilomètres par heure sur les côtes, engloutissant tout sur son passage. Un impact au sol provoquerait de monstrueux dégâts dans un rayon de plusieurs centaines de kilomètres, une zone où tous les êtres vivants auraient beaucoup de soucis à se faire. La poussière libérée dans l'atmosphère, en bloquant le rayonnement solaire, entraînerait un hiver d'impact qui durerait plusieurs mois.

À l'occasion de la découverte de l'astéroïde, des propositions ont été faites pour le dévier de sa trajectoire si la probabilité de collision avec la Terre se renforçait. Est ainsi évoqué l'envoi d'un vaisseau d'une masse d'une tonne environ à proximité d'Apophis. La gravité exercée par ce vaisseau sur l'astéroïde pourrait alors le dévier de sa trajectoire pour qu'il évite la Terre.

***Voir aussi*** Fin des dinosaures p. 136, Impact au pléistocène p. 162, Toungouska p. 322.

*Vue d'artiste d'un astéroïde géo-croiseur passant à proximité de la Terre.*

# Vie extraterrestre

En examinant les spectres enregistrés au moyen d'un interféromètre spatial opérant dans l'infrarouge, les astronomes mettent en évidence des marqueurs attestant la présence d'une forme de vie dans l'atmosphère d'une exoplanète de type tellurique.

Stephen Vogt et ses collaborateurs découvrent l'exoplanète Gliese 581 g en septembre 2010. C'est la sixième identifiée autour de Gliese 581. Sa découverte tient à la méthode des vitesses radiales : en tournant autour de son étoile, la planète fait osciller périodiquement cette dernière, à l'instar d'un athlète lanceur de marteau dont le corps oscille en phase avec la rotation de son engin. L'oscillation de l'étoile entraîne la variation périodique de sa vitesse radiale, variation qui se manifeste dans son spectre. En raison de sa masse (environ trois fois celle de la Terre) qui lui permet de retenir une atmosphère et de sa localisation dans la zone habitable de son étoile, Gliese 581 g est une exoplanète très prometteuse pour détecter d'éventuelles formes de vie.

En 2042, plusieurs indices viennent d'être détectés, révélant l'existence d'un métabolisme qui atteste de la présence d'une forme de vie sur cette planète. En effet, tout être vivant, en tant que structure organisée, doit consommer de l'énergie, et tous les moyens de se procurer de l'énergie aboutissent à la formation de molécules caractéristiques.

Ce sont ces molécules qui sont détectées : d'une part du dioxygène, produit à partir de l'eau par la photosynthèse bactérienne, puis végétale, qui forme dans la haute atmosphère de l'ozone, qui peut être détecté par spectroscopie ; d'autre part le méthane/ammoniac, produit du métabolisme des bactéries anaérobies et signature d'une activité microbienne. Mieux encore, à la surface de la planète et dans son atmosphère, on observe l'activité de molécules très répandues chez les êtres vivants d'un type analogue au nôtre, les pigments de la photosynthèse et la phosphatase, une enzyme du métabolisme présente chez l'intégralité des êtres vivants de notre planète Terre.

***Voir aussi*** Apparition de la vie p. 102, Grande Oxygénation p. 106.

*La Terre, vue de la Lune, telle que pourraient l'observer des extraterrestres en approche...*

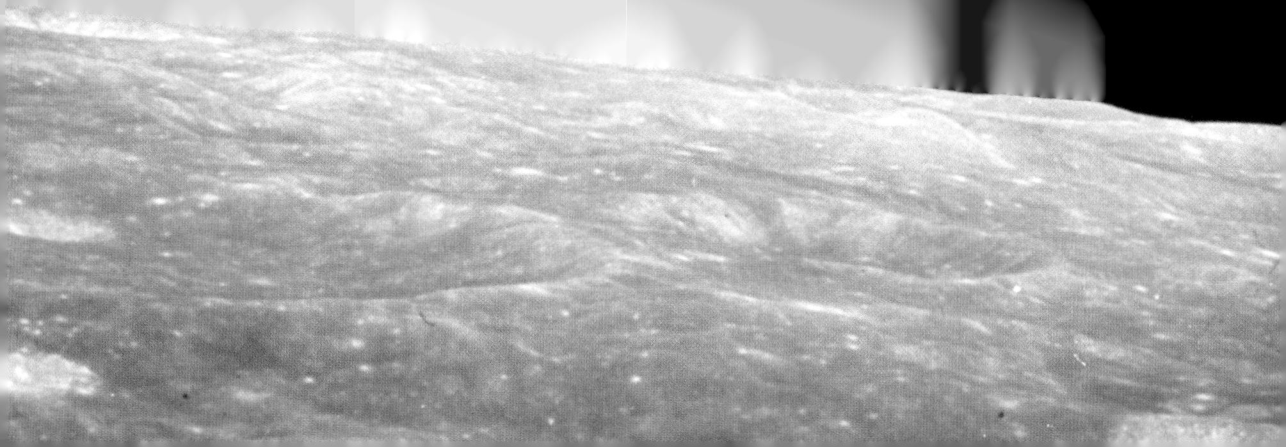

# On marche sur Mars

Les efforts pour envoyer un homme sur Mars, objectif phare de l'astronautique, débouchent enfin en dépit des immenses difficultés d'une telle entreprise, sous l'impulsion de nouvelles puissances spatiales que sont la Chine et l'Inde.

Nos vols spatiaux sont encore des vols balistiques et le lancement d'une telle mission tient d'abord compte de fenêtres de tir très contraignantes, compte tenu des positions respectives de la Terre et de Mars : la distance entre les deux planètes varie en effet du simple à l'octuple, soit de 56 à 400 millions de kilomètres. On comprend bien qu'il faut déterminer avec soin les périodes de voyage aller et de voyage retour les plus courtes, étant entendu qu'un pareil périple ne se tente pas juste pour le week-end !



Un voyage habité vers Mars pose par ailleurs une série de problèmes inédits : pas de retour en arrière possible, pas de ravitaillement en vol, pas de mission de secours, les voyageurs sont livrés à eux-mêmes... La structure du vaisseau doit aussi protéger les astronautes des rayons cosmiques dont on connaît les effets nocifs, comparables à ceux d'une exposition prolongée à la radioactivité. En outre, l'engin doit comporter des systèmes capables de simuler une gravité pour répondre aux problèmes de séjour en apesanteur de longue durée et prévenir un vieillissement prématuré des organismes.

Enfin, et c'est peut-être le problème le plus délicat, les astronautes doivent supporter une vie en communauté dans un environnement confiné, ce qui, sur la durée, peut avoir des effets psychologiques dévastateurs. Certains problèmes peuvent toutefois être surmontés grâce à l'établissement d'un camp de base sur la Lune, d'où s'élancent nos navigateurs spatiaux au long cours. Reste que ces difficultés, jugées longtemps insurmontables, sont enfin maîtrisées en 2050. Les premiers représentants de l'Humanité foulent alors la planète rouge.

***Voir aussi*** On marche sur la Lune p. 348,
Mars la Rouge p. 370.

*Diego Urbina est l'un des participants à l'expérience Mars500 menée par l'Agence Spatiale Européenne et l'Agence Spatiale Russe. Elle consiste à confiner des astronautes durant 520 jours dans un simulateur où sont recréées les conditions d'une mission vers Mars. On le voit ici utilisant des outils conçus par les Russes dans les années 1960 pour leurs projets non aboutis de débarquement sur la Lune.*

esa
MARS 500

# Mars la Rouge

Quand les astronautes, cosmonautes, spationautes et autres taïkonautes débarquent sur Mars, ils réalisent, comme Neil Armstrong l'avait fait sur la Lune, le rêve des grands de la science-fiction comme Ray Bradbury ou Kim Stanley Robinson.

Les six membres d'équipage se sont posés sur Mars après un vol de 180 jours. Des décennies de préparation ont permis de résoudre des problèmes complexes comme la logistique d'un voyage de plus de deux ans, la protection contre les rayons cosmiques, qu'ils soient solaires ou galactiques, les conséquences d'un vol en apesanteur de longue durée, les aspects psychologiques d'une vie de plusieurs mois en vase clos, la mise au point d'un scénario de mission...



Pour cette mission, il a fallu lancer plusieurs vaisseaux grâce à des fusées Ares, permettant de pré-positionner autour de la planète rouge le module de descente et de remontée ainsi que le module d'habitat martien. Une fois en orbite martienne, l'équipage a embarqué dans le petit vaisseau lui permettant de rejoindre l'abri censé les assurer leur survie sur le sol martien. Ce premier atterrissage a eu lieu à proximité de l'un des pôles en raison de son ensoleillement et de la présence de glace. Le séjour prévu sur place est de cinq cents jours durant lesquels les astronautes vont se livrer à de nombreuses expériences et des collectes d'éléments du sol martien.

À la fin de son séjour l'équipage utilisera le module de remontée qui aura fabriqué automatiquement une partie de son carburant pour le processus du voyage retour. Arrivé près de l'orbite terrestre, l'équipage embarquera dans le vaisseau de rentrée et effectuera sa descente. La mission sera alors presque terminée, et si l'on découvre au cours de cette mission les ressources espérées (métaux rares, eau, par exemple), la colonisation pourra alors commencer, et l'Humanité s'installer durablement sur cette nouvelle planète.

***Voir aussi*** On marche sur Mars p. 368.

*Couverture de* Mars la Rouge*, le premier volet de la saga de Kim Stanley Robinson qui débute par l'installation de la première colonie martienne dont le rêve est de transformer la planète rouge en une nouvelle Terre, comme détailler dans* Mars la Verte *puis* Mars la Bleue*, les deux autres volumes de la trilogie culte d'un des maîtres de la science-fiction à la Jules Verne.*

Kim Stanley
Robinson
Mars
la Rouge
roman
PRIX NEBULA
Presses de la Cité

# Ascenseur spatial

Deux cents ans après que Tsiolkovski en a émis l'idée, un câble déployé jusqu'à une altitude de plus de trente-six mille kilomètres permet à des nacelles montant le long du câble de rejoindre l'orbite géostationnaire de la manière la plus économique.

Construire un ascenseur spatial pour accéder à l'orbite géostationnaire à trente-six mille kilomètres d'altitude n'est plus de la science-fiction. Constantin Tsiolkovski en propose un premier concept dès 1895. Inspiré sans doute par la Tour Eiffel, il imagine une structure de trente-six mille kilomètres de haut, qui permettrait de mettre des charges en orbite grâce à un ascenseur. Arthur C. Clarke et Kim Stanley Robinson ont chacun décrit dans leurs romans d'autres types d'ascenseurs spatiaux pour remplacer les lanceurs traditionnels.



En 2000, Bradley Edwards réalise une étude de faisabilité d'un ascenseur spatial pour le compte de la NASA. Il propose d'étirer un câble long de cent mille kilomètres fait de cordons de fibres de carbone entre l'espace et un ancrage flottant mobile situé à l'équateur, dans le Pacifique. Chaque portion du câble est soumise à la force de gravité (qui le tire vers le bas) et à la force centrifuge (qui le tire vers le haut). Les deux s'équilibrent à l'altitude de l'orbite géostationnaire. Comme la gravité domine en dessous de cette limite, il faut prévoir une bonne longueur de câble au-delà pour assurer la tension vers le haut. Le câble se tient alors tout seul, bien droit et raide.

Avec un tel dispositif, transporter une charge dans l'espace coûte cent fois moins qu'avec des fusées classiques. L'ascenseur mis en service en 2195 permet donc de démultiplier les possibilités d'exploitation de l'espace : capter l'énergie solaire, fabriquer des composants nécessitant l'absence de gravité, lancer des vaisseaux dans l'espace pour coloniser enfin Mars et le système solaire. Des dispositifs permettent de se prémunir des débris spatiaux, des météorites, des vents violents, du courant électrique générés par la traversée de l'atmosphère par un fil mouvant, et bien sûr, des rayons cosmiques…

***Voir aussi*** Astronautique pratique p. 328, Mars la Rouge p. 370, Colonisation de la Galaxie p. 386.

*Illustration d'un concept d'ascenseur spatial avec ses cabines se déplaçant le long du câble pour transférer des passagers et des chargements entre le sol et l'orbite géostationnaire.*

# La panne du millénaire

Une éruption solaire paroxysmique, comme il ne s'en produit qu'une par millénaire, porte un coup sévère à une société qui s'est rendue bien trop dépendante de systèmes électroniques qui dans leur grande majorité n'étaient pas assez durcis.

Il se produit de temps à autre des éruptions solaires assez intenses, comme celle de 1989 qui entraîne la débâcle du réseau électrique sur la côte est de l'Amérique du Nord et de sérieuses désorganisations des liaisons radio sur toute la planète. Sa conséquence la plus inattendue est un pic des naissances constaté neuf mois plus tard, dans les régions touchées par la panne de lumière !



L'événement solaire de cette année 2500, dans un monde devenu totalement automatisé et dépendant des systèmes électroniques a des conséquences bien plus dramatiques. L'éruption débute par l'éjection d'une titanesque bouffée de particules électrisées. Elle s'accompagne d'émissions lumineuses violentes, avec une intense composante de rayons X et gamma. Ils sont les premiers à atteindre la Terre, huit minutes plus tard, causant les premiers désordres. Les particules électrisées les plus rapides, virevoltant au gré des champs magnétiques interplanétaires, atteignent ensuite la Terre, en avant-garde du gros du nuage de plasma, qui frappe la planète une vingtaine d'heures après l'éruption. Ce nuage, fortement magnétisé, libère une partie de son magnétisme dans notre proche environnement. C'est à ce point que les perturbations majeures débutent. Quarante-huit heures plus tard, le nuage est déjà loin, l'environnement terrestre revenu à la normale, mais quels dégâts !

Satellites hors d'usage ou devenus incontrôlables, ordinateurs grillés, mémoires effacées, GPS et systèmes de navigation des avions inutilisables, interférences dans les communications radio, effondrement général des réseaux de transport électriques, particules ionisantes mettant en danger astronautes et passagers aériens. Le coût est considérable !

***Voir aussi*** Tempête solaire p. 306.

*Image du Soleil enregistré par la sonde SOHO alors qu'il se produit une éjection coronale projetant des milliards de tonnes de plasma dans l'espace interplanétaire à des centaines de kilomètres par seconde.*

# Étoile du Nord

En raison de la précession des équinoxes, Véga de la Lyre, l'une des étoiles les plus brillantes du ciel, qui se trouve à environ quatre degrés du Pôle Nord céleste, est la nouvelle Étoile Polaire, comme c'est le cas douze mille ans avant notre ère.

Les pôles célestes sont les deux points de la voûte céleste situés sur l'axe de rotation de la Terre. La précession des équinoxes, ce lent changement de direction de l'axe de rotation de la Terre dû aux forces de marée que la Lune et le Soleil exercent sur le renflement équatorial du globe terrestre, fait que l'axe de rotation de la planète décrit la surface d'un cône. Au fil du temps, le pôle Nord céleste se déplace donc sur la voûte du ciel le long d'un petit cercle qu'il décrit en vingt-six mille ans.



Les astronomes appellent « Étoile Polaire » l'étoile aisément visible à l'œil nu la plus proche du Pôle céleste, le Pôle Nord en l'occurrence s'agissant des habitants de l'hémisphère nord. Au début des années 2010, le rôle d'Étoile Polaire revient à l'étoile la plus brillante de la constellation de la Petite Ourse (nom de code : alpha UMa). Le 24 mars 2100, la distance angulaire entre alpha UMa et le Pôle Nord se réduit à 0,4°. Siècle après siècle, le Pôle Nord poursuit sa course sur la voûte céleste en s'approchant de temps à autre d'étoiles assez brillantes. En 4200 après notre ère, dans la constellation de Céphée, il se situe à 0,3° de gamma Cep. En 6400, c'est Iota Cep que le Pôle Nord frôle à 0,4° près. Les millénaires suivants, le Pole Nord entame une longue traversée du désert loin de toute étoile remarquable, à l'exception de Deneb (alpha Cyg), l'étoile la plus brillante de la constellation du Cygne, qui se trouve nom loin du Pôle céleste (3,5°) en 10 900 après notre ère.

Arrive le quinzième millénaire de notre ère. Le Pole Nord céleste est en vue de Véga, la deuxième étoile la plus brillante du ciel boréal, la plus brillante de la constellation de la Lyre. En 14 600 après notre ère, Véga est au plus près du Pole Nord céleste (3,9°).

***Voir aussi*** Précession des équinoxes p. 218.

*Affiche pour le train de luxe* Étoile du Nord, *de Paris à Bruxelles et Amsterdam, composé de voitures salon de la Compagnie Internationale des Wagons Lits qui proposaient, dans un cadre raffiné, des fauteuils individuels en vis-à-vis autour d'une table pour deux avec lampe.*

NORD Ry.
BELGIAN Rys.
NETHERLAND Rys.
WAGONS-LITS Co.
ÉTOILE DU NORD

# Message livré ?

Expédié en 1974 au moyen du grand radiotélescope d'Arecibo, le message radio constitué de 1679 nombres binaires, rédigé par Frank Drake avec l'aide de Carl Sagan, parvient-il à ses éventuels destinataires des mondes habités de l'amas globulaire M13 ?

L'équation de Drake consiste à déterminer une quantité inconnue – le nombre de civilisations extraterrestres dans notre galaxie avec lesquelles une communication serait possible – à partir d'autres quantités tout aussi inconnues. Cette estimation est donc sujette à caution. Calculée à partir de l'équation de Drake, la probabilité qu'il existe d'autres mondes habités dans la Galaxie n'est pas négligeable (le nombre de civilisations dans la Galaxie serait de l'ordre de dix mille, avec les paramètres choisis par Drake, sans doute les plus favorables). Par contre, du point de vue d'un biologiste, la probabilité que s'enchaînent les conditions nécessaires à l'apparition, puis au développement de la vie intelligente est vraiment très faible.

Entre ceux persuadés que d'autres mondes sont habités et les sceptiques convaincus de l'impossibilité d'une forme de vie évoluée ailleurs que sur notre planète, le débat ne saurait être tranché que par l'arrivée du premier extraterrestre… à moins que nous ne parvenions avant à échanger des messages ! C'est précisément le pari que Frank Drake et Carl Sagan prennent en 1974 en envoyant un message radio vers l'amas globulaire M13 au moyen du grand radiotélescope d'Arecibo. Le choix de M13 est justifié car vu de la Terre, c'est un immense rassemblement d'étoile (un million) assez proche (25 000 années-lumière). De plus, sa petite extension angulaire fait que le signal émis par le radiotélescope peut couvrir le centre de l'amas, où la densité d'étoile est maximum.



En l'an 25 000 de notre ère, le message est bien arrivé à 25 000 années-lumière du système solaire. Son signal est encore fort et clair et toute civilisation dotée d'un grand radiotélescope peut le capter. Mais en raison de la rotation du disque de la Voie lactée, M13 ne se trouve plus sur la trajectoire du signal, qui continue à se propager vers de lointaines galaxies…

***Voir aussi*** Formation de Messier 13 p. 56, Programme SETI p. 336, Colonisation de la Galaxie p. 386.

*La gigantesque antenne sphérique de trois cents mètres de diamètre du radiotélescope d'Arecibo est faite de près de quarante mille panneaux d'aluminium montés sur un maillage de câbles d'acier tendus dans une dépression naturelle au nord de l'île de Porto Rico.*

# Bouteille à la mer

Les sondes Voyager évoluent dans l'espace interstellaire, porteuses à l'attention d'éventuels extraterrestres d'un disque vidéo dont le contenu fait un peu figure d'inventaire à la Prévert. Voyager 2 est désormais dans la grande banlieue de Sirius.

C'est une véritable « bouteille à la mer » que les hommes ont ainsi envoyée dans l'espace. Ambassadeurs interstellaires de l'espèce humaine, les deux vaisseaux emportent un message à destination d'éventuelles créatures douées d'intelligence. La NASA n'en est pas à son coup d'essai, puisque les sondes Pioneer 10 et 11 sont aussi équipées d'une plaque gravée avec l'image d'un homme et d'une femme nus, de notre système solaire et de sa position.



Avec les sondes Voyager, la NASA récidive avec un optimisme qui confine à l'angélisme : quelles chances pour que ces messages puissent un jour tomber entre les mains d'un être susceptible d'en comprendre le contenu ? Il s'agit cette fois d'un disque audio et vidéo de cuivre plaqué or, doté d'un dispositif de lecture. Raffinement suprême, la notice d'utilisation est jointe. La capacité du disque permet d'enregistrer un message nettement plus sophistiqué que celui des sondes Pioneer. Le contenu est très hétéroclite. On trouve ainsi une série de 116 images : position de notre étoile, unités physiques, planches anatomiques, photographies d'hommes, d'animaux, de végétaux, de paysages, d'habitations. Vingt-sept morceaux de musique sont aussi enregistrés sur le disque : des extraits de Bach, de Mozart, un chant pygmée, des chœurs géorgiens et *Johnny B. Goode* interprété par Chuck Berry… Il contient aussi des messages de personnalités, ainsi que des sons de notre planète : pluie, vent, tonnerre, feu, oiseaux, bruits de pas, battements de cœur, rires, babillages de bébé…

Si Voyager 2 se trouve dans la grande banlieue de Sirius, l'étoile la plus brillante du ciel terrestre, son aînée, Voyager 1 est passée 40 000 ans après notre ère à moins de deux années-lumière d'une petite naine rouge.

***Voir aussi*** Programme SETI p. 336,
Message livré p. 378.

*Couverture en aluminium conçue pour protéger des micrométéorites le disque embarqué à bord des sondes Voyager. Un schéma explicatif du mode de lecture est dessiné sur la couverture à côté de certains des symboles figurant déjà sur les plaques des sondes Pioneer.*

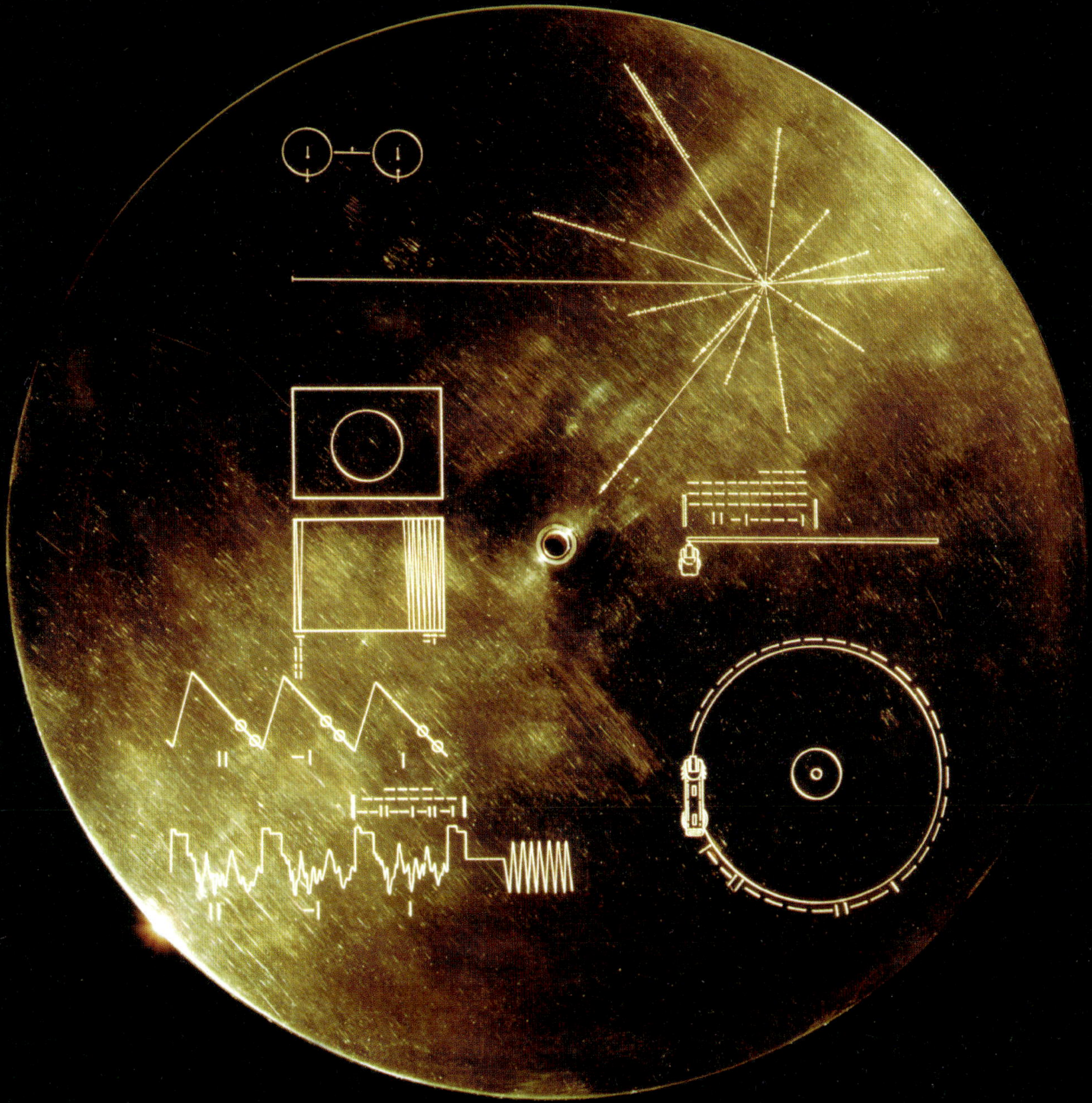

# Forces de marée

Le noyau de la comète de Halley, peu à peu érodé par ses passages successifs auprès du Soleil, se brise en fragments sous l'effet des forces de marée qu'exercent les planètes, comme l'a fait en 1992 la comète Shoemaker-Levy 9.

Magnifique destin que celui des petits corps de glace qui plongent vers l'intérieur du système solaire : ils deviennent comètes ! Mais il est aussi des plus périlleux. Évoluant sur des orbites allongées, ils deviennent actifs à quelques unités astronomiques du Soleil. Leurs glaces s'évaporent, entraînant la libération de poussières. À chaque passage près du Soleil, le noyau de la comète de Halley s'érode ainsi d'une épaisseur qui se compte en mètres. À ce rythme, il aura disparu dans moins d'un million d'années.

En pénétrant dans le système solaire interne, un noyau cométaire prend un risque encore plus grand : se disloquer en frôlant une planète de trop près. En effet, comme la force de gravitation varie en raison de l'inverse du carré de la distance, la partie du noyau la plus proche de l'astre massif est plus attirée que la partie la plus éloignée. Cette variation de la force de gravitation en deux points d'un même corps, la force de marée, génère des contraintes telles que le corps en question peut se briser. À l'instar d'une grosse boule de neige, à laquelle on le compare souvent, un noyau cométaire ne fait pas montre d'une grande cohésion interne. Il ne résiste pas aux forces de marée qu'engendre une planète dont il s'approche à une distance inférieure à la limite de Roche, contrairement aux sondes spatiales conçues pour résister à des contraintes bien plus sévères.

Avant de s'évaporer en totalité, la comète de Halley pourrait donc bien se briser en plusieurs fragments, un destin somme toute assez fréquent pour un noyau cométaire. En atteste la comète Shoemaker-Levy 9 qui passe sous la limite de Roche de Jupiter en juillet 1992. Les forces de marée l'ont alors brisé en plusieurs fragments qui finissent deux ans plus tard par entrer en collision avec la planète géante.

***Voir aussi*** Anneaux de Saturne p. 90.

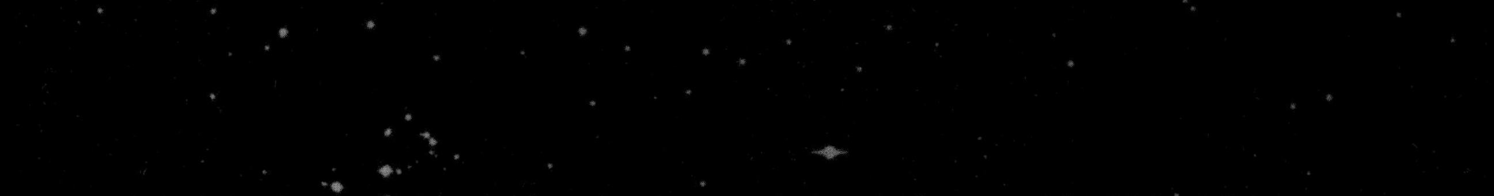

*Vue de deux fragments de la comète Shoemaker-Levy 9 enregistrée par le télescope spatial Hubble le 11 juillet 1994, peu de temps avant l'impact avec Jupiter.*

# Fin du Kali Yuga

Selon le traité d'astronomie *Surya Siddhanta*, le quatrième âge de la cosmogonie hindoue s'achève quand une nouvelle incarnation de Vishnou, son avatar à tête de cheval, ramène le bonheur sur Terre pour recommencer un nouveau cycle.

Ce traité, dont les premières versions remontent peut être au III^e^ siècle de notre ère, a été largement remanié depuis. La version que nous connaissons date du Moyen Âge et a été traduite en anglais au milieu du XIX^e^ siècle. Cette version comporte des règles permettant de déterminer les positions des étoiles, les mouvements des objets dans le ciel et les cycles lunaires, ou encore de calculer les éclipses de Soleil.

Le *Surya Siddhanta* est toujours la base des calendriers hindou et bouddhiste. Les « panchangs », ces almanachs qu'on trouve en toutes langues dans un grand nombre de foyers de toutes les régions de l'Inde, utilisent encore le *Surya Siddhanta* comme référence de leurs informations calendaires, dates religieuses et culturelles ou événements astronomiques. Ils gardent une grande influence sur la vie religieuse et sociale.

Le Kali Yuga est le quatrième âge de la cosmogonie hindoue, les quatre âges correspondant à un cycle nommé Mahayuga. Cet âge est celui de la dégénérescence spirituelle, ou « âge noir », au cours duquel les hommes s'éloignent de la divinité. D'après le *Surya Siddhanta*, citant le *Mahābhārata*, le Kali Yuga a débuté le 23 janvier 3102 avant notre ère, jour où Krishna est tué par un chasseur. Le calendrier hindou part de cette date et le Kali Yuga s'achève 432 000 ans plus tard, soit en 428 898 de notre ère, achevant un Mahayuga, quand un nouvel avatar de Vishnou à tête de cheval ramène le bonheur sur Terre, recommençant un nouveau cycle de quatre âges.

***Voir aussi*** Calendriers p. 182, Cosmologie Bouddhiste p. 200.

*Image composite de la nébuleuse de la Tête de Cheval produite en superposant trois images enregistrées par le télescope Kueyen du VLT en bande bleue, verte et rouge. Cette volute de matière interstellaire dense et opaque se détache au sein de la Grande Nébuleuse d'Orion sur un fond rouge fait d'hydrogène ionisée par un groupe de grosses étoiles bleues.*

# Colonisation de la Galaxie

Sautant d'une planète habitée à une autre, l'Humanité a colonisé toute la Galaxie. Est-elle préparée à la rencontre d'une forme de vie non anthropomorphique comme celle que Frank Herbert imagine dans son roman *L'Étoile et le Fouet* publié en 1973 ?

Est-il possible de communiquer avec un être totalement autre, un être d'une puissance telle que les hommes ne sont rien de plus pour lui que de dérisoires micro-organismes ? Quel est le sens d'un langage dont les mots et les phrases n'ont pas de prononciation ? Dans *L'Étoile et le Fouet*, Frank Herbert, auteur de la saga culte *Dune*, s'attaque à des questions trop rarement envisagées, celles d'une forme de vie non anthropomorphique et de la possibilité ou non de communiquer avec ce type de créature. Il évoque ainsi un Univers très différent de celui que nous croyons connaître...



*L'Étoile et le Fouet* se focalise sur les difficultés de la communication entre des êtres si différents que leur existence même est problématique à l'autre. Les dialogues qui en découlent sont rendus complexes et parfois même absurdes, tenus dans un langage presque dépouillé de ses structures les plus élémentaires. Le langage étant un médium essentiel de notre compréhension du monde, nos certitudes vacillent au gré des tentatives pour établir le contact. La communication n'est-elle possible que si nous possédons des sens équivalents pour percevoir et ressentir le monde ? Si des créatures extraterrestres ne possédaient pas de corps physique analogue au nôtre, si leur perception se limitait à de subtiles différences d'énergies, comment communiquer ?

S'étant dotée au cours du troisième millénaire de l'ascenseur spatial et de vaisseaux intersidéraux à propulsion matière-antimatière, l'Humanité établit des colonies dans les exoplanètes habitables les plus proches du Soleil, repérées dès le XXIe siècle. De proche en proche, l'Humanité déferle ensuite dans toute la Galaxie qui ne manque pas d'exoplanètes accueillantes. Est-elle pour autant prête à côtoyer d'éventuelles formes de vie ?

***Voir aussi*** Vie extraterrestre p. 366, Ascenseur spatial p. 372, Message livré ? p. 378, Bouteille à la mer p. 380.

*Illustration de couverture du roman de Frank Herbert paru aux éditions du Livre de Poche.*

FRANK
HERBERT
L'Étoile et le fouet
Science-Fiction
Le Livre de Poche

# Coalescence d'étoiles à neutrons

À force de se rapprocher l'une de l'autre, les deux étoiles à neutrons du système binaire PSR 1913 entrent en coalescence dans un ultime déchaînement d'ondes gravitationnelles accompagné d'un sursaut gamma de type court.

Un système binaire (deux étoiles tournant l'une autour de l'autre), rien de plus banal. C'est plus rare s'agissant d'étoiles à neutrons. En effet, l'effondrement qui forme un astre aussi compact est si violent qu'en survenant au sein d'un système binaire, il a tendance à rompre le couple. La Voie lactée abrite pourtant de tels systèmes. Le premier, découvert en 1974 (nom de code : PSR 1913), affiche alors une période orbitale d'un peu moins de huit heures.



La relativité générale enjoint à deux étoiles à neutrons tournant aussi vite l'une autour de l'autre de susciter des déformations périodiques du tissu même de l'espace – des ondes gravitationnelles. Cette perte d'énergie orbitale fait que les deux astres compacts s'approchent l'un de l'autre. En détectant une diminution de la période orbitale de PSR 1913 conforme aux prescriptions de la relativité générale, Russel Hulse et Joseph Taylor prouvent l'existence des ondes gravitationnelles, ce qui leur vaut le prix Nobel de physique 1993. Siècle après siècle, le rapprochement des deux étoiles à neutrons finit en coalescence, avec l'émission d'un puissant train d'ondes gravitationnelles. Le produit d'un tel événement est un trou noir ceinturé d'un tore de débris, une situation idéale pour la production d'un sursaut gamma de type court.

Détecter des trains d'ondes gravitationnelles est, au début du XXIe siècle, un défi que des équipes de physiciens s'efforcent de relever en mesurant par interférométrie laser les éventuelles variations périodiques de la distance séparant des repères fixes installés à des kilomètres les uns des autres. De telles mesures sont toutefois noyées dans un tel bruit de fond que la détection simultanée d'un sursaut gamma de type court fournirait la preuve irréfutable qu'il s'agit bel et bien d'une véritable détection.

***Voir aussi*** Sursaut gamma p. 52.

*Vue de Virgo, interféromètre à deux bras orthogonaux, longs chacun de trois kilomètres, qui s'étend dans la plaine de l'Arno, à Cascina, près de Pise.*

# Dernière éclipse totale

Par effet de marée, la Lune s'est éloignée de la Terre de plus de vingt mille kilomètres et même dans les cas les plus favorables, le disque lunaire ne peut plus complètement couvrir celui du Soleil ; dorénavant, les éclipses ne sont plus que de type annulaire.

Quelques rétro-réflecteurs se trouvent à la surface de la Lune. Certains ont été disposés *in situ* par des astronautes des missions Apollo, d'autres montés sur les véhicules soviétiques d'exploration lunaire. Ils se composent tous d'un réseau de coins de cube (trièdre trirectangle de miroirs) conçu pour renvoyer un rayon lumineux dans la direction même où il a été émis. Au moyen d'un signal laser envoyé de la Terre vers l'un des réflecteurs, on peut estimer la distance Terre-Lune en mesurant le temps de trajet aller-retour de la lumière. Cet arpentage, mené depuis les années 1970, établit que la Lune s'éloigne de la Terre de près de quatre centimètres par an.



Encore un coup des forces de marée ! Dans son mouvement de rotation sur elle-même, la Terre entraîne avec elle les océans et le bourrelet de marée que la Lune induit au sein même de cette masse liquide. Comme la Terre tourne plus vite sur elle-même que la Lune autour de la Terre, notre satellite exerce sur le bourrelet une force de rappel qui ralentit la rotation du globe terrestre. L'orbite lunaire s'accroît pour garantir la conservation du moment angulaire du système Terre-Lune. À long terme, le système Terre-Lune se synchronise : les deux astres tournent aussi vite sur eux-mêmes que l'un autour de l'autre. On ne voit alors la Lune que d'un seul hémisphère !

Avant cela, une des conséquences les plus tangibles de cette évolution séculaire du système Terre-Lune concerne les éclipses. Au début des temps historiques, on recense déjà nombre d'éclipses dites « annulaires » quand le disque de la Lune ne masque pas la totalité du Soleil. Avec l'allongement de la distance Terre-Lune, la proportion de ce type d'éclipses augmente jusqu'au jour de la dernière éclipse totale.

***Voir aussi*** Théorie des éclipses p. 216, Forces de marée p. 383.

*L'éclipse annulaire photographiée au Soleil couchant à Quingdao, en Chine, le 15 janvier 2010, donne une idée de ce que sont toutes les éclipses six cents millions d'années après notre ère.*

# Fin de la vie sur Terre

La luminosité du Soleil augmentant peu à peu suite au tassement de son cœur où un noyau d'hélium remplace quatre noyaux d'hydrogène, la température globale de la Terre s'est accrue au point de détruire la biosphère, faisant de la planète un désert aride.

Pour subvenir aux besoins énergétiques du Soleil, il faut que les réactions de fusion nucléaire qui se déroulent en son cœur convertissent, à chaque seconde, quelque cinq cents millions de tonnes d'hydrogène en hélium. Outre une légère diminution de la masse du cœur, le principal effet de cette alchimie est de réduire peu à peu le nombre des particules, puisqu'il faut quatre noyaux d'hydrogène pour obtenir un seul noyau d'hélium.



Plus la densité de particules diminue, plus la gravité comprime le cœur, plus la température centrale s'élève, plus le rendement des cycles de fusion s'accroît, plus le Soleil relâche de l'énergie. Dans le passé, la luminosité du Soleil est donc plus faible que de nos jours. Mais réchauffée par un effet de serre efficace, la Terre s'est toutefois maintenue plus ou moins à la même température. Hormis quelques épisodes de glaciation globale, cette longue période de stabilité a été cruciale pour l'évolution de la vie sur Terre.

Au rythme auquel croît l'activité du Soleil, la quantité d'énergie qu'il rayonne doit augmenter de 10 % au cours du prochain milliard d'années. La zone habitable du système solaire devrait alors s'étendre au-delà de l'orbite terrestre. Une planète est dite « habitable » si les conditions sont réunies à sa surface pour permettre la présence d'eau à l'état liquide. Avec une luminosité solaire 10 % plus élevée que la valeur actuelle, la température moyenne à la surface de la Terre s'élève à environ cinquante degrés Celsius. L'épisode d'effet de serre humide qui s'ensuit accélère l'évaporation des océans. L'atmosphère se charge de vapeur d'eau, ce qui provoque un emballement de l'effet de serre analogue à celui qui se serait produit sur Venus. La vie ne peut plus se maintenir sur une Terre devenue un désert aride.

***Voir aussi*** Énergie nucléaire p. 82, La Terre boule de neige p. 112.

*Les dunes de Sossusvlei à l'intérieur du parc de Namib Naukluft, situé dans le désert côtier chaud du Namib, au sud ouest de la Namibie.*

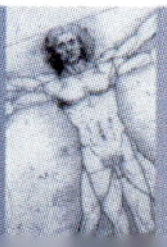

# Collision avec M31

Se précipitant l'une vers l'autre à cent vingt kilomètres par seconde, La Voie lactée et M31, la Grande Nébuleuse d'Andromède, entament un processus d'interpénétration long et complexe qui forme en définitive une grande galaxie elliptique.

La Voie lactée et la Grande Nébuleuse d'Andromède (alias M31) sont les deux univers-îles majeurs du Groupe local. M31 est la seule galaxie aisément visible à l'œil nu depuis l'hémisphère Nord. Sa distance, restée longtemps imprécise en dépit de sa proximité, est estimée à 2,55 millions d'années-lumière.

Les astronomes mesurent avec une bien meilleure précision sa vitesse radiale, définie comme la composante de sa vitesse le long de la ligne de visée (la droite qui relie M31 à l'observateur). Ils en concluent que les deux galaxies se dirigent l'une vers l'autre à plus de cent kilomètres par seconde. La rencontre, qui survient au bout de 2,5 milliards d'années, est tout sauf un choc. Rapportées à leurs tailles, les distances entre les étoiles sont si grandes qu'au cours de l'interpénétration, les étoiles passent les unes à côté des autres sans jamais se heurter de front. Ce n'est pas le cas des nuages interstellaires, beaucoup plus vastes, dont les interactions finissent en flambées d'étoiles, un processus de formation stellaire accélérée qui épuise la quasi-totalité du gaz disponible.

Quant aux étoiles, elles voient leurs orbites plus ou moins fortement affectées par le désordre des forces gravitationnelles qui persiste tant que dure l'interpénétration des deux galaxies. Celles des étoiles qui, avant la collision, orbitaient régulièrement dans le plan de leur disque respectif, se retrouvent avec des orbites aux inclinaisons les plus diverses. La rencontre de la Voie lactée avec la Grande Nébuleuse d'Andromède aboutit en définitive à la coalescence des deux univers-îles. Le gigantesque système qui résulte de cette fusion est dépourvu de gaz interstellaire. Sa formation stellaire est en berne, il est peuplé de vieilles étoiles aux orbites désordonnées. Autant de particularités typiques d'une grande galaxie elliptique, amenée à dominer seule le Groupe local.

***Voir aussi*** Collision dans le Groupe local p. 76, Fusion du Groupe Local p. 402.

*Vue enregistrée par le télescope spatial Hubble des deux galaxies spirales NGC 2207 et IC 2163 dont l'interaction aboutira à une intense flambée de formation stellaire suivie de leur coalescence.*

# Géant rouge

**Les convulsions thermonucléaires à la périphérie de son cœur gonflent démesurément l'enveloppe du Soleil. Une géante rouge occupe désormais le ciel d'une Terre calcinée que l'Humanité a depuis longtemps quittée pour d'autres mondes.**

Pendant les cinq milliards d'années à venir, la fusion nucléaire au cœur du Soleil de l'hydrogène en hélium assure à l'étoile une production régulière d'énergie. Le milieu s'appauvrit donc peu à peu en hydrogène, en particulier son centre. Faute de cette indispensable matière première, les cycles de réactions nucléaires se ralentissent dans un cœur composé surtout d'hélium. Ce dernier se contracte avant de s'échauffer à nouveau.



Plus d'un milliard d'années plus tard, les réactions de fusion de l'hydrogène migrent vers l'extérieur. Il se forme alors à la périphérie du cœur une coquille active qui se propage peu à peu vers l'extérieur, à la recherche de nouveaux gisements d'hydrogène. L'augmentation de la température centrale consécutive à la contraction du cœur attise les réactions nucléaires au sein de la coquille. Ce regain d'activité exerce sur les couches supérieures de l'étoile une pression qui va croissant. Le Soleil se dilate, son éclat augmente, sa température de surface diminue, sa lumière vire au rouge. Cette phase géante rouge culmine 7,66 milliards d'années après le début de notre ère, le Soleil est alors 2 350 fois plus lumineux et son rayon 166 fois plus grand (soit 0,77 unité astronomique).

Devenu géante rouge, le Soleil relâche tellement d'énergie que la zone habitable du système solaire inclut les lunes des planètes extérieures. Il perd aussi une partie de sa masse et par conservation du moment angulaire, les rayons des orbites des planètes augmentent. En dépit de son gigantisme, le Soleil n'engloutit que la seule Mercure. Alors qu'un monstrueux Soleil rouge s'étire au ciel d'une Terre calcinée, l'Humanité prospère sous les cieux de planètes situées dans la zone habitable de myriades d'étoiles au sein de la galaxie elliptique formée par la fusion de la Voie lactée avec M31.

***Voir aussi*** Énergie nucléaire p. 82, Collision avec M31 p. 394, Fin du Soleil p. 398.

*Ce gigantesque Soleil sur un paysage désertique donne une pâle idée de la géante rouge éclairant notre ciel plus de sept milliards d'années après le début de notre ère.*

# Fin du Soleil

Après avoir expulsé les couches extérieures du Soleil, les réactions de fusion nucléaire qui se déroulent à la périphérie du cœur prennent fin faute de combustible. Il ne subsiste de l'étoile qu'une naine blanche surchauffée illuminant une nébuleuse planétaire.

Alors que la phase géante rouge du Soleil bat son plein (7,66 milliards d'années après le début de notre ère), son cœur d'hélium se contracte jusqu'au seuil des réactions de fusion nucléaire de cet élément pour former des noyaux de carbone et d'oxygène. Ce nouveau cycle de réaction débute par un brutal emballement – le flash de l'hélium – qui ne dure que quelques centaines d'années. À nouveau alimenté en énergie par la fusion de l'hélium, le cœur du Soleil se dilate et son enveloppe se contracte. Une nouvelle phase paisible commence, comme à l'époque où l'hydrogène fusionnait gentiment au cœur du Soleil, mais elle est bien plus courte (cent millions d'années).

Vite à court de combustible, la fusion de l'hélium cesse dans le cœur. Elle migre dans une coquille à la périphérie où une succession de flashs d'hélium fait derechef gonfler l'enveloppe. Redevenu géante rouge, le Soleil s'étire avec démesure : lors du premier flash, son rayon atteint une unité astronomique. Mais en raison de la masse que le Soleil a perdue lors de ses soubresauts, le rayon de l'orbite terrestre, par conservation de moment angulaire, a suffisamment grandi pour que la Terre ne soit pas tout de suite engloutie. Les forces de marée que le Soleil exerce sur une planète si proche se chargent toutefois de la précipiter vers la géante rouge. Freinée par le gaz ténu des couches externes, la Terre descend en spirale vers le cœur du Soleil où elle finit volatilisée.

À force de s'étirer au rythme des flashs d'hélium, le Soleil voit son enveloppe se répandre alentour en une vaste nébuleuse planétaire tandis que son cœur se ratatine en une naine blanche surchauffée. Formé plus de douze milliards d'années plus tôt, le Soleil, devenu naine blanche, est parti pour briller de moins en moins, mais bien plus longtemps.

***Voir aussi*** Géant rouge p. 396.



*Vue enregistrée par le télescope spatial Hubble de NGC 2440, une nébuleuse planétaire plus fournie que celle relâchée par le Soleil, avec, au centre, la naine blanche qui l'illumine de son rayonnement UV.*

# Big Rip

Pour peu que la densité de l'énergie sombre augmente avec le temps, comme prévu par certains physiciens, l'expansion de l'Univers s'accélère jusqu'au point où toutes les structures sont déchirées, des amas de galaxies jusqu'aux nucléons.

Pour prédire le destin de l'Univers, il faut s'intéresser à l'énergie sombre qui en est le principal constituant. Or, on ne sait presque rien de cette énigmatique entité, hormis qu'il s'agit du seul ingrédient propre à accélérer l'expansion de l'Univers dont le ralentissement semblait pourtant inéluctable, sous l'effet de la gravité de toute la matière qu'il renferme (matière noire et baryonique). L'énergie sombre est donc tenue d'exercer un effet gravitationnel répulsif.



Bien des astrophysiciens envisagent que, à la différence de la matière, dont la densité dans l'Univers décroît avec le temps en raison de l'expansion, la densité de l'énergie sombre reste constante. L'observation d'amas de galaxies situés à des distances très différentes semble attester que l'énergie sombre remplit bien tout l'espace et que sa densité ne change ni avec la distance, ni donc avec le temps. L'énergie sombre évoque ainsi la constante cosmologique, facteur *ad hoc* introduit en 1917 par Einstein, dont l'effet équivaut à remplir l'espace d'une mer d'énergie négative propre à contrebalancer la gravité et assurer la stabilité de l'Univers dans le cadre de la théorie de la relativité générale.

Selon quelques physiciens, Robert Caldwell en tête, l'Univers serait plutôt rempli d'une forme d'énergie sombre qu'ils qualifient d'énergie « fantôme » et dont la densité augmenterait avec l'expansion. Se renforçant ainsi au cours du temps, l'énergie fantôme atteindrait une densité infinie en un temps fini. Dominant toutes les autres formes d'énergie qui concourent à la cohésion des structures de l'Univers, les grandes comme les petites, l'énergie fantôme déchirerait tout, des amas de galaxies jusqu'aux nucléons, et au passage, planètes, molécules et atomes. L'Univers tout entier s'achèverait ainsi, trente-cinq milliards d'années après sa formation, dans un *Big Rip* (grande déchirure).

***Voir aussi*** Énergie sombre p. 78, Le ciel se vide p. 404.

*Vue enregistrée par le télescope spatial Hubble des convulsions affectant la Nébuleuse de la Carène et qui pourrait évoquer les effets de l'énergie fantôme sur les structures cosmiques.*

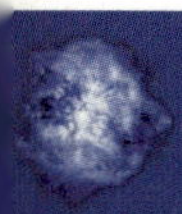

35 MILLIARDS D'ANNÉES APRÈS LE BIG BANG

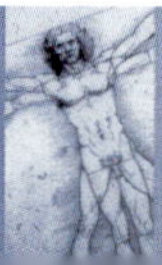

21,3 MILLIARDS D'ANNÉES APRÈS LE DÉBUT DE NOTRE ÈRE

# Fusion du Groupe Local

La grande galaxie produite par la fusion de la Voie lactée avec la Grande Nébuleuse d'Andromède, engloutit l'un après l'autre tous les autres membres du Groupe local pour former une unique galaxie elliptique géante.

Plutôt que de prédire à l'Univers une fin rapide et brutale dans un *Big Rip*, la majorité des cosmologistes lui prophétise au contraire un futur bien moins précipité où l'énergie sombre se contenterait d'étirer un peu plus vite le tissu de l'espace. L'expansion de l'Univers ne s'immiscerait donc pas plus que de raison dans le comportement des grandes structures liées par la gravité, à commencer par les amas de galaxies, le Groupe local en particulier.



Quand débute le long processus d'interpénétration entre la Voie lactée et M31, beaucoup de petites galaxies du Groupe local sont sous l'emprise gravitationnelle des deux grandes spirales. La Voie lactée retient ainsi dans ses filets la galaxie elliptique naine du Sagittaire, à moitié rompue par les forces de marée. M31, plus massive, garde sous sa coupe, outre une bonne dizaine de galaxies naines, deux elliptiques d'un plus gros calibre, comme M32 qui s'était déjà frottée de très près à sa redoutable voisine en lui abandonnant une partie de sa population stellaire. Même la galaxie spirale du Triangle (alias M33), peut être, elle aussi, considérée comme un lointain satellite de M31.

Les conditions sont ainsi réunies pour que la fusion de la Voie lactée avec la Grande Nébuleuse d'Andromède débouche à très long terme (trois cents milliards d'années), sur la coalescence du Groupe local en une galaxie elliptique géante. Ce processus s'inscrit dans le droit fil du modèle, très en vogue, de la matière noire froide, où la formation des grandes structures s'explique par fusions successives de plus petites entités. Mais dans une région peu dense de l'Univers, comme celle où se trouve le Groupe local, il faut beaucoup plus de temps pour former une galaxie elliptique géante qu'au sein des amas de galaxies les plus denses, là où sont justement nichés les plus gros spécimens.

***Voir aussi*** La plongée de M32 p. 122,
Collision avec M31 p. 394.

*Vue enregistrée par le télescope spatial Hubble de NGC 1316. Cette galaxie elliptique géante, située dans l'amas du Fourneau, porte les stigmates d'épisodes de fusion de galaxies riches en gaz interstellaire.*

# Le ciel se vide

En raison de l'accélération de l'expansion, vus du Superamas de la Vierge, tous les autres superamas de galaxies sont passés au-delà de l'horizon cosmologique ; dans le ciel ne subsiste qu'un halo diffus d'étoiles, témoin de la coalescence des anciennes galaxies.

L'énergie sombre se montre assez raisonnable – sa densité reste constante – pour ne pas entraîner l'Univers dans les affres du *Big Rip*. Elle doit néanmoins suivre sa nature profonde qui est d'accélérer l'expansion universelle et étirer encore plus le tissu de l'espace. L'expansion ne se fait toutefois pas sentir au sein des entités dont la cohésion est assurée par la gravitation, même dans le cas des superamas de galaxies, les plus grandes des structures cosmiques. En revanche, puisqu'elle accélère l'expansion, l'énergie sombre écarte encore plus les superamas les uns des autres. Vu d'un superamas donné, tous les autres superamas de l'Univers s'éloignent de plus en plus vite.

Avant de fusionner pour former une galaxie elliptique géante, le Groupe local évoluait à la périphérie du Superamas de la Vierge. Les éventuels descendants des terriens émigrés vers les étoiles se retrouvent donc tous dans la même zone de ce superamas. Siècle après siècle, leurs cieux sont de plus en plus vides car dopée d'énergie sombre, l'expansion universelle s'accélère de plus en plus. On en arrive à un point, où pour rejoindre le Superamas de la Vierge, la lumière que rayonne un autre individu doit se propager pendant un temps supérieur à l'âge de l'Univers. En d'autres termes, les superamas passent les uns après les autres au-delà de l'horizon cosmologique.

Deux mille milliards d'années après le Big Bang, l'Univers visible du Superamas de la Vierge est totalement vidé. Ce laps de temps est si grand que toutes les galaxies de ce superamas ont depuis longtemps fusionné pour former une énorme galaxie qui s'étend désormais sur des millions d'années-lumière. Les cieux sous lesquels demeure l'Humanité sont alors voilés d'une lueur laiteuse, faite de toutes les étoiles d'un univers-île unique.

***Voir aussi*** Énergie sombre p. 78, Big Rip p. 400.

*Vue enregistrée par le télescope spatial Hubble de NGC 7049. Cette galaxie fantomatique, située dans la constellation de l'Indien, est sans doute le résultat de la fusion de nombreuses galaxies.*

# Dernières Étoiles

Faisant fusionner l'hydrogène avec parcimonie en raison de leur faible masse, les naines rouges sont les dernières étoiles qui brillent encore dans l'Univers où les galaxies, faute de gaz interstellaire, ne sont plus le théâtre de formation stellaire.

La densité de l'énergie sombre étant constante, l'Univers échappe au *Big Rip*. Il ne redoute pas non plus le destin funeste qui lui était promis si d'aventure l'énergie sombre était devenue attractive. Renforçant la gravité, elle aurait alors poussé l'Univers à se contracter sur lui-même avant de disparaître dans un *Big Crunch* (grand craquement), véritable Big Bang à l'envers ! En donnant du temps au temps, l'énergie sombre laisse en fait les forces de la nature conduire tout doucement l'Univers en expansion vers un morne futur où il se refroidit peu à peu, un destin à juste titre qualifié de *Big Freeze* (grand gel).



Première étape du refroidissement universel : la formation d'étoile cesse, faute de gaz en quantité suffisante dans les galaxies. Le milieu interstellaire recueille certes de la matière relâchée par des étoiles assez massives pour former des nébuleuses planétaires ou pour évoluer jusqu'au stade de supernova. Les épisodes de fusion entre galaxies peuvent aussi transférer du gaz aux individus qui en sont dépourvus. Mais mille milliards d'années après le Big Bang, de tels apports ne sont plus en mesure de former de nouvelles étoiles.

Ainsi, seules brillent encore les astres à durée de vie longue, comme les naines rouges. Avec une température de surface inférieure à quatre mille kelvins, elles rayonnent surtout dans le rouge, d'où leur nom. Leur faible masse (moins d'une demi-masse solaire) leur confère une température centrale assez basse pour que la fusion nucléaire tourne au ralenti et que l'énergie soit transférée vers la surface par convection (comme dans une casserole d'eau sur le gaz). Toute l'étoile étant ainsi brassée, le cœur nourrit ses cycles de fusion nucléaire de tout l'hydrogène disponible, d'où une durée de vie dépassant dix mille milliards d'années pour les moins massives.

***Voir aussi*** Énergie nucléaire p. 82, Big Rip p. 400.

*Représentation d'une planète découverte dans la zone habitable de la naine rouge Gliese 581.*

# Désintégration des protons

Les astres qui peuplent encore l'Univers sont pour la plupart des résidus stellaires faits de nucléons dont le temps de vie serait $10^{36}$ ans. Dans ce cas, $10^{40}$ ans après le Big Bang, tous les astres de l'Univers (hormis les trous noirs) ont disparu.

Depuis que les dernières naines rouges sont arrivées au terme de leur très longue évolution, l'Univers est devenu excessivement sombre. En s'évaporant, les galaxies ont certes laissé en place leurs trous noirs ultra-massifs. Mais faute de gaz pour alimenter un éventuel processus d'accrétion, ils ne sont pas en mesure de susciter le moindre rayonnement.



L'évaporation des galaxies a aussi éparpillé toutes sortes de cœurs stellaires effondrés : des résidus d'astres massifs (trous noirs, étoiles à neutrons) et surtout des naines blanches refroidies. Quand deux d'entre elles s'approchent au point d'entrer en coalescence, la supernova qui s'ensuit illumine l'Univers d'un éclair aussi violent que fugace. D'autres rencontres forment des étoiles où la fusion de l'hélium ou du carbone parvient à trouer l'obscurité générale.

Tous ces astres pouvant encore s'activer avec plus ou moins d'éclat sont faits de nucléons, comme d'ailleurs toutes les étoiles avortées, planètes et autres petits corps de roche ou de glace. Mais quand le temps écoulé depuis le Big Bang atteint $10^{36}$ ans, se pose alors la question de la durée de vie des nucléons. Fait de trois quarks collés entre eux par l'interaction forte, ils sont considérés *a priori* comme stables. Les physiciens des particules envisagent pourtant que les nucléons puissent se désintégrer au bout de $10^{36}$ ans. Un proton décroîtrait ainsi en un positon et un pion neutre, une particule instable se désintégrant aussitôt en deux photons gamma. Les expériences montées pour mesurer le temps de vie des nucléons ont établi qu'il est d'au moins $10^{34}$ ans. Mais dans l'hypothèse où sa valeur est bien celle prédite ($10^{36}$ ans), les trous noirs sont les seuls astres qui subsistent $10^{40}$ ans après le Big Bang, dans un Univers sillonné de particules issues de la décroissance des protons.

***Voir aussi*** Évaporation des derniers trous noirs p. 410.

*Vue du dispositif de mesure du temps de vie du proton, installé lors des années 1980 au Laboratoire souterrain de Modane creusé sous 1700 m de roches pour parer au mieux le bruit de fond induit par les rayons cosmiques.*

# ÉVAPORATION DES DERNIERS TROUS NOIRS

Les trous noirs les plus massifs, dont la masse peut atteindre cent milliards de masses solaires, se sont tous évaporés par rayonnement de Hawking. L'univers n'est plus sillonné que de particules bien trop rapides pour se rencontrer.

Les trous noirs ultra-massifs sont les rois de l'Univers. Mais même les trous noirs ne sont pas éternels ; la faute en incombe à Stephen Hawking ! En effet, c'est ce physicien anglais qui à partir de 1974 a posé les bases théoriques d'un processus paradoxal qui voit un trou noir, censé retenir tout, y compris la lumière, émettre un rayonnement.



Pour avoir une idée de ce mécanisme, il faut imaginer qu'une fluctuation quantique du vide fasse apparaître une particule et son antiparticule juste à l'horizon d'un trou noir et que l'une des deux disparaisse à l'intérieur tandis que l'autre s'échappe au loin. Pour un observateur extérieur, les lois de conservation de l'énergie font que la particule qui tombe dans le trou noir doit posséder une énergie négative. Pour ce même observateur, c'est comme si le trou noir avait émis une particule et perdu de l'énergie, donc de la masse.

Mariant ainsi mécanique quantique et relativité générale, Hawking a fourni les arguments en faveur de l'existence d'un rayonnement que doit émettre un trou noir. Ce rayonnement, dit de Hawking, contribue donc à réduire peu à peu la masse d'un trou noir jusqu'à sa complète évaporation dans une ultime bouffée de photons gamma. Plus le trou noir est massif, plus son évaporation est lente. Il faut plus de $10^{66}$ ans à un trou noir d'une masse solaire pour s'évaporer. Il faut attendre plus de $10^{99}$ ans s'agissant d'un spécimen cent milliards de fois plus massif. Débarrassé des trous noirs, l'Univers est pratiquement vide (si les nucléons se sont désintégrés), ou il ne contient plus que quelques objets plus ou moins compacts. Il reste toutefois parcouru de particules trop pressées pour interagir, hormis de brèves rencontres entre électrons et positons s'annihilant aussitôt en photons gamma.

***Voir aussi*** Trou noir p. 344.

*Un futur possible de l'Univers où ne subsistent que des particules trop pressées pour interagir. C'est du moins ce que peut évoquer ce tableau de Vassili Kandinksi,* Mouvement 1, *peint en 1907 et exposé dans une galerie de Moscou… pour encore quelques années !*

# BIBLIOGRAPHIE

Les documents et sites Internet qui suivent nous ont fourni de précieuses informations lors de l'écriture du livre. Les abréviations suivantes ont été utilisées s'agissant des revues scientifiques consultées : ApJ : *The Astrophysical Journal* ; ApJL : *The Astrophysical Journal Letters* ; ApJS : *The Astrophysical Journal Supplement Series* ; A&A : *Astronomy and Astrophysics* ; MNRAS : *Monthly Notices of the Royal Astronomical Society* ; Nat : *Nature* ; NuPhB : *Nuclear Physics B* ; PhRvL : *Physical Review Letters* ; PSci : *Pour la Science* ; Rech : *La Recherche* ; RvMP : *Reviews of Modern Physics* ; Sci : *Science.*



**Livres généralistes**

Audouze, J. (sous la direction de), *Le ciel à découvert*, CNRS Éditions, 2010.

Blay, M., *Naissance de la Science classique au XVIIe siècle*, Nathan, 1997.

Conner, C. D., *Histoire populaire des sciences*, L'Echappée, 2005.

Danielou, A., *Mythes et dieux de l'Inde*, Flammarion, 1994.

Eliade, M., *Cosmologie et Alchimie babyloniennes*, Gallimard, 1991.

Fontaine, J., et Arkan, S., *L'Image du monde*, Vuibert, 2010

Hoffmann, B., *La Relativité*, Pour la Science, 1999.

Koestler, A., *Les Somnambules*, les Belles Lettres, 2010.

Koyré, A., *Du monde clos à l'Univers infini*, PUF, 1962.

Leclant, J. (sous la direction de), *Dictionnaire de l'Antiquité*, Oxford University Press 1989.

Luminet, J.-P., et Lachièze-Rey M., *De l'infini*, Dunod, 2005.

Nazé, Y., *L'Astronomie des anciens*, Belin, 2009.

Perdijon, J., *La Formation des idées en physique*, Dunod, 2007.

Proust, D., *L'Harmonie des sphères*, Seuil, 2001.

Silk, J., *L'Univers et l'infini*, O. Jacob, 2005.

Shorto, R., *Le Squelette de Descartes*, Télémaque, 2010.

Soustelle, J., *Les Quatre* Soleils, Plon, 1967.

Thomson, J., et Eric, S., *Grandeur et décadence des Mayas*, Payot/Rivages, 1993.

**Livres des auteurs**

Arnaud, N., Descotes-Genon, S., Kerhoas-Cavata, S., Paul, J., Robert, J.-L., Royole-Degieux, P. (sous la direction de), *Passeport pour les deux infinis*, Éditions Dunod, 2010.

Cassé, M., Paul, J., *SPIN, Roman noir de la matière*, Odile Jacob, 2006.

Paul, J., Laurent, P., *Astronomie gamma spatiale,* Gordon and Breach Science Publishers, 1998.

Paul, J., *L'homme qui courait après son étoile*, Odile Jacob, 1998.

Paul, J., *Explosions cosmiques*, Éditions Ellipse, 2007

Paul, J., Robert-Esil, J.-L., *Le roman des rayons cosmiques*, Éditions Ellipse, 2009.

Robert-Esil, J.-L. Paul, J., *Oh, l'Univers*, Éditions Dunod, 2009.

**Articles**

Adams, F.C., Laughlin, G., *A dying universe: the long-term fate and evolution of astrophysical objects* (Un univers qui meurt : le destin à long terme et l'évolution des objets astrophysiques), RvMP **69**:337, 1997.

Consultable sur : http://arxiv.org/abs/astro-ph/9701131.

Agnor, C.B., Hamilton, D.P., *Neptune's capture of its moon Triton in a binary-planet gravitational encounter* (La capture par Neptune de sa lune Triton lors d'une confrontation gravitationnelle avec un système planétaire double), Nat **441**:192, 2006.

Block, D.L. et collaborateurs, *An almost head-on collision as the origin of two off-centre rings in the Andromeda galaxy* (Une collision quasi-frontale des deux anneaux excentrés de la galaxie d'Andromède), Nat **443**:832, 2006.

Consultable sur : http://arxiv.org/abs/astro-ph/0610543

Bottke, W., Vokrouhlicky, D. et Nesvorny, D., *An Asteroid Breakup 160 My Ago as the Probable Source of the K-T Impactor* (Désagrégation d'un astéroïde il y a 160 millions d'années, source probable de l'impacteur du Crétacé-Tertiaire), Nat **449**:48, 2007.

Braun-Munzinger, P., Stachel, J., *The quest for the quark-gluon plasma* (La quête du plasma de quarks et de gluon), **Nat 448**:302, 2007.

Caldwell, R.R., Kamionkowski, M., Weinberg, N.N., *Phantom Energy and Cosmic Doomsday* (Énergie fantôme et jour du jugement dernier), PhRvL **91**:071301-1, 2003.

Consultable sur : http://arxiv.org/abs/astro-ph/0302506.

Canup, R.M., *Origin of Saturn's rings and inner moons by mass removal from a lost Titan-sized satellite* (Origine des anneaux de Saturne et de ses lunes intérieures par enlèvement de masse d'un satellite disparu de la taille de Titan), Nat **468**:943, 2010.

Caraveo, P. et collaborateurs, *Phase-Resolved Spectroscopy of Geminga Shows Rotating Hot Spot(s)* (La spectroscopie en phase de Geminga montre un/des point/s chaud/s en rotation), Sci **305**:376, 2004.

Consultable sur : http://arxiv.org/abs/astro-ph/0407402.

Damour, T., Dyson, F., *The Oklo bound on the time variation of the fine-structure constant revisited* (La limite revisitée d'Oklo sur la variation dans le temps de la constant de structure fine), NuPhB **480**:37, 1996.

Consultable sur : http://arxiv.org/abs/hep-ph/9606486.

Donnadieu, Y. et collaborateurs, *A "snowball Earth" climate triggered by continental break-up through changes in runoff* (Un climat « Terre boule de neige » déclenché par un changement dans les eaux de ruissellement suite à une rupture continentale), Nat **428**:303, 2004.

Edwards, B.C., *The Space Elevator* (L'ascenseur spatial), rapport du *NASA Institute for Advanced Concept* (Institut NASA d'études avancées), 2003.

Consultable sur http://www.niac.usra.edu/files/studies/final_report/521Edwards.pdf.

Ellis, G.F.R., Kirchner, U., Stoeger, W. R., *Multiverses and physical cosmology* (Multivers et cosmologie physique), MNRAS **347**:921, 2004.

Consultable sur : http://arxiv.org/abs/astro-ph/0305292.

Frebel, A. et collaborateurs, *Discovery of HE 1523-0901, a Strongly r-Process-enhanced Metal-poor Star with Detected Uranium* (Découverte de HE 1523-0901, une étoile pauvre en métaux avec un processus R fortement accru et la détection d'uranium), ApJL **660**:L117, 2007.

Consultable sur : http://arxiv.org/abs/astro-ph/0703414.

Gomes, R. et collaborateurs, *Origin of the cataclysmic Late Heavy Bombardment period of the terrestrial planets* (Origine de la période cataclysmique de grand bombardement tardif des planètes telluriques), Nat **435**:466, 2005.

Hammer, F. et collaborateurs, *Does M31 Result from an Ancient Major Merger?* (M31 résulte-t-elle d'une ancienne collision majeure ?), ApJ **725**:542, 2010.

Consultable sur : http://arxiv.org/abs/1010.0679

Hubble, E., *A Relation between Distance and Radial Velocity among Extra-Galactic Nebulae* (Une relation entre la distance et la vitesse radiale parmi des nébuleuses extra galactiques), *Proceedings of the National Academy of Sciences of the United States of America* (Comptes rendus de l'académie nationale des sciences des États-Unis d'Amérique), **15**:168, 1929.

Jarosik, N. et collaborateurs, *Seven-year Wilkinson Microwave Anisotropy Probe (WMAP) Observations: Sky Maps, Systematic Errors, and Basic Results* (Sept ans d'observation avec la sonde Wilkinson de l'anisotropie micro-onde (WMAP) : cartes du ciel, erreurs systématiques et principaux résultats), ApJS **192**:14, 2011.

Consultable sur : http://arxiv.org/abs/1001.4744.

Levison, H.F., Morbidelli, A., *The formation of the Kuiper belt by the outward transport of bodies during Neptune's migration* (La formation de la ceinture de Kuiper par transport vers l'extérieur de corps durant la migration de Neptune), Nat **426**:419, 2003.

Melosh, H.J., Collins, G.S., *Meteor Crater formed by low-velocity impact* (la formation du Meteor Crater par un impact à faible vitesse), Nat **434**:157, 2005.

Mohanty, S. et collaborateurs, *The Planetary Mass Companion 2MASS 1207-3932B: Temperature, Mass, and Evidence for an Edge-on Disk* (La masse du compagnon planétaire de 2MASS 1207-3932B : température, mass et preuve d'un disque vu sur la tranche), ApJ **657**:1064, 2007.

Consultable sur : http://arxiv.org/abs/astro-ph/0610550.

Morbidelli, A., *Origin and Dynamical Evolution of Comets and their Reservoirs* (Origine et evolution dynamique des comètes et de leur reservoir),

*Lectures on comets dynamics and outer solar system formation* (cours sur la dynamique des comètes et la formation du système solaire externe).

Consultable sur : http://arxiv.org/abs/astro-ph/0512256.

Neukum, G. et collaborateurs, *Recent and episodic volcanic and glacial activity on Mars revealed by the High Resolution Stereo Camera* (Épisode volcanique recent et activité glaciaire sur Mars révélés par la caméra à haute résolution), Nat **432**:971, 2004.

Noterdaeme, P. et collaborateurs, *The evolution of the cosmic microwave background temperature. Measurements of $T_{CMB}$ at high redshift from carbon monoxide excitation* (Évolution de la température du fond cosmologique micro-onde. Mesure de $T_{CMB}$ à grand décalage vers le rouge à partir de l'excitation du monoxyde de carbone) A&A **526**:L7, 2011.

Consultable sur http://arxiv.org/abs/1012.3164

Paul, J., *Sigma, le chasseur de trous noirs*, PSci, dossier hors série « Les trous noirs », 112, 1997.

Paul, J., *Les trous noirs, enfants non désirés d'Einstein*, Rech, hors-série N°18 « L'héritage Einstein », 44, 2005.

Planck (Satellite), site français

Consultable sur : http://public.planck.fr/

Peng, E.-H. et collaborateurs, *Discrepant Mass Estimates in the Cluster of Galaxies Abell 1689* (Désaccord sur l'estimation des masses dans l'amas de galaxies Abell 1689), ApJ **701**:1283, 2009.

Consultable sur : http://arxiv.org/abs/0906.4153

Racusin, J.L. et collaborateurs, *Broadband observations of the naked-eye gamma-ray burst GRB080319B* (Observations à large bande du sursaut gamma visible à l'œil nu GRB080319B), Nat **455**:183, 2008.

Consultable sur : http://arxiv.org/abs/0805.1557.

Riess, A.G. et collaborateurs, *Type Ia Supernova Discoveries at z > 1 from the Hubble Space Telescope: Evidence for Past Deceleration and Constraints on Dark Energy Evolution* (Découvertes avec le télescope spatial Hubble de supernovas de type Ia à $z > 1$ : preuve d'une décélération passée et contraintes sur l'évolution de l'énergie sombre), ApJ **607**:665, 2004.

Consultable sur : http://arxiv.org/abs/astro-ph/0402512.

Springel, V. et collaborateurs, *Simulations of the formation, evolution and clustering of galaxies and quasars* (Simulations de la formation, de l'évolution et du regroupement des galaxies et des quasars), Nat **435**:629, 2005.

Consultable sur : http://arxiv.org/abs/astro-ph/0504097.

Srianand, R. et collaborateurs, *Limits on the Time Variation of the Electromagnetic Fine-Structure Constant in the Low Energy Limit from Absorption Lines in the Spectra of Distant Quasars* (Limites sur la variation dans le temps de la constante de structure fine électromagnétique dans la limite à basse énergie des raies d'absorption dans le spectre des quasars lointains), PhRvL **92**:121302-1, 2004.

Consultable sur : http://arxiv.org/abs/astro-ph/0402177.

Tziamtzis, A. et collaborateurs, *The outer rings of SN 1987A* (Les anneaux extérieurs de SN 1987A), A&A **527**:35, 2011.

Consultable sur http://arxiv.org/abs/1008.3387.

Wesson, P.S., *Olbers's paradox and the spectral intensity of the extragalactic background light* (Le paradoxe d'Olbers et l'intensité spectrale de la lumière de fond), ApJ **367**:399, 1991.

Woudt, P.A. et collaborateurs, *The Expanding Bipolar Shell of the Helium Nova V445 Puppis* (La coquille en expansion bipolaire de la nova à helium V445 Puppis), ApJ **706**:738, 2009.

Consultable sur : http://arxiv.org/abs/0910.1069.

Yang, Y., Hammer, F., *Could the Magellanic Clouds be Tidal Dwarfs Expelled from a Past-merger Event Occurring in Andromeda?* (Les nuages de Magellan peuvent-ils être des galaxies naines arrachées par effet de marée d'une collision survenant dans Andromède), ApJL **725**:L24, 2010.

Consultable sur : http://arxiv.org/abs/1010.2748.

Zwicky, F., *On the Masses of Nebulae and of Clusters of Nebulae* (À propos des masses des nébuleuses et des amas de nébuleuses), ApJ **86**:217, 1937.

# INDEX

# Crédits des illustrations

Malgré tout le soin apporté à la recherche d'éventuels ayants-droit pour les œuvres reproduites dans cet ouvrage, il se peut que nous n'ayons trouvé de société représentant certaines d'entre eux. Que ceux que nous n'avons pas nommés trouvent ici nos excuses et se fassent connaître.

p. 12 © Digital image, The Museum of Modern Art, New York/Scala, Florence ; p. 14 ©Photo Scala, Florence ; p. 16 © Alexandr/Fotolia.com ; p. 18 © Magann/Dreamstime.com ; p. 20 ©ESO/S. Brunier ; p. 22 © Dunod ; p. 24 © Marzius/Fotolia.com ; p. 26 © Ruzanna/Dreamstime.com ; p. 28 © CERN ; p. 30 © CERN ; p. 32 © RMN/Gérard Blot/Hervé Lewandowski ; p. 34 © ESA/PACS & SPIRE Consortium/HOBYS Key Programme Consortia ; p. 36 © NASA , ESA et J. Hester (ASU) ; p. 38 © NASA/WMAP Science Team ; p. 40 © ESA/AOES Medialab ; p. 42 © Archives Alinari, Florence, Dist. RMN / Raffaello Bencini ; p. 44 © Max-Planck-Gesellschaft zur Förderung der Wissenschaften eV, Munich ; p. 46 © ESO ; p. 48 © NASA, ESA, Garth Illingworth, Rychard Bouwens and the HUDF09 Team. ; p. 50 © Photo Scala Florence/Images du patrimoine ; p. 52 © ESA/Illustration by ESA/ECF ; p. 54 © NASA ; p. 56 © NASA, ESA, and the Hubble Heritage Team (STScI/AURA) ; p. 58 © NASA, ESA, S. Beckwith (STScI) and the HUDF Team ; p. 60 © Hubblesite ; p. 62 © ESA and Wolfram Freudling (Space Telescope-European Coordinating Facility/European Southern Observatory, Germany) ; p. 64 © cdrcom/Fotolia.com ; p. 66 © NASA / CXC / MIT / D.Dewey et al. & NASA / CXC / SAO / J.DePasquale ; p. 68 © ESA/ Illustration by ESA/ECF ; p. 70 © Photo Scala Firenze/Heritage Images ; p. 72 © ESO/IDA/Danish 1.5 m/R. Gendler and A. Hornstrup. ; p. 74 © ESA/Illustration by ESA/ECF ; p. 76 © NASA, ESA, and the Hubble Heritage Team (STScI/AURA)-ESA/Hubble Collaboration ; p. 78 © NASA/ESA, The Hubble Key Project Team and The High-Z Supernova Search Team ; p. 80 © NASA/JPL-Caltech/W. Reach (SSC/Caltech) ; p. 82 © SOHO (ESA & NASA) ; p. 84 © NASA, ESA, P. Kalas, J. Graham, E. Chiang, E. Kite, M. Clampin, M. Fitzgerald, K. Stapelfeldt and J. Krist ; p. 86 © ESA 2010 MPS for OSIRIS Team MPS/UPD/LAM/IAA/RSSD/INTA/UPM/DASP/IDA ; p. 88 © NASA/JPL-Caltech/T. Pyle (SSC) ; p. 90 © NASA/JPL/Space Science Institute ; p. 92 © NASA/JPL-Caltech/Univ.of Ariz. ; p. 94 © NASA ; p. 96 © NASA ; p. 98 © MOLA ; p. 100 © NASA ; p. 102 © Magann/Dreamstime.com ; p. 104 © X-ray: NASA/CXC/CfA/M.Markevitch et al.; Optical: NASA/STScI; Magellan/U.Arizona/D.Clowe et al.; Lensing Map: NASA/STScI; ESO WFI; Magellan/U.Arizona/D.Clowe et al. ; p. 106 © NASA ; p. 108 © NASA ; p. 110 © Merial/Dreamstime.com ; p. 112 © Andrew Halsall/iStock.com ; p. 114 © Santia2/Dreamstime.com ; p. 116 © NASA, ESA and A. Aloisi ; p. 118 © ESA & NASA ; p. 120 © X-ray: NASA/CXC/AIfA/D.Hudson & T.Reiprich et al.; Radio: NRAO/VLA/NRL ; p. 122 © ESA/Herschel/PACS/SPIRE/J.Fritz, U.Gent ; p. 124 © Corinne Berat ; p. 126 © Photo Ann Ronan/Heritage Images/Scala, Florence ; p. 128 © NASA, ESA, and D. Jewitt ; p. 130 © ESA/DLR/FU Berlin (G. Neukum) ; p. 132 © NASA/JPL-Caltech/J. Stauffer (SSC/Caltech) ; p. 134 © Lotfi Mattou/Fotolia.com ; p. 136 © Virgil L. Sharpton, University of Alaska, Fairbanks ; p. 138 © NASA, ESA and the Hubble Heritage (STScI/AURA)-ESA/Hubble Collaboration Acknowledgment: M. Crockett and S. Kaviraj ; p. 140 © NASA, ESA and the Hubble Heritage (STScI/AURA)-ESA/Hubble Collaboration ; p. 142 © X-ray: NASA/CXC/CfA/R.Kraft et al.; Submillimeter: MPIfR/ESO/APEX/A. Weiss et al.; Optical: ESO/WF ; p. 143 © Tmls/Dreamstime.com ; p. 146 © ESO ; p. 148 © ESA/Illustration by Martin Kornmesser, ESA/ECF ; p. 150 © Jérôme Salort/Fotolia.com ; p. 152 © ESA, P. Caraveo (IASF, Milan) ; p. 154 © NASA, ESA, and A. Nota (STScI/ESA) ; p. 156 © Kamioka Observatory, ICRR, The University of Tokyo ; p. 158 © P. Challis (Harvard-Smithsonian Center for Astrophysics) ; p. 160 © University of Hawaii ; p. 162 © NASA Earth Observatory ; p. 164 © DM7/Fotolia.com ; p. 166 © 2MASS/J. Carpenter, T. H. Jarrett, & R. Hurt. ; p. 168 © NASA / CXC / MIT / FK Baganoff et al. ; p. 170 © ESO/P.A. Woudt ; p. 172 © Jacques Paul ; p. 174 © Jon Morse and NASA ; p. 176 © ESO ; p. 178 © NASA/CXC/SAO/F. Seward et al. ; p. 180 © NASA/A. Caulet

(ST-ECF, ESA) ; p. 182 © Ravissante/Dreamstime.com ; p. 184 © The British Museum, Londres, Dist. RMN / The Trustees of the British ; p. 186 © Aserakov/CC BY-SA 3.0 ; p. 188 © Photo Scala, Florence/Heritage Images ; p. 190 © Photo Austrian Archives/Scala, Florence ; p. 192 © Teddy Seguin ; p. 194 © sculpies/iStock.com ; p. 196 © Domaine public ; p. 198 © Nimbus/Fotolia.com ; p. 200 © Photo Scala, Florence, courtesy of the ministero beni e Att. Culturali ; p. 202 © irmaiirma/Fotolia.com ; p. 204 © Bayerische Staatsbibliothek ; p. 206 © matamu/Fotolia.com ; p. 208 © Photo Scala, Florence - courtesy of the ministero beni e Att. Culturali ; p. 210 © travellinglight/iStock.com ; p. 212 © Photo Scala, Florence ; p. 214 ©Photo Scala, Florence/Heritage Images ; p. 216 © Tyler Olson/Fotolia.com ; p. 218 © Timothy Verthein/Fotolia.com ; p. 220 © Robert Walsh/iStock.com ; p. 222 © Jodie Coston/iStock.com ; p. 224 © DR ; p. 226 © Antikythera Mechanism Research Project ; p. 228 © Julian Brookstone/Dreamstime.com ; p. 230 © Photo Scala, Florence/Heritage Images ; p. 232 © Photo Scala, Florence ; p. 234 © The British Museum, Londres, Dist. RMN / The Trustees of the British Museum ; p. 236 © DR ; p. 238 © Mavrick/Dreamstime.com ; p. 239 © Musée de la Tapisserie, Bayeux, France ; p. 242 © Photo Scala, Florence ; p. 244 © Jean-Luc Robert ; p. 246 © Photo Scala, Florence - su concessione Ministero Beni e Attività Culturali ; p. 248 © Frogtravel/Dreamstime.com ; p. 250 © DR ; p. 252 © Photo Scala, Florence - su concessione Ministero Beni e Attività Culturali ; p. 254 Photo Georges Jansoone (JoJan) © CC BY 3.0 ; p. 256 © Photo Scala, Florence ; p. 258 © Domaine public ; p. 260 © NASA and The Hubble Heritage Team (STScI/AURA) ; p. 262 © Vacuum Tower Telescope, NSO, NOAO ; p. 264 © RMN/Thierry Le Mage ; p. 266 © NASA/JPL/Cornell University ; p. 268 © RMN (Château de Versailles)/Gérard Blot ; p. 270 © RMN / René-Gabriel Ojéda ; p. 272 © RMN / Thierry Ollivier ; p. 274 © Andrew Robinson/iStock.com ; p. 276 © Swinburne Astronomy Productions/ESO ; p. 278 © National Maritime Museum, Londres/Photo Scala, Florence ; p. 280 © Science Source/BSIP ; p. 282 © NASA / JPL-Caltech ; p. 284 © DeAgostini Picture Library/Scala, Florence ; p. 286 © Robert Bremec/iStock.com ; p. 288 © Bermau/Dreamstime.com ; p. 290 © RMN/A. Danvers ; p. 292 © NASA/JPL ; p. 294 © ESA/D. Ducros ; p. 296 © National Maritime Museum, Londres/Photo Scala, Florence ; p. 298 © Domaine public ; p. 300 © Andy O./Fotolia.com ; p. 302 © Jan Dibbets/ADAGP/Photo Jean-Luc Robert ; p. 304 © NASA ; p. 306 © NASA/STEREO ; p. 308 © Hachette Photothèque ; p. 310 © Bibliothèque de l'Observatoire de Paris ; p. 312 ©Berlin ESA / DLR FU / (G. Neukum) ; p. 314 © Flammarion/Photo Jean-Luc Robert ; p. 316 © Philcold/Dreamstime.com ; p. 318 © NASA ; p. 320 © rnl/Fotolia.com ; p. 322 © Domaine public ; p. 324 © Gesammelte Werke - Collected works; ed. by H.H. Voigt. Vol.1 Berlin [u.a.] Springer, 1992 (Universität Göttingen) ; p. 326 © Fintastiqu... /Dreamstime.com ; p. 328 © NASA ; p. 330 © Nikada/iStock.com ; p. 332 © NASA ; p. 334 © Paris Match/Scoop ; p. 336 © TebNad/Fotolia.com ; p. 338 © Suzib_100/Dreamstime.com ; p. 340 © NASA/WMAP Science Team ; p. 342 © United States Library of Congress ; p. 344 ©Alain Riazuelo, IAP/UPMC/CNRS ; p. 346 © Galina Barskaya/Fotolia.com ; p. 348 © NASA ; p. 349 ©ESA/MPAe Lindau ; p. 352 © Pgiam/iStock.com ; p. 354 © NASA ; p. 356 © NASA ; p. 358 © Jean-Luc Robert ; p. 360 © NASA, ESA, and M. Buie (Southwest Research Institute) ; p. 362 © NASA and The Hubble Heritage Team (STScI/AURA) ; p. 364 © Glazyuk/Dreamstime.com ; p. 366 © NASA ; p. 368 © ESA ; p. 370 © Presses de la cité ; p. 372 © NASA Marshall Space Flight Center (NASA-MSFC) ; p. 374 ©SOHO (ESA & NASA) ; p. 376 © Collection Dagli Orti/Collection Privée/Gianni Dagli Orti ; p. 378 © Avec la permission de la NAIC - Observatoire d'Arecibo, une installation de la NSF ; p. 380 © NASA ; p. 381 © Hubblesite ; p. 384 © ESO ; p. 386 © Le Livre de Poche ; p. 388 © Jean-Luc Robert ; p. 390 © Wangleon/Dreamstime.com ; p. 392 ©NASA/GSFC/MITI/ERSDAC/JAROS, and U.S./Japan ASTER Science Team ; p. 394 © NASA and The Hubble Heritage Team (STScI) ; p. 396 © DX/Fotolia.com ; p. 398 © NASA, ESA, and K. Noll (STScI) ; p. 400 © NASA , ESA , N. Smith (University of California, Berkeley), et Le Hubble Heritage Team ( STScI / AURA ) ; p. 402 © NASA, ESA, and The Hubble Heritage Team (STScI/AURA) ; p. 404 © NASA, ESA and W. Harris (McMaster University, Ontario, Canada) ; p. 406 © ESO ; p. 408 © CNRS Photothèque/Benoit RAJAU ; p. 410 © Vassily Kandinsky/ADAGP/Galerie Nationale Tetriakov, Moscou.



056720-(II)-(3)-CSBM - ARC - GCO
Dépôt légal : octobre 2011
Suite du 1er tirage : novembre 2011
Achevé d'imprimer en France en novembre 2011